高职高专农林牧渔类工学结合系列教材

植物组织培养

主　　编　石玉波（嘉兴职业技术学院）
　　　　　刘和平（阳江职业技术学院）
副 主 编　李　军（嘉兴职业技术学院）
　　　　　张　平（嘉兴职业技术学院）
参　　编　林剑波（阳江职业技术学院）
　　　　　陈　勇（阳江职业技术学院）
　　　　　王　娟（嘉兴碧云花园有限公司）
　　　　　张俊丽（阳江职业技术学院）
　　　　　王云冰（台州科技职业学院）
　　　　　潘燕婷（嘉兴职业技术学院）

浙江大学出版社
·杭州·

图书在版编目(CIP)数据

植物组织培养 / 石玉波,刘和平主编. —杭州:浙江大学出版社,2018.5(2025.1重印)
ISBN 978-7-308-18086-3

Ⅰ.①植… Ⅱ.①石… ②刘… Ⅲ.①植物组织—组织培养—高等职业教育—教材 Ⅳ.①Q943.1

中国版本图书馆 CIP 数据核字(2018)第 058199 号

植物组织培养

石玉波　刘和平　主编

策划编辑	阮海潮
责任编辑	阮海潮(ruanhc@zju.edu.cn)
责任校对	舒莎珊
封面设计	春天书装
出版发行	浙江大学出版社 (杭州市天目山路 148 号　邮政编码 310007) (网址:http://www.zjupress.com)
排　　版	杭州星云光电图文制作有限公司
印　　刷	广东虎彩云印刷有限公司绍兴分公司
开　　本	787mm×1092mm　1/16
印　　张	11.75
字　　数	287 千
版 印 次	2018 年 5 月第 1 版　2025 年 1 月第 7 次印刷
书　　号	ISBN 978-7-308-18086-3
定　　价	35.00 元

版权所有　翻印必究　印装差错　负责调换

浙江大学出版社发行中心联系方式:0571-88925591;http://zjdxcbs.tmall.com

前　言

《植物组织培养》自 2018 年 5 月出版以来得到了广大读者的厚爱。在使用过程中,发现数字化和课程思政教学资源不够丰富。此次修订,在每个板块中补充了素质目标,推进党的二十大精神进教材、进课堂、进头脑,同时增加了 72 个(包括图片、视频、拓展阅读、思政园地等)数字化教学资源,增强了教材的趣味性、灵动性、开放性和实用性,满足新时代背景下弹性教学、分层教学的需要,增强育人实效。

本教材根据国家"十四五"时期教育改革发展目标的要求,拓展教育新形态,以教育信息化推动教育现代化,积极促进信息技术与教育教学深度融合创新发展。以培养高素质技术技能型专门人才为目标,坚持立德树人根本任务。以项目为导向,集理论、实践于一体,并以典型应用领域的植物为载体,根据岗位工作过程制定课程体系,具有高等职业教育特色。

本教材根据植物组织培养完整的工艺流程,以岗位工作过程为导向,以项目化任务实施为目标,由简单到复杂,由单一到综合,构成一个完整的植物组织培养体系。立足植物组织培养技术的发展,切合《国家职业教育改革实施方案》和人才培养目标,将新经济、新知识、新工艺、新规范、新标准融入最新拓展内容中,企业人员提供一线素材,深度参与教材开发,提高教材的创造性和新颖性。围绕高职院校毕业生就职岗位(群)对知识、能力和素质的要求,教学内容突出职业性、专业性和技能性,对学生进行技能训练,强化能力培养,使学生能身临其境地感受企业化生产的各项工作任务。

本教材数字化教学资源丰富,技术方法详细具体,实用性强。全书内容分为六个项目,分别是植物组织培养的基本条件、植物组织培养基本操作技术、植物器官培养技术、植物脱毒技术与种质资源的离体保存、植物组培苗工厂化生产与管理和植物组织培养技术的应用,由长期从事相关内容教学的骨干教师和企业技术专家共同编写。嘉兴职业技术学院石玉波和阳江职业技术学院刘和平担任主编,编写具体分工为:绪论、项目一和项目二(任务一)、知识小结、复习测试题由石玉波编写;项目二(任务二)由张俊丽编写;项目二(任务三)、项目四(任务一~任务三)由李军编写;项目三(任务一~任务五)由陈勇、林剑波编写;项目三(任务六)、项目四(任务四~任务五)由王娟编写;项目五以及实验内容由张平编写;项目六由刘和平编写。石玉波负责全书统稿和校对。

本教材在修订过程中,有些图片和视频资源得到了参编院校、行业企业专家的大力支持,王云冰(台州科技职业学院)、李白(嘉兴市农业科学研究院)和梅红星(上海组培生物科技有限公司)为本书提供相关视频、图片资源,潘燕婷(嘉兴职业技术学院)为本书补充思政育人相关素材,张平和王娟为本书提供拓展学习资源和相关图片,在此表示感谢。此外,拓展资源中引用了近几年发表的相关文献,在此向原作者致谢。

由于编者水平有限,不足之处恳请读者批评指正。

编 者

目　录

绪论　植物组织培养概述 ……………………………………………………………（1）
　　任务一　植物组织培养的基本概念及理论依据 …………………………………（1）
　　任务二　植物组织培养的类型及特点 ……………………………………………（3）
　　任务三　植物组织培养的发展及研究热点 ………………………………………（6）
　　任务四　植物组织培养的应用 ……………………………………………………（8）
　　【知识小结】…………………………………………………………………………（11）
　　【复习测试题】………………………………………………………………………（12）

项目一　植物组织培养的基本条件 …………………………………………………（15）
　　任务一　植物组织培养实验室 ……………………………………………………（15）
　　任务二　植物组织培养常用的仪器设备 …………………………………………（18）
　　　　实验1-1　植物组织培养实验室设计及常用设备仪器的使用 ………………（25）
　　　　实验1-2　器皿及用具的洗涤与环境消毒 ……………………………………（25）
　　【知识小结】…………………………………………………………………………（27）
　　【复习测试题】………………………………………………………………………（27）

项目二　植物组织培养基本操作技术 ………………………………………………（29）
　　任务一　培养基及其制备 …………………………………………………………（30）
　　任务二　无菌操作技术 ……………………………………………………………（41）
　　任务三　植物组织培养中常见问题与解决措施 …………………………………（52）
　　　　实验2-1　MS培养基母液的配制及保存 ……………………………………（59）
　　　　实验2-2　固体培养基的配制与灭菌 …………………………………………（61）
　　　　实验2-3　外植体的预处理与消毒技术 ………………………………………（64）
　　　　实验2-4　无菌操作技术 ………………………………………………………（65）
　　　　实验2-5　试管苗的继代扩繁技术 ……………………………………………（67）
　　　　实验2-6　试管苗的生根培养 …………………………………………………（68）
　　　　实验2-7　试管苗褐化与污染现象观察 ………………………………………（69）
　　【知识小结】…………………………………………………………………………（70）
　　【复习测试题】………………………………………………………………………（72）

项目三　植物器官培养技术 …………………………………………………………（75）
　　任务一　根的培养 …………………………………………………………………（76）
　　任务二　茎尖和茎段培养 …………………………………………………………（77）
　　任务三　叶的培养 …………………………………………………………………（81）
　　任务四　花器官和种子的培养 ……………………………………………………（83）

任务五　胚胎培养……………………………………………………………………（84）
　　任务六　试管苗的驯化与移栽…………………………………………………………（86）
　　　实验3-1　茎段培养技术……………………………………………………………（89）
　　　实验3-2　叶片培养技术……………………………………………………………（90）
　　　实验3-3　花药培养技术……………………………………………………………（92）
　　　实验3-4　胚培养技术………………………………………………………………（93）
　　　实验3-5　试管苗的驯化与移栽……………………………………………………（94）
　【知识小结】………………………………………………………………………………（96）
　【复习测试题】……………………………………………………………………………（97）

项目四　植物脱毒技术与种质资源的离体保存…………………………………………（99）
　　任务一　脱毒苗培育的意义……………………………………………………………（99）
　　任务二　常见的脱毒方法………………………………………………………………（100）
　　任务三　脱毒苗的鉴定…………………………………………………………………（105）
　　任务四　脱毒苗的保存与繁殖…………………………………………………………（109）
　　任务五　种质资源离体保存……………………………………………………………（111）
　　　实验4-1　植物茎尖剥离与培养……………………………………………………（116）
　　　实验4-2　脱毒苗的指示植物鉴定…………………………………………………（117）
　　　实验4-3　试管苗的生长抑制剂保存………………………………………………（118）
　【知识小结】………………………………………………………………………………（119）
　【复习测试题】……………………………………………………………………………（120）

项目五　植物组培苗工厂化生产与管理…………………………………………………（123）
　　任务一　组培苗生产计划的制订与实施………………………………………………（124）
　　任务二　生产工艺流程与技术环节……………………………………………………（127）
　　任务三　组培苗生产成本核算与效益分析……………………………………………（132）
　　任务四　组培苗工厂化生产管理与经营………………………………………………（134）
　　　实验5-1　植物组培苗育苗工厂规划设计…………………………………………（137）
　　　实验5-2　植物组培苗生产成本核算与效益分析…………………………………（138）
　【知识小结】………………………………………………………………………………（139）
　【复习测试题】……………………………………………………………………………（139）

项目六　植物组织培养技术的应用………………………………………………………（141）
　　任务一　花卉的组培快繁技术…………………………………………………………（141）
　　任务二　林木的组培快繁技术…………………………………………………………（156）
　　任务三　果树脱毒与快繁技术…………………………………………………………（159）
　　任务四　药用植物组培快繁技术………………………………………………………（166）
　【知识小结】………………………………………………………………………………（180）
　【复习测试题】……………………………………………………………………………（180）

参考文献………………………………………………………………………………………（181）

绪论　植物组织培养概述

教学素材

知识目标

- 掌握植物组织培养的概念、类型及特点；
- 了解植物组织培养的基本原理，理解细胞全能性理论；
- 了解植物组织培养的发展及应用。

能力目标

- 能通过网络等方式查询了解植物组织培养技术的发展现状及应用前景；
- 能通过企业调研，了解组培企业生产及管理情况。

素质目标

- 通过对植物组织培养起源与发展的学习，开拓学生的国际视野；
- 培养学生的"三农"情怀，增强服务现代化农业建设、服务乡村全面振兴的使命感和责任感。

植物组织培养技术是 20 世纪初，以植物生理学为基础发展起来的一门生物技术学科。这一学科的建立和发展，对植物科学的各个领域如细胞学、胚胎学、遗传学、生理学、生物化学、植物病理学、发育生物学等的发展均有很大的促进作用，并在科学研究和生产应用上开辟了多个令人振奋的新领域。20 世纪 60 年代以后，植物组织培养技术研究发展迅速，并逐渐进入大规模应用阶段，广泛应用于植物的快速繁殖、植物品种改良、基因工程育种、种质资源保存、次生代谢产物生产等方面，为现代农业和医药等领域带来了巨大的经济效益和社会效益。

任务一　植物组织培养的基本概念及理论依据

一、植物组织培养的概念

植物组织培养（简称组培）是指在无菌和人工控制的环境条件下，将植物的外植体（胚胎、器官、组织、细胞或原生质体)培养在人工培养基上,使其再生发育成完整植株的技术。由于培养的植物材料脱离了植物母体,所以又称为植物离体培养。

无菌是指物体或局部环境中无活的微生物存在,这是进行组织培养的基本要求。在组织培养中,只有植物材料、培养基、培养器皿均处于无菌条件下,并通过人工控制适宜的温度、光照、湿度、气体等,才能使植物材料在离体条件下正常生长和发育。一切用于植物组织培养的接种材料均称为外植体。从理论上说,所有的植物细胞与组织材料都能培养成功。但实际上接种的外植体不同,培养的难易程度也不同。

二、植物组织培养的基本理论

(一)植物细胞的全能性

在植物有性繁殖过程中,一个受精卵经过一系列的细胞分裂和分化形成各种组织、器官,进而发育成为具有完整形态、结构和机能的植株,表明受精卵具有该物种的全部遗传信息。由合子分裂产生的体细胞同样具备全能性。植物细胞全能性的概念是1902年由德国著名植物生理学家戈特利布·哈布兰特(Gotlieb Haberlandt,1854—1945)首先提出来的。Haberlandt认为,植物的体细胞含有本物种的全部遗传信息,具有发育成完整植株的潜能。因此,每个植物细胞都与胚胎一样,能经过离体培养再生出完整的植株。

植物细胞的全能性是指生活着的每个细胞中都含有产生一个完整机体的全套基因,在适宜的条件下能够形成一个新个体的潜在能力。植物体的所有细胞都来源于一个受精卵的分裂。当受精卵均等分裂时,染色体进行复制,这样分裂形成的2个子细胞里均含有与受精卵相同的遗传物质。因此,尽管经过不断的细胞分裂所形成的千千万万个子细胞在分化过程中会形成根、茎、叶等不同器官,但它们具有相同的基因组成,都携带着保持本物种遗传特性所需要的全套遗传物质,即在遗传上具有全能性。因此,只要培养条件适宜,离体培养的细胞就有发育成一株植物的潜在能力。1943年,美国人White在进行烟草愈伤组织培养实验时,偶然发现了形成的一个芽,也证实了Haberlandt的观点。

图片资源:
愈伤组织

植物细胞全能性的潜在能力可以理解为,在自然状态下,细胞在植物体内所处位置及生理条件不同,其细胞的分化受各方面因素的调控与限制,致使其所具有的遗传信息不能全部表达出来,只能形成某种特化细胞,构成植物体的一种组织或一种器官的一部分,表现出一定的形态和生理功能,但其全能性的潜力并没有丧失。

细胞全能性的表达能力与细胞分化的程度呈负相关,从强到弱依次为:生长点细胞、形成层细胞、薄壁细胞、厚壁细胞(木质化细胞)、特化细胞(筛管、导管细胞)。老化的细胞基因表达会受到制约,致使其功能丧失或功能基因表达不完整。

(二)植物细胞全能性与再生性的实现

要证实植物细胞的全能性,需要解决两个问题,一是离体单细胞增殖,二是从单细胞增殖的组织发育成完整植株。第一个问题在发展细胞培养装置后得到解决。人们先后发展了四种培养方式:振荡培养、平板培养、悬浮培养和悬滴培养。在细胞培养的基础上赖纳特(Reinert)和斯图尔德(Steward)报道了胡萝卜悬浮培养细胞和愈伤组织形成体细胞胚,首次用实验科学地论证了植物细胞全能性。细胞全能性表达的条件:细胞离体、无菌、一定的营养物质、植物激素和适宜的外界条件。也就是说,细胞在脱离原来所在器官或组织成为离体状态,不再受原植物的控制,在一定的营养、激素和外界条件的作用下,细胞的全能性才能得到充分表现,细胞开始分裂增殖、产生愈伤组织,继而分化器官,并再生形成完整的植株。

成熟植物细胞在离体条件下,经过脱分化、细胞分裂、再分化3个阶段才能形成完整的植株。但在某种情况下,再分化可以直接发生在脱分化的分生细胞中,期间不需生成愈伤组织,可直接分化出芽或根,形成完整植株。细胞的分化是指细胞的形态结构和功能发生永久性的适度变化的过程。细胞分化是组织分化和器官分化的基础,是离体培养再分化和植株再生得以实现的基础。脱分化是由高度分化的植物器官、组织或细胞产生愈伤组织的过程。

拓展阅读:
认识细胞的
全能性

细胞脱分化的难易程度与植物种类和器官及其生理状况有很大关系,一般单子叶植物、裸子植物比双子叶植物难,成年细胞和组织比幼龄细胞和组织难,单倍体细胞比二倍体细胞难,茎、叶比花难。再分化是指脱分化产生的愈伤组织重新分化成根或芽等器官的过程,表现为由无结构和特定功能的细胞转变为具有一定结构、执行一定功能的组织和器官,从而构成一个完整的植物体或植物器官。愈伤组织是植物细胞经脱分化不断增殖形成的一团不规则的、具有分生能力而无特定功能的薄壁组织。它既可以在人工培养基上培养形成,也可以在自然生长条件下在机械损伤或微生物损伤的伤口处产生。在人工培养基上,愈伤组织的形成是一个内、外环境因素相互作用的结果。

在植物中很多是靠种子生长来产生完整的植株,但也有不少可通过根、茎、叶等器官再生而成为完整的植株,这种特性叫细胞的再生性。从植株分离出根、茎、叶的一部分器官,其切口处组织受到了损伤,但这些受伤的部位往往会产生新的器官,长出不定芽和不定根,人们利用这一特点来进行营养繁殖。新器官产生的原因是受伤的组织产生了创伤激素,促进了周围组织的生长而形成愈伤组织,凭借内源激素和储藏营养的作用,就产生了新的器官。而在自然条件下,一些植物的营养器官和细胞难以再生主要是由内源激素调整缓慢或不完全,外界条件不易控制等因素所致。在人工控制的条件下,通过对培养基的调整,特别是对激素成分的调整,这些营养器官和细胞就有可能顺利地再生。植物组织培养植株再生过程如图1-1所示。

图1-1 植物组织培养植株再生过程示意

拓展阅读:
"干细胞"

任务二　植物组织培养的类型及特点

一、植物组织培养的类型

根据培养材料(外植体)、培养过程以及培养基的物理形态,可将植物组织培养分为以下几种类型。

(一)根据培养材料划分

1. 植株培养

对具有完整植株形态的幼苗进行无菌培养的方法称为植株培养。一般多以种子为材料,以无菌播种诱导种子萌发成苗。

2. 胚胎培养

对植株成熟或未成熟胚以及具胚器官进行离体培养的方法称为胚胎培养。胚胎培养常用的材料有幼胚、成熟胚、胚乳、胚珠或子房等。

3. 器官培养

器官培养指分离根(根尖、根段)、茎(茎尖、茎段)、叶(叶片、叶原基、叶柄、子叶)、花(花瓣、花药、花粉)、果实、种子等作为外植体,在人工合成的培养基上培养,使其发育成完整的植株。

4. 组织培养

分离植物体的各部分组织(如分生组织、形成层组织或其他组织)来进行培养或从植物器官培养产生的愈伤组织来培养,通过分化诱导最后形成植株。这是狭义的组织培养。

5. 细胞培养

细胞培养是对植物的单个细胞或较小的细胞团的离体培养。常用的细胞培养材料有性细胞、叶肉细胞、根尖细胞和韧皮部细胞等。

6. 原生质体培养

原生质体培养是对除去细胞壁的原生质体的离体培养,包括原生质体、原生质融合体和原生质体的遗传转化体的培养等。

(二)根据培养过程划分

1. 初代培养

初代培养是对外植体进行的第一次培养,也称为启动培养或诱导培养。其目的是建立无菌培养物,通常是诱导外植体产生愈伤组织、不定芽、原球茎,或直接诱导侧芽和顶芽萌发,这是植物组织培养中比较困难的阶段。

2. 继代培养

继代培养是将培养一段时间后的外植体或产生的培养物转移到新鲜培养基中继续培养的过程,也叫增殖培养。其目的是防止培养材料老化,或培养基养分耗尽而造成营养不良,以及代谢物过多积累而产生毒害的影响,使培养物能够大量繁殖,并顺利地生长、分化,长成完整的植株。

3. 生根培养

生根培养是指诱导无根组培苗产生根,形成完整植株的过程。其目的是提高组培苗移栽后的成活率。

(三)根据培养基态相划分

1. 固体培养

固体培养是指将培养物放在固体培养基上进行培养。固体培养基是在培养基中加入一定量的凝固剂(多为琼脂),使培养基在常温下固化,这是最常用的组织培养方法。

2. 液体培养

液体培养是将培养物放在液体培养基中进行培养。液体培养包括悬浮培养、振荡培养和纸桥培养等方法。

培养基中加入一定量的凝固剂，加热溶解后，分别装入培养用的容器中，冷却后即得到固体培养基。凡不加凝固剂的即液体培养基。琼脂是常用的凝固剂，适宜浓度为6～10g/L。固体培养基所需设备简单，使用方便，只需一般化学实验室的玻璃器皿和可供调控温度与光照的培养室。但使用固体培养基时，培养物固定在一个位置上，只有部分材料表面与培养基接触，不能充分利用培养容器中的养分，而且培养物生长过程中排出的有害物质的积累，会造成自我毒害，必须及时转移。液体培养基则需要转床、摇床之类的设备，通过振荡培养，给培养物提供良好的通气条件，有利于外植体的生长，避免了固体培养基的缺点。

二、植物组织培养的特点

植物组织培养是在人工控制的环境条件下，采用纯培养的方法离体培养植物的器官、组织、细胞和原生质体，既不受外界环境条件和其他生物的影响，也不受植物体其他部分的干扰。随着植物组织培养技术研究的发展，不仅从理论上为相关学科提出了可靠的试验证据，而且一跃成为一种大规模、批量工厂化生产种苗的新方法。该技术具有以下特点。

(一) 培养材料经济，来源广泛

在植物组织培养中，植物的单个细胞、小块组织、根、茎、叶、花、果实和种子等各种器官或完整植株都可以作为外植体，材料来源十分广泛，特别是取一些茎尖部位的材料，只需要几毫米甚至不到1mm长度。这些材料均来自遗传性一致的植株个体，培养获得的细胞、组织、器官或小植株等各种水平的无性系具有相同遗传背景，纯度高，将它们用于生物学研究，可极大地提高实验的精度。

(二) 培养条件可人为控制，便于周年生产

组织培养采用的植物材料完全是在人为提供的培养基和小气候环境条件下进行生长，摆脱了大自然中四季、昼夜的变化以及灾害性气候的不利影响，且条件均一，对植物生长极为有利，便于稳定地进行周年培养生产。

(三) 生长周期短，繁殖速度快

植物组织培养由于人为控制培养条件，根据不同植物不同部位的不同要求而提供不同的培养条件，因此生长较快。另外，植株也比较小，培养时间短，往往20～30d为一个周期。所以，虽然植物组织培养需要一定设备及能源消耗，但由于植物材料能按几何级数繁殖生产，总体来说成本低廉，且能及时提供规格一致的优质种苗或脱病毒种苗。一些濒危植物及珍稀材料，依靠常规的无性繁殖方法，需要几年或几十年才能繁殖出为数不多的苗木，而用植物组织培养方法可在1～2年内生产上百万株整齐一致的优质种苗。植物组织培养也能够解决有些植物产种子少或无的难题。

(四) 管理方便，有利于自动化控制和工厂化生产

植物组织培养是在一定的场所和环境下，人为提供一定的温度、光照、湿度、营养、激素等条件进行培养。这种方式极利于高度集约化和高密度工厂化生产，也利于自动化控制生产。它是未来农业工厂化育苗的发展方向。它与盆栽、田间栽培等相比省去了中耕除草、浇

水施肥、防治病虫等一系列繁杂劳动,可以大大节省人力、物力及田间种植所需要的土地,有效提高了劳动生产率,有利于自动化控制和工厂化生产。

任务三 植物组织培养的发展及研究热点

植物组织培养的研究开始于1902年德国植物生理学家Haberlandt,至今已经有100多年的历史,其发展过程经历了探索、奠基和迅速发展3个阶段。

拓展阅读：
我国的植物组织培养
技术走在世界前列

一、探索阶段(20世纪初至30年代中期)

18世纪30年代,德国科学家Schleiden和Schwann认为细胞是一切植物及动物结构的基本组成单位,即细胞学说。1902年,另一位德国植物生理学家Haberlandt提出细胞全能性学说,首次尝试对植物细胞进行体外培养并提出细胞培养的概念,毋庸置疑地成为"植物组织培养之父"。细胞全能性的提出为植物组织培养技术的产生奠定了理论基础,人们开始对植物组织培养的各个方面进行大量的探索研究。

1904年,Hanning在无机盐和蔗糖溶液中对萝卜和辣根菜的胚进行研究,结果发现离体胚可以充分发育成熟,并萌发形成小苗。1922年,Haberlandt的学生Kotte和美国的Robins分别报道离体培养根尖获得某些成功,这是有关根培养的最早试验。Laibach将由亚麻种间杂交形成的幼胚在人工培养基上培养成熟,从而证明了胚培养在植物远缘杂交中利用的可能性。1933年,我国学者李继侗和沈同培养银杏的离体胚时,将银杏胚乳提取物加入培养基,促进了胚的生长。

在Haberlandt试验后的约30年中,由于知识和技术的局限,对影响植物组织和细胞增殖及形态发生能力的因素尚未研究清楚,除了在胚和根的离体培养方面取得一些结果外,植物组织培养技术发展缓慢。

二、奠基阶段(20世纪30年代末期至50年代中期)

直至1934年,美国植物生理学家White利用无机盐、蔗糖和酵母提取液组成的培养基成功实现番茄根尖离体培养,建立了第一个活跃生长的无性系。1937年,White又以小麦根尖为材料,研究了光照、温度、培养基组成等各种培养条件对根生长的影响,发现了B族维生素对离体根生长的作用,并用吡哆醇、硫胺素、烟酸3种B族维生素取代酵母提取液,建立了第一个由已知化合物组成的培养基,该培养基后来被定名为White培养基。在这个人工合成培养基上,他将1934年建立起来的根培养物一直保存到1968年他逝世前不久,共继代培养了1600多代。

与此同时,法国植物学家Gautheret在研究山毛柳和黑杨等植物的形成层组织培养试验中,提出了B族维生素和生长素对组织培养的重要意义,并于1939年在连续培养胡萝卜根形成层试验上获得首次成功。同年,法国植物病理学家Nobécourt利用胡萝卜根成功建立连续生长的组织培养物,这一系列的成就标志着植物组织培养技术正式建立。同年,White用烟草种间杂种的瘤组织,Nobécourt用胡萝卜均建立了与上述类似的连续生长的组织培养物。1943 年，White 出版了专著《植物组织培养手册》(*A Handbook of Plant Tissue Culture*)，使植物组织培养开始成为一门新兴的学科。White、Gautherer 和 Nobécourt 三位科学家被誉为植物组织培养学科的奠基人。

19 世纪五六十年代是新技术高速涌现、现有技术快速发展的时代，期间，植物组织培养技术也经历了从细胞、组织离体培养到完整植株再生的发展过程，不仅如此，其背后的生物学过程也受到越来越多的关注。从 1948 年开始，美国学者 Skoog 和我国学者崔澂等人在烟草茎切段和髓培养以及器官形成的研究中发现，植物激素、磷酸盐等外源物质比例的平衡对于植物的组织培养及再生都有着极为重要的意义。

1952 年，Morel 和 Martil 首次通过茎尖分生组织的离体培养，从已受病毒侵染的大丽花中获得脱毒植株。1953 年，Muir 将万寿菊和烟草的愈伤组织转移到液体培养基中，放在摇床上振荡，获得由单细胞和细胞团组成的悬浮培养物，并成功继代培养。在寻找促进细胞分裂的物质过程中，Miller 等人于 1956 年发现了激动素。不久即知道激动素可以代替腺嘌呤促进发芽，并且效果可增加 3 万倍。随后，活力更高的细胞分裂素被发现并被应用于组织培养中，使得该技术如虎添翼，迅猛发展。这些发现，有力地推动了植物组织培养的发展。1957 年，Skoog 和 Miller 提出通过改变细胞分裂素与生长素的比例，调节植物的器官形成。1958 年，英国学者 Steward 等报道以胡萝卜根韧皮部细胞为材料培养，形成了体细胞胚，并使其发育成完整植株，也证实了 Haberlandt 的细胞全能性理论。

在这一发展阶段，通过对培养基成分和培养条件的广泛研究，特别是对 B 族维生素、生长素和细胞分裂素作用的研究，确立了植物组织培养的技术体系，并首次用试验证实了细胞全能性，为以后的快速发展奠定了基础。

三、迅速发展阶段(20 世纪 60 年代至今)

20 世纪 60 年代以后，植物组织培养进入了迅速发展时期，研究工作更加深入，从大量物种诱导获得再生植株，形成了一套成熟的理论体系和技术方法，并开始大规模生产应用。

1960 年，Cocking 用真菌纤维素酶分离番茄原生质体获得成功，开创了植物原生质体培养和体细胞杂交的研究工作。同年，Kanta 在植物试管受精研究中首次获得成功，Morel 利用茎尖培养的方法，脱去兰花病毒，且繁殖系数极高。这一技术导致了欧洲、美洲和东南亚许多国家兰花产业的兴起。

1962 年，美国科学家 Murashige 和 Skoog 发表了适用于烟草愈伤组织快速生长且至今依然广泛使用的 MS 培养基，为植物组织培养技术的持续发展奠定了重要基础。1964 年，印度 Guha 等成功地由毛叶曼陀罗花药培养获得单倍体植株，这一发现掀起了采用单倍体育种技术来加快常规杂交育种速度的热潮。1965 年，Vimla Vasil 和 Hildebrandt 通过改善培养及再生条件，成功得到离体培养的烟草细胞再生出的完整植株，细胞全能性再次得到了证实。在组织培养这样一个对激素等人工环境动态依赖的过程被逐渐认识之后，对于这个动态过程所涉及的一系列宏观及微观的稳定性的研究也逐渐成为热点。

1969 年到 1973 年间，Heinz 和 Mee 报道了甘蔗组织培养再生植株中出现的各种形态学变异。1970 年，Carlson 通过离体培养筛选得到烟草生化突变体。同年，Power 首次成功实现原生质体融合。1971 年，Takebe 等首次由烟草原生质体获得了再生植株，这一成功促进了体细胞杂交技术的发展，同时也为外源基因的导入提供了理想的受体材料。1972 年，

Carlson 等利用硝酸钠进行了两个烟草物种之间的原生质体融合,获得了第一个体细胞种间杂种植株。1974 年,Kao 等建立了原生质体的高 Ca^{2+}、高 pH 值的 PEG 融合法,将植物体细胞杂交技术推向新阶段。

1978 年,Murashige 提出了"人工种子"的概念,之后的几年在世界各国掀起了"人工种子"的开发热潮。1968 年和 1978 年,Nishi 和 Henke 等分别报道了水稻再生植株中出现的如分蘖数、穗长、株高等表型变异,之后关于水稻组织培养诱导产生的表型变异以及小麦、燕麦、大麦、玉米、天竺葵、苜蓿等其他物种中经历组织培养过程进而产生表型变异的研究层出不穷。近二三十年,我国植物组织培养研究工作取得很大的成就,例如,从花药诱导出许多优良的水稻、小麦、烟草等品种,在花药培养和单倍体育种上,一直处于国际领先水平。应用组织培养快繁技术,繁殖了大量优良的甘蔗、香蕉、菠萝、杨树、桉树和花卉种苗,对农业、林业生产做出了较大的贡献。

任务四 植物组织培养的应用

植物组织培养已发展为生物科学的一个广阔领域,是生物技术的重要组成部分,其应用也越来越广泛,在植物快速繁殖、无病毒种苗生产、花药培养、单倍体育种、胚胎培养、细胞培养、植物次生代谢产物生产、植物细胞突变体筛选、原生质体培养、体细胞胚胎发生和人工种子制作、组织细胞培养物超低温保存及种质库建立等方面都有很重要的作用。其主要应用于以下几个领域。

一、植物离体快速繁殖

植物离体快速繁殖是植物组织培养在生产上应用最广泛、产生较大经济效益的一项技术。其商业性应用始于 20 世纪 60 年代,法国的 Morel 用茎尖培养的方法大量繁殖兰花获得成功,从此揭开了植物快速繁殖技术研究和应用的序幕。美国兰花产业兴起于 20 世纪 70 年代。目前,世界上 80%~85% 的兰花是通过组织培养进行脱毒和快速繁殖的。在我国,同类的研究始于 20 世纪 70 年代。

通过离体快繁可在较短时期内迅速扩大植物的数量,在合适的条件下每年可繁殖出几万倍乃至上百万倍的幼苗。如 1 个草莓芽 1 年可繁殖 1 亿个芽,1 个兰花原球茎 1 年可繁殖 400 万个原球茎,1 株葡萄 1 年可繁殖 3 万株。快繁技术加快了植物新品种的推广,以前靠常规方法推广一个新品种要几年甚至十多年,而现在快的只要 1~2 年就可在世界范围内应用和普及,对繁殖系数低的"名、优、新、奇、特"植物品种的推广更为重要。

全世界组培苗的年产量从 1985 年的 1.3 亿株猛增到 1991 年的 5.13 亿株,现在已超过 10 亿株。如美国的 Wyford 国际公司设有 4 个组培室,研究和培育出的新品种达 1000 余个,年产观赏花卉、蔬菜、果树及林木等组培苗 3000 万株;以色列 Benzur 公司年产观赏植物组培苗 800 万株;印度 Harrisons Malayalam 有限公司年产观赏植物组培苗 400 万株。

组培快繁技术不受季节等条件的限制,可周年生产,具有生长周期短、繁殖速度快、苗木整齐一致等优点。植物组培快繁技术在我国也得到了广泛的应用,到目前为止已报道有上千种植物的快速繁殖获得成功,培养的植物种类也由观赏植物逐渐发展到园艺植物、大田作物、经济植物和药用植物等,其中兰花、红掌、马蹄莲、甘薯、草莓、香蕉、甘蔗、桉树、非洲菊等经济植物已开始工厂化生产。

二、植物脱毒苗木培育

植物在生长过程中几乎都要遭受到病毒不同程度的危害,尤其是无性繁殖的植物,如感染病毒病后,代代相传,严重地影响了产量和品质,给生产带来严重的损失。如草莓、马铃薯、甘薯、葡萄、香蕉等植物感染病毒后会造成产量下降、品质变劣;兰花、菊花、百合、康乃馨等观赏植物受病毒危害后,会造成产花少、花小、花色暗淡,大大影响其观赏价值。

自 20 世纪 50 年代发现采用茎尖培养方法可除去植物体内的病毒以来,脱毒培养就成为解决病毒病危害的主要方法。由于植物生长点附近的病毒浓度很低甚至是无病毒,切取一定大小的茎尖分生组织进行培养,再生植株就可能脱除病毒,从而获得脱毒苗。脱毒苗恢复了原有优良种性,生长势明显增强,整齐一致。如脱毒后的马铃薯、甘薯、甘蔗、香蕉等植物可大幅度提高产量,改善品质,最高可增产 300%,平均增产也在 30% 以上;兰花、水仙、大丽花等观赏植物脱毒后植株生长势强,花朵变大,产花量上升,色泽鲜艳。目前利用组织培养脱除植物病毒的方法已广泛应用于花卉、果树、蔬菜等植物上,并建立了脱毒苗的繁殖系数。

三、植物新品种培育

植物组织培养技术为育种提供了更多的手段和方法,使育种工作在新的条件下更有效地开展。

(一)花药和花粉培养

通过花药或花粉培养可获得单倍体植株,不仅可以迅速获得纯的品系,更便于对隐性突变的分离,较常规育种大大地缩短了育种年限。到目前已有几百种植物的花药培养成功,一些作物已利用花粉单倍体育出了新品种并应用于大面积生产。印度科学家应用这种方法培育的水稻品系,比对照产量提高 15%~49%。韩国先后育成了 5 个优质、抗病、抗倒伏的水稻品种。我国自 20 世纪 70 年代开始该领域的研究,已经培育了 40 余种由花粉或花药发育成的单倍体植株,其中有 10 余种为我国首创。玉米获得了 100 多个纯合的自交系;橡胶获得了二倍体和三倍体植株。仅"九五"期间就育成高产、优质、抗逆、抗病的农作物新品种 44 个,种植面积超过 660 万 hm^2。1974 年我国科学家用单倍体育成世界上第一个作物新品种——烟草"单育 1 号",之后又育成水稻"中花 8 号"、小麦"京花 1 号"及大量花培新品系。

(二)胚培养

胚培养是组织培养中最早获得成功的技术。在远缘杂交中,杂交后形成的胚珠往往在未成熟状态下就停止生长,不能形成有生活力的种子,导致杂交不孕,这使得植物的远缘杂交常难以成功。采用胚的早期培养可以使杂交胚正常发育,产生远缘杂交后代,从而育成新品种。如苹果和梨杂交种、大白菜与甘蓝杂交种、栽培棉与野生棉的杂交种等,胚培养已在 50 多个科、属中获得成功。利用胚乳培养可获得三倍体植株,再经过染色体加倍获得六倍体,进而育成生长旺盛、果实大的多倍体植株。

(三)细胞融合

通过原生质体的融合,可部分克服有性杂交不亲和性,从而获得体细胞杂种,创造新物种或优良品种。自1960年英国学者Cocking首次利用纤维素酶从番茄幼苗的根分离原生质体获得成功以来,到1990年已有100种以上植物的原生质体能再生植株。我国获得了30余个品种的原生质体再生植株,其中包括难度较大的重要粮食作物和经济作物,如大豆、水稻、玉米、小麦、高粱、棉花等。在木本植物、药用植物、蔬菜和真菌原生质体培养方面的进展也十分迅速。国外已先后获得了种内及种间的体细胞杂种植株。植物原生质体培养还可应用于外源基因转移、无性系变异及突变体筛选等研究,因而越来越受到人们的重视。

(四)选择细胞突变体

离体培养的细胞处于不断的分裂状态,容易受到培养条件和外界物理、化学等因素的影响而发生变异,从中可以筛选出对人们有用的突变体,进而育成新品种。现已获得一批抗病虫、抗盐、高赖氨酸的突变体,有些已用于生产。植物细胞突变体的筛选最早始于1959年,Melchers在金鱼草悬浮细胞培养中获得了温度突变体。1970年,Carlson、Binding和Heimer等分别分离出烟草营养缺陷型细胞、矮牵牛抗链霉素细胞系及烟草抗苏氨酸细胞系。迄今为止,已经在不少于15个科45个种的植物细胞培养中筛选出100个以上植物细胞突变体或变异体,其中包括抗病细胞突变体、抗氨基酸及其类似物细胞突变体、抗逆境胁迫细胞突变体、抗除草剂细胞突变体及营养缺陷型细胞突变体、株高突变体的筛选。

(五)植物基因工程

植物基因工程是在分子水平上有针对性地定向重组遗传物质,改良植物性状,培育优质高产作物新品种的技术手段。它大大缩短了育种年限,提高了工作效率,为人类开辟了一条诱人的植物育种新途径。迄今为止,已获得转基因植物百余种。植物基因转化的受体除植物原生质体外,愈伤组织、悬浮细胞也都可以作为受体。几乎所有的基因工程研究最终都离不开植物组织培养技术和方法的应用,它是植物基因工程必不可少的技术手段。

四、植物次生代谢产物生产

利用植物组织或细胞的大规模培养,可以生产一些天然有机化合物,如蛋白质、糖类、脂肪、药物、香料、生物碱及其他生物活性物质等。这些次生代谢产物往往具有一些特定的功能,对人类有重要的影响和作用。目前次生代谢产物的生产主要集中在制药工业中一些价格高、产量低、需求量大的化合物上(如紫杉醇、长春碱、紫草宁等),其次是油料(如小豆蔻油、春黄菊油)、食品添加剂(如生姜、洋姜等)、色素、调味剂、饮料、树胶等。

五、植物种质资源的离体保存

种质资源是农业生产的基础,常规的植物种质资源保存方法耗资巨大,种质资源流失的情况也时有发生。通过抑制生长或超低温储存的方法离体保存植物种质,可节约大量的人力、物力和土地,还可挽救那些濒危物种。如一个 $0.28m^3$ 的普通冰箱可存放2000支试管苗,而容纳相同数量的苹果植株则需要近 $6hm^2$ 土地。离体保存可避免病虫害侵染和外界不利气候及其栽培因素的影响,不仅有利于种质资源材料的远距离交换,还可以防止种质的遗传变异和退化,可以长期保存无病毒的原种。

六、人工种子

人工种子是模拟天然种子的基本构造,利用人工种子包被植物组织培养中得到的体细胞胚。人工种子在自然条件下能够像天然种子一样正常生长,它可为某些珍稀物种、转基因植物、自交不亲和植物、远缘杂种的繁殖提供有效的手段。

1958年,Reinert在胡萝卜的组织培养中最先发现了体细胞胚胎(胚状体)。据不完全统计,能大量产生胚状体的植物有43科92属100多种。一些重要作物如水稻、小麦、玉米、珍珠谷等,也能通过离体培养产生胚状体。这些胚状体用褐藻酸钠等包埋,再加上人工种皮,就形成了人工种子。人工种子的优点是:繁殖快速,成苗率极高;不受气候影响,四季皆可工厂化生产。20世纪80年代初,美、日、法等国家相继开展了人工种子的研究,我国也于"七五"期间开展了此项研究,并于1987年将其列入了国家"863"高技术研究发展计划。

植物组织培养技术作为生物科学的一项重要技术,已经渗透到生物科学的各个领域,它为研究植物细胞、组织分化以及器官形态建成规律提供了实验条件,促进了植物遗传、生理生化、病理学的深入研究。随着科学技术的发展,组织培养技术的应用范围将日趋广泛,将发挥越来越重要的作用。

知识小结

思政园地:
植物组织培养技术在药用植物上的应用

※植物组织培养的概念

植物组织培养简称组培,是指在无菌和人工控制的环境条件下,将植物的外植体(胚胎、器官、组织、细胞或原生质体)培养在人工培养基上,使其再生发育成完整植株的技术。由于培养的植物材料脱离了植物母体,所以又被称为植物离体培养。

※植物组织培养的类型

1. 根据培养材料分:植株培养、胚胎培养、器官培养、组织培养、细胞培养、原生质体培养。
2. 根据培养过程划分:初代培养、继代培养、生根培养。
3. 根据培养基态相划分:固体培养、液体培养。

※植物组织培养的特点

1. 培养材料经济,来源广泛。
2. 培养条件可人为控制,便于周年生产。
3. 生长周期短,繁殖速度快。
4. 管理方便,有利于自动化控制和工厂化生产。

※植物组织培养的基本原理

1. 植物细胞的全能性:植物体的每个具有完整细胞核的细胞,都拥有该物种的全部遗传信息,具有形成完整植株的潜在能力。

2. 细胞全能性的实现条件:细胞要与完整植株分离;给予适宜的培养条件;产生脱分化与再分化。

3. 细胞全能性的实现途径:脱分化、再分化、形态建成。

※植物组织培养的发展阶段

1. 探索阶段。
2. 奠基阶段。
3. 迅速发展阶段。

※植物组织培养的应用

1. 植物离体快速繁殖。
2. 植物脱毒苗木培育。
3. 植物新品种培育。
4. 植物次生代谢产物生产。
5. 植物种质资源的离体保存。
6. 制造人工种子。
7. 促进生物科学其他学科的发展。

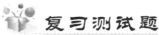

复习测试题

一、名词解释(每题 3 分,共 48 分)

1. 植物组织培养(广义)
2. 外植体
3. 胚胎培养
4. 器官培养
5. 组织培养(狭义)
6. 细胞培养
7. 原生质体培养
8. 固体培养
9. 液体培养
10. 初代培养
11. 继代培养
12. 植物细胞的脱分化
13. 愈伤组织
14. 植物细胞的再分化
15. 胚状体
16. 植物细胞的全能性

二、填空题（每空 1 分，共 30 分）

1. 根据外植体的不同，一般可以将植物组织培养分为：植株培养、_____培养、_____培养、_____培养、_____培养和_____培养。
2. 在植物组织培养中，外植体脱分化后，再分化形成完整植株的途径有两条：一是_____途径，二是_____途径。
3. 通过器官发生再生植株的方式有三种：第一种最普遍的方式是_____；第二种是_____，这种方式中芽的分化难度比较大；第三种是在_____的不同部位上分化出根或芽，再通过维管组织的联系形成完整植株。
4. 体细胞胚发生的途径可分为_____途径和_____途径。
5. 植物组织培养的整个历史可以追溯到_____。一个多世纪来，组织培养的发展大致可以分为_____、_____和_____三个阶段。
6. 在 Schleiden 和 Schwann 所发展起来的_____推动下，1902 年德国植物生理学家 G. Haberlandt 提出了_____设想，并成为用人工培养基对分离的_____进行培养的第一人。
7. White、Gautheret 和 Nobécourt 在 1939 年确立的植物组织培养的基本方法，成为以后各种植物组织培养的_____，他们三人被誉为植物组织培养的_____。
8. 1958 年，英国人 Steward 等将胡萝卜髓细胞培养成为一个_____，首次通过实验证明了_____，成为植物组织培养研究历史中的一个里程碑。
9. 1960 年，Cocking 等人用酶分离原生质体获得成功，开创了_____和_____。同年 Morel 培养兰花的茎尖，获得了_____。其后，国际上相继把组织培养技术应用到兰花的快速繁殖上，建立了_____。
10. 花药的培养在 20 世纪 70 年代得到了迅速发展，花药培养获得成功的物种数目不断增加，其中包括很多种重要的栽培物种。_____、_____和_____等的花培育种在我国取得了一系列举世瞩目的成就。

三、是非题（每题 1 分，共 5 分）

( ) 1. 从理论上说，所有的植物细胞与组织材料都能培养成功，其培养的难易程度基本相同。
( ) 2. 愈伤组织是一种最常见的培养类型，因为除了茎尖分生组织培养和少数器官培养外，其他培养类型都要经历愈伤组织阶段才能产生再生植株。
( ) 3. 在组织培养中可采用愈伤组织诱变、花粉培养诱变等方法来进行植物育种等。
( ) 4. 单倍体育种已成为改良植物抗病、抗虫、抗草、抗逆性、品质等特性的新的重要手段。
( ) 5. 利用植物组织或细胞大规模培养，可以从中提取所需的天然有机物，如蛋白质、脂肪、糖类、药物、香料、生物碱、天然色素以及其他活性物质。

四、选择题（每题 1 分，共 5 分）

1. 在_____中培养物生长过程中排出的有害物质容易积累，由此造成自我毒害，所以必须及时转移。
  A. 固体培养基　　　B. 液体培养基　　　C. 初代培养基　　　D. 继代培养基

2. 用_____技术可以克服杂交不亲和的障碍,使杂种胚顺利生长,获得远缘杂种。
   A. 体细胞杂交　　　　B. 基因工程　　　　C. 胚培养　　　　D. 单倍体育种

3. _____是打破物种间生殖隔离,实现其有益基因交流,改良植物品种,以致创造植物新类型的有效途径。
   A. 体细胞杂交　　　　B. 基因工程　　　　C. 人工种子　　　　D. 单倍体育种

4. _____方法不仅可以快速获得纯系,而且还能缩短育种年限,提高选择效率。
   A. 胚培养　　　　　　B. 基因工程　　　　C. 人工种子　　　　D. 单倍体育种

5. _____是指将植物离体培养产生的体细胞胚包埋在含有营养成分和保护功能的物质中,在适宜条件下能发芽出苗的颗粒体。
   A. 胚培养　　　　　　B. 基因工程　　　　C. 人工种子　　　　D. 单倍体育种

五、问答题（每题6分,共12分）

1. 植物细胞如何才能实现其全能性？实现途径有哪些？
2. 植物组织培养有哪些主要用途？

项目一 植物组织培养的基本条件

教学素材

 知识目标

- 熟悉植物组织培养实验室的组成及其功能和主要设备；
- 掌握植物组织培养实验室设计基本要求；
- 熟悉植物组织培养所需的仪器设备。

 能力目标

- 能根据要求进行植物组织培养实验室的设计；
- 能正确操作使用植物组织培养实验室中各种仪器设备及器械。

 素质目标

- 通过实验室守则以及各类实验仪器使用规范的学习,培养学生爱护、珍惜实验仪器的良好习惯,提高安全意识；
- 培养学生严谨求实的科学态度和作风,形成求真务实的科学品质。

开展植物组织培养工作需要一个比较合理实用的场所、一套适宜的设备和必要的实验环境条件。在进行植物组织培养之前,要全面了解实验室的构成和最基本的设备,以便利用现有房舍新建或改建实验室。实验室的大小取决于工作的目的和规模。以工厂化生产为目的,实验室规模太小,则会限制生产,影响效率。

任务一 植物组织培养实验室

一、植物组织培养实验室设计

在设计组织培养实验室时,应按组织培养程序来设计,避免某些环节倒排,引起日后工作混乱。理想的组培实验室和组培工厂应选在安静、清洁、远离繁忙的交通线但又交通方便的城市近、中郊,应在该城市常年主风向的上风方向,避开各种污染源,以确保工作的顺利进行。其设计应包括洗涤室、准备室、灭菌室、无菌操作室、培养室、细胞学实验室、摄影室等分室,另加驯化室、温室或大棚;在规模小、条件差的情况下,全部工序也可在一间室内完成。但是,对一个年产4万～20万株苗的商业性组织培养实验室和小工厂来说一般要求有2～3间实验用房,可划分为准备室、缓冲室、无菌操作室、培养室(图1-1),另加一定面积的试管苗驯化室、温室或大棚。

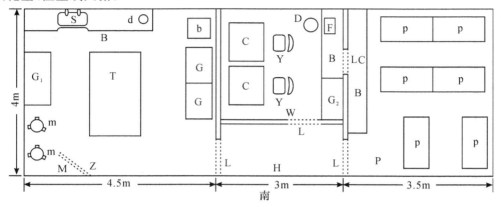

图1-1　组织培养实验室设计平面图

B.白瓷砖面边台,下有备品柜　C.超净工作台　D.圆凳　F.分析天平　G.药品及仪器柜　G_1.放置培养瓶用的搁架　G_2.放置灭过菌待用培养瓶的搁架　H.缓冲室　L.拉门　LC.拉窗,用于递送培养瓶　M.门　P.培养室　S.水槽　T.大实验台　W.无菌操作室　Y.椅子　Z.准备室　b.冰箱　d.电炉　m.灭菌锅　p.培养架,高200cm,宽60cm,长126cm,分作5或6层

二、植物组织培养实验室基本组成

植物组织培养实验室可分为商业实验室和科研实验室,两种实验室在面积和设备上不尽相同,但实验室的构成基本相同,都由以下几个分室构成:

(一)准备室

准备室又称化学实验室,要求20m²左右,明亮,通风(图1-2)。准备室的任务很繁重,器皿洗涤,培养基配制、分装、高压灭菌,植物材料的

拓展阅读:
植物组织培养实验室的建设、管理和使用

预处理,重蒸馏水的制备以及进行生理、生化因素的分析等各种操作都要在此室中进行,同时兼顾试管苗出瓶,清洗与整理工作(如果房间较多,可将试管苗出瓶与培养器皿的洗涤单独分出在另一间室内进行)。需安装一个较大的水池,水池应用水泥制作,白瓷砖砌内外表面,池底可放一张橡胶垫,以减少玻璃器皿的破损。自来水龙头宜采用三孔鹅颈式的,用水方便,并在需要时可加装抽滤器。下水道应畅通,以免妨碍工作。大型工作台1～2张,大桌子1～2张。玻璃橱1～3个,用以放置药品、培养瓶和物品。此外,还应备有配制各种培养基所需的化学药剂、仪器设备、各种器皿、烘箱、冰箱、天平、酸度计、蒸馏水发生器或纯水发生器、高压灭菌器、电炉、不锈钢锅、培养基分注器、盆与桶等。

(二)缓冲室

为避免进出时带进杂菌,无菌室外应设置缓冲室,面积约3～5m²(图1-3)。进入无菌室前需在缓冲室里换上经过灭菌的卫生服、拖鞋,戴上口罩。最好安装1盏紫外线灯,用以灭菌。墙上设衣帽钩,门边摆拖鞋或设一鞋箱。还应安装1个配电板,其上设保险丝盒、闸刀开关、插座以及石英电力时控器等。石英电力时控器是自动开关灯的设备,将它和交流接触器安装在电路里就可以自动控制每天的光照时数。

图1-2 准备室

图1-3 缓冲室

(三)无菌操作室

无菌操作室(简称无菌室,也称接种室)面积$10\sim20m^2$,具体视生产规模和超净工作台数量而定(图1-4)。无菌室是进行无菌工作的场所,如材料的灭菌接种、无菌材料的继代、丛生苗的增殖或切割嫩茎插植生根等。无菌室是植物组织培养研究或生产工作中的最关键部分,关系到培养物的污染率、接种工作效率等重要指标。无菌室要求干爽安静、清洁明亮,墙壁光滑平整不易积染灰尘,地面平坦无缝,便于清洗和灭菌。最好采用水磨石地面或水磨石砌块地面,白瓷砖墙面或防菌漆天花板板面等结构。门窗要密闭,一般用移动门窗,以减少空气的扰动。在适当的位置安装紫外线灯,使室内保持良好的无菌或低密度有菌状态。最好安置1台空调机,在使用时开启,使室内温度保持在25℃左右,这样就可以在工作时或不工作时都把无菌室的门窗紧闭,保持与外界相对隔绝的状态,尽量减少尘埃与微生物侵入,加之经常采用灭菌措施,就可达到较高的无菌水平,以利安全操作,提高工作的质量与效率。此外,再配上操作台和搁架,分别用以放置组培的操作器具和灭菌后待接种的培养瓶等。其主要仪器设备有超净工作台、空调机、医用小平车等。超净工作台上放酒精灯和装有刀、剪、镊子的工具盒(常用饭盒或搪瓷盘)、灭菌用的酒精(75%与95%两种)、外植体表面灭菌剂(0.1% $HgCl_2$溶液等)以及吐温、无菌水等。

图片资源:
植物组织培养
实验室

图片资源:
无菌操作室

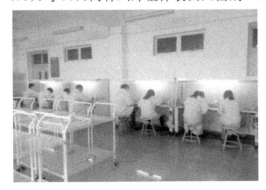

图1-4 无菌操作室

图1-5 培养室

(四)培养室

培养室是将接种到培养瓶等器皿中的植物材料进行培养的场所(图1-5)。其面积根据培养规模和经济条件来确定。为了满足外植体的生长和发育,培养室要具备适宜的温度、湿度、光照、通风等条件。其主要设计如下:

1. 培养架子和灯光

培养架子的数量视生产规模而定,年产苗4万~10万需培养架4~6个,年产苗10万~20万约需培养架8~10个。培养架的高度可以根据培养室的高度来定,以充分利用空间,如有的培养架高达4m,共分10层。当然,如果以研究为主,架子就不要太高,以不站凳子手能拿到瓶子为宜。一般每个架设6层,总高度2m,最上一层高1.7m,每0.3m为一层,最下一层距离地面0.2m。架宽以0.6m为好,架长以40W日光灯管的长度来决定,即约1.26m。每层架子安装2盏日光灯,最好每盏灯有个开关、每个架子有个总开关,以便随时随地视具体情况来调节光密度;而每天光照时间的长短则由缓冲室配电板上安装的石英电力时控器来控制。培养架最好用新型角钢条来制作,因其上面布有等距离的洞,故用螺栓可将它任意组合成架子。

图片资源:培养架

2. 通风设施

培养室应设计能有效通风的窗户,定期或需要时加强通风散热,方法是在室内地板稍高处设置进风气窗,在气窗的对侧近天花板处设置排风窗,亦可安装小功率的排风扇,即可利用自然空气来调节室内的空气与温度。进风气窗可用2~3层以上的纱布简单地滤尘。此外,还可装1个吊扇,促进室内空气流动。

3. 边台

培养室内应建适当大小的边台,边台下为贮放备品的柜子。边台上可放置双筒解剖镜、显微镜等检查观察的仪器。并备有照明设备,必要时可拍摄培养物的分化与生长状态的照片。培养室内温度、湿度比较稳定,主要仪器有空调机、除湿机、各类显微镜、温度湿度计、换气扇等。

(五)移栽驯化室

当试管苗长出一定量的不定根,且根长在0.5~1cm时,应及时移栽驯化。驯化室通常是在温室的基础上营建的。驯化室要求清洁无菌,配有空调机、加湿器、恒温恒湿控制仪、喷雾器、光照调节装置、通风口以及必要的杀菌剂。面积大小视生产规模而定。

(六)温室

为了保证试管苗能不分季节地周年生产,必须有足够面积的温室与之配套。温室内应配有温度控制装置、通风口、喷雾装置、光照调节装置、杀菌杀虫工具及相应药剂。

任务二 植物组织培养常用的仪器设备

植物组织培养是在严格无菌的条件下进行的。要做到无菌的条件,需要一定的设备、器材和用具,同时还需要人工控制温度、光照、湿度等培养条件。

一、实验室基本仪器设备

(一)常规设备

1. 空调机

接种室的温度控制,培养室的控温培养,均需要用空调机。培养室温度一般要求常年保持 25±2℃,空调机可以保证室内温度均匀、恒定。空调机应安置在室内较高的位置,如窗的上框以上的地方等,以便于排热散凉,使室温均匀。若将空调机安装在窗以下位置,室内的上层温度则始终难以降下来。

2. 除湿机

湿度也要求恒定,一般保持 70%~80%,湿度过高易滋长杂菌,湿度过低培养器皿内的培养基会失水变干,从而影响外植体的正常生长。当湿度过高时,可采用小型室内除湿机除湿;当湿度过低时,可采用喷水来增湿。

3. 烘箱

可以用 80~100℃的温度,迅速干燥洗净后的玻璃器皿。也可以用 160~180℃的温度,进行 1~3h 的高温干燥灭菌。还可用 80℃的温度烘干组织培养植物材料,以测定干物质。

4. 冰箱

有普通冰箱、低温冰箱等。用于在常温下易变性或失效的试剂和母液的储藏,细胞组织和试验材料的冷冻保藏,以及某些材料的预处理。

5. 天平

包括扭力天平、分析天平、电子天平(图 1-6)和药物天平(图 1-7)等。大量元素、糖、琼脂等的称量可采用感量为 0.1g 的药物天平,微量元素、维生素、激素等的称量则应采用感量为 0.0001g 的分析天平。有条件的,最好配用感量为 0.0001g 的电子天平。

视频资源:
天平使用

图 1-6 电子天平

图 1-7 药物天平

6. 显微镜

包括双目实体显微镜(解剖镜)、生物显微镜、倒置显微镜和电子显微镜。显微镜上要求能安装或带有照相装置,以对所需材料进行摄影记录。

(1)双目实体显微镜　双目实体显微镜下可进行培养材料(如茎尖分生组织、胚等)的分离,解剖和观察植物的器官、组织,也可以从培养器皿的外部观察细胞和组织的生长情况。

(2)生物显微镜　生物显微镜可用于观察花粉发育时期以及培养过程中细胞核的变化。

(3)倒置显微镜　倒置显微镜物镜在镜台下面,可以从培养皿的底部观察培养物。

(4)电子显微镜　简称电镜或电显,是使用电子束来展示物件的内部或表面的显微镜。

7. 水浴锅

水浴锅可用于溶解难溶药品和熔化琼脂条。

8. 蒸馏水发生器

制备培养基所用的重蒸馏水,是将蒸馏水再蒸馏一次,使水中不含或少含某些离子,以便完全人为控制培养基成分。因此,实验室设置一套蒸馏水发生器是必要的。蒸馏器一般有两种,一种是用蒸馏水重新蒸馏,另一种是用自来水连续蒸馏两次,以获得重蒸馏水。此外,还可用纯水发生器将自来水制成纯净的实验室用水,生产速率可达到4L/h、15L/h或40L/h(因型号而异)。这种水与"试剂级"水比较,其杂质的含量仍然太高,但却得到了质量一致的较好的实验室用水。

9. 酸度计

用于校正培养基和酶制剂的pH值。半导体小型酸度测定仪,既可在配制培养基时使用,又可在培养过程中测定pH值的变化。

图片资源:
酸度计

10. 离心机

用于分离培养基中的细胞以及解离细胞壁后的原生质体。一般转速为3000～4000r/min即可。

(二)灭菌设备

1. 高压灭菌锅

高压灭菌锅(图1-8)是一种密闭良好又可承受高压的金属锅,其上有显示灭菌锅内压力和温度的表头。高压灭菌锅上还有排气孔和安全阀。高压灭菌锅是对培养基和操作工具、器皿器具、工作服装等进行灭菌的设备。在密闭的高压蒸汽灭菌锅内,当压力表指示蒸汽压增加到0.105MPa时,温度则相当于121℃,在这种温度下20min即可完全杀死细菌的繁殖体及芽孢。

2. 干热消毒柜

用于干燥洗净后的玻璃器皿,也可用于干热灭菌和测定干物重。一般选用200℃左右的普通或远红外消毒柜。用于干燥需保持80～100℃;干热灭菌时需160℃保持1～2h;若测定干物重,则温度应控制在80℃烘干至完全干燥为止。

3. 过滤灭菌器

一些生长调节物质(如IAA、GA_3)、有机附加物(如香蕉汁、椰子汁)等在高温条件下易被分解破坏而丧失活性,可用孔径为0.22μm微孔滤膜来进行除菌。过滤灭菌时需要一套减压过滤装置或注射器过滤组件。

4. 接种器械灭菌器

接种器械灭菌器为电加热高温干式消毒灭菌,由数显控制面板、石英珠、发热层(板)组成,将电能转化为热能加热石英珠,把接种的刀、剪、钳、针插入石英珠内15～20s,便可完成对接种工具的消毒灭菌(图1-9)。

图1-8　高压灭菌锅　　　　　　图1-9　接种器械灭菌器

5.臭氧发生器

臭氧发生器主要用于空气的消毒杀菌。臭氧在常温常压下能自行分解成氧气和单个氧原子，而氧原子对微生物有极强的氧化作用，臭氧氧化分解了微生物内部氧化葡萄糖所必需的酶，从而破坏其细胞膜，将它杀死，多余的氧原子则会自行重新结合成为普通氧气分子。臭氧消毒杀菌效果好，不存在任何有毒残留物，对多种细菌、病毒、芽孢均有很强的杀灭力。

6.紫外线灯

紫外线灯产生的紫外线具有杀菌作用。紫外线灯主要用于对接种室、缓冲室、培养室等处空气和环境的消毒。

(三)无菌操作设备

1.超净工作台

超净工作台(图1-10)原系工业上用于半导体元件与精密仪器的装配，如今已成为组织培养上的一种最通用的无菌操作装置。它占地小，效果好，操作方便。超净工作台的空气通过细菌过滤装置，以固定不变的速率从工作台面上流出，在操作人员与操作台之间形成风幕，净化进入台面的空气，保证了台面的无菌状况。

图1-10　超净工作台

2. 无菌箱

条件不足时可用最简单的无菌箱来代替超净工作台,前面装玻璃,操作中便于观察,左右两侧有两个孔,孔内侧有布质袖罩,无菌箱上方安装紫外线灯和日光灯,箱内放置工作所需的物品。无菌箱比较简易,容易办到,但操作不方便,比较费工夫。

(四)培养设备

1.摇床(振荡培养机)

在液体培养中,为了改善浸于液体培养基中的培养材料的通气状况,可用摇床来振动培养容器。振动速率每分钟60~120次为低速,每分钟120~250次为高速,植物组织培养可用每分钟100次左右。摇床冲程应在3cm左右。冲程过大或转速过高,会将细胞震破。

2.转床(旋转培养机)

转床同样用于液体培养。由于旋转培养使植物材料交替地处于培养液和空气中,所以氧气的供应和植物材料对营养的利用更好。通常植物组织培养用1r/min的慢速转床,悬浮培养需用80~100r/min的快速转床。

3.恒温箱

恒温箱又称培养箱,可用于植物原生质体和酶制剂的保温,也用于组织培养材料的保存和暗培养。恒温箱内装上日光灯,可进行温度和光照实验。

4.光照培养箱和人工气候箱

光照培养箱和人工气候箱可自动控制温度、湿度和光照,主要用于试管苗培养和移栽。

图片资源:
光照培养箱和
人工气候箱

5.培养架

培养架是进行固体培养时,摆放培养材料的设备。它有多层,每层均有照明设备。在培养架的顶部多安装反光膜或反光镜,以增强光照,每层架的隔板可采用玻璃板、金属网或木板。

二、实验室常用器皿、器械

(一)常用器皿

1.培养器皿

配制培养基和进行培养都需大量的器皿。器皿按材料可分为玻璃器皿和塑料器皿两种。玻璃器皿需用碱性溶解度小的优质硬质玻璃制成,以保证长期储藏药品与培养的效果;塑料培养器皿需用耐高温高压的材料制成。玻璃培养器皿的优点是透光度好、容易清洗,缺点是容易破碎;塑料培养器皿的优点是不容易破碎、成本较低,但缺点是透光度较玻璃培养器皿差、遇火焰易熔化。目前制成的塑料器皿可以进行高温高压灭菌,并对培养物无害。故现在在很多实验室内,玻璃培养器皿和制备培养基所需的其他玻璃器皿都已被塑料器皿所取代。特别是那些用于原生质体、细胞、组织和器官培养的塑料器皿,在出厂时即是无菌的。这种塑料器皿在国外已得到普遍应用,在国内也生产并被使用。

按其形状可分为试管、三角瓶、圆形培养瓶和培养皿等。也有进行转动培养并使液体流动时用的L形管和T形管;还有在瓶外用显微镜观察细胞的分裂和生长情况,并便于摄影记录的长方形扁瓶、圆形扁瓶、平型有角试管和无角试管等。这些不同类型的培养器皿都可用来培养植物材料,但具体采用哪一种,有时取决于实验性质,有时取决于器皿使用是否方便,有时还取决于研究工作者的爱好与资金实力等。在一般的组织和细胞培养工作中,玻璃试管和三角瓶是广泛应用的器皿。当然,在条件不许可的情况下,各种大小的广口玻璃瓶,有时甚至牛奶瓶和罐头瓶也都可以利用,特别在快速繁殖时更是如此。不过在组织培养中只应用硼硅酸盐玻璃器皿,钠玻璃对某些组织可能是有毒的,重复使用时毒害会更明显。

(1)试管 特别适合用少量培养基及试验各种不同配方时选用,在茎尖培养及花药和单子叶植物分化长苗培养时更显方便,有圆底的和平底的两种。

(2)三角瓶 是植物组织培养中最常用的培养器皿,适合于各种培养,固体或液体、大规模或小规模都行。常用的是 50mL、100mL、150mL 和 300mL 的三角瓶。其优点是:采光好、瓶口较小不易失水和不易被污染。

(3)L 形管和 T 形管 为专用的旋转式液体培养试管。

(4)培养皿 适用于单细胞的固体平板培养、胚和花药培养以及无菌发芽。常用的有直径为 40mm、60mm、90mm 和 120mm 的培养皿(图 1-11)。

(5)果酱瓶 常用于试管苗的大量繁殖,一般用 200～500mL 的规格(图 1-12)。

图 1-11 培养皿

图 1-12 果酱瓶

2.实验器皿

主要是量筒(25mL、50mL、100mL、500mL 和 1000mL)、量杯、烧杯(100mL、250mL、500mL 和 1000mL)(图 1-13)、吸管、滴管、容量瓶(100mL、250mL、500mL 和 1000mL)、称量瓶、试剂瓶、玻璃缸、玻璃瓶、塑料瓶、酒精灯、储藏母液的棕色玻璃瓶(图 1-14)等。

视频资源:
容量瓶使用

图 1-13 烧杯

图 1-14 棕色玻璃瓶

(二)分注器

分注器可以把配制好的培养基按一定量注入培养器皿中。一般由4～6cm的大型滴管、漏斗、橡皮管及铁夹组成。还有量筒式的分注器,上有刻度,便于控制。微量分注还可采用注射器。

(三)离心管

离心管用于离心,将培养的细胞或制备的原生质体从培养基中分离出来,并进行收集。

(四)刻度移液管

在配制培养基时,生长调节物质和微量元素等溶液,用量很少,只有用相应刻度的移液管才能准确量取。同时,不同种类的生长调节物质不能混淆,这就要求专管专用。常用的刻度移液管容量有0.1mL、0.2mL、0.5mL、2mL、5mL、10mL等(图1-15)。

视频资源:
移液管使用

(五)常用的器械(图1-16)

(1)镊子 尖头镊子,适用于取植物组织和分离茎尖、叶片表皮等。长20～25cm的枪形镊子,可用于接种和转移植物材料。

(2)剪刀 常用的有解剖剪和弯头剪,一般在转移植株时用。

(3)解剖刀 常用的解剖刀,有长柄和短柄两种。刀片也有双面及单面之分,可以经常更换。对大型材料如块茎、块根等就需用大型解剖刀。

(4)接种工具 包括接种针、接种钩及接种铲,用来接种花药或转移植物组织。

(5)钻孔器 取肉质茎、块茎、肉质根内部的组织时使用。钻孔器一般做成T形,口径有各种规格。

(6)其他 燃烧工具用的酒精灯、用于熔解培养基的带有磁搅拌器的电炉、用于加速熔解琼脂培养基的微波烘箱、用于贮备去离子水和重蒸馏水的大型塑料桶、试管架以及转移培养瓶、试管架的搪瓷盘或塑料框等。

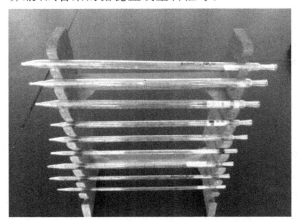

图1-15 刻度移液管

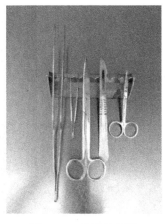

图1-16 常用的器械

思政园地:
实验室安全

实验 1-1　植物组织培养实验室设计及常用设备仪器的使用

一、实验目的

1. 能够根据要求进行植物组织培养实验室的设计,并绘制出实验室草图。
2. 认识组织培养必需的仪器、器皿,掌握几种主要设备的使用方法。

二、器材与试剂

1. 植物组织培养实验室,测量尺、记录本等。
2. 组织培养常用的仪器设备和器具,如电子天平(精密度 1/100、1/10000)、高压灭菌锅,电冰箱,超净工作台,光照培养箱,精密 pH(5.4～7.0)试纸,酒精灯,玻璃器皿(试剂瓶、烧杯、量筒、容量瓶、移液管、培养瓶等),接种器械(镊子、解剖刀、剪刀等),灭菌器等。

三、方法及步骤

1. 教师讲解实验室的规章制度及有关注意事项,实验室各组成部分的功能与设计要求。
2. 学生分组,在老师的带领下参观实验室,讲解各个分区的功能。同时,教师介绍组织培养实验室常用设备及其使用方法。
3. 教师与学生共同讨论实验室的规划设计问题。
4. 学生根据要求自己动手设计实验室,绘制组织培养实验室草图。

四、注意事项

实验前指导教师和实验员必须做好充分的准备,明确组织培养实验室的规章制度及其特殊性,强调参观的纪律要求。

五、实验报告

1. 绘制一幅植物组织培养实验室的设计图。
2. 写出植物组织培养实验室各个组成部分的功能及仪器设备。

实验 1-2　器皿及用具的洗涤与环境消毒

一、实验目的

1. 通过实验使学生树立无菌观念,养成良好的无菌操作习惯。
2. 掌握实验室常用器皿及用具的洗涤方法。
3. 掌握实验室环境的消毒方法。

二、器材与试剂

(1)材料与试剂　去污粉、肥皂、洗衣粉、重铬酸钾、工业浓硫酸、2%盐酸溶液、蒸馏水。

(2)仪器与用具　试管、三角瓶、培养皿、培养瓶、试剂瓶等容器;量筒、烧杯、移液管等量具;镊子、剪刀、解剖刀、接种针等器械。

三、方法及步骤

1. 器皿及用具的清洗

(1)洗涤液配制　常用的洗涤液有70%酒精、0.1%～4%高锰酸钾溶液、1%稀盐酸溶液、4%重铬酸钾-硫酸溶液(铬酸洗液)、10%～20%洗衣粉溶液及洗涤剂溶液等。

4%重铬酸钾-硫酸溶液(铬酸洗液)的配制方法:称取25g重铬酸钾,加水500mL,加温溶化,冷却后再缓缓加入90mL工业浓硫酸即配成较稀的洗液。铬酸洗液可加热使用,增强去污作用,一般可加热到45～50℃。铬酸洗液可以重复使用,直到溶液变成青褐色为止。

(2)器皿及用具清洗　新购置的玻璃器皿因有游离碱性物质,可采用酸洗法洗涤。先用1%稀盐酸溶液浸泡4h以上,然后用自来水冲洗;再加洗衣粉溶液及洗涤剂溶液刷洗,用自来水冲洗;最后用蒸馏水冲洗后,沥干备用。

日常使用过的容器应先除去瓶内残渣,用自来水冲洗,再用10%～20%洗衣粉溶液及洗涤剂溶液浸泡、刷洗,洗衣粉及洗涤剂溶液加热后去污力更强,然后用自来水冲洗,最后用蒸馏水冲洗后,沥干备用。

吸管、滴管等较难刷洗的玻璃器皿及用具可先放入铬酸洗液中浸泡数小时,取出后用自来水冲洗30min,再用蒸馏水冲洗,稍沥水后置于干燥箱内烘干备用。吸管、滴管等首次使用前也必须用洗涤液泡洗。

金属用具一般不宜用各种洗涤液洗涤,可用酒精擦洗,并保持干燥,新购置的金属器械若表面有润滑油或防锈油,可用棉球蘸取四氯化碳(CCl_4)擦去油脂,再用湿布擦净,干燥备用。塑料用品一般用合成洗涤剂洗涤,因其附着力较强,必须反复冲洗多次,最后用蒸馏水冲洗,沥干备用。

2. 接种室、培养室环境消毒

(1)药剂熏蒸　接种室、培养室应定期采用甲醛和高锰酸钾熏蒸消毒,一般每年2～3次。每$1m^3$空间用5～8mL甲醛、5g高锰酸钾。先将称好的高锰酸钾倒入一个较大的容器内(玻璃罐头瓶或陶瓷罐),放入房屋中间的地面上,再将量取的40%甲醛溶液缓慢倒入,当烟雾产生后操作人员应迅速离开,并密封门窗。2～3d后再开启门窗,排出甲醛废气。另外,也可选用冰醋酸加热熏蒸消毒。

(2)药液喷雾　经常用0.25%新洁尔灭溶液(取5%新洁尔灭原液50mL,加水950mL配成)或漂白粉液(取漂白粉10g,加水140mL配成,现配现用,配好后静置1～2h,取上清液)或70%酒精喷雾,对接种室、培养室空间及墙壁、超净工作台消毒。喷雾要均匀,不留死角,并注意安全。

(3)紫外线照射　每次接种前打开缓冲室、接种室和超净工作台内的紫外线灯,照射20～30min。

(4)药液擦拭　用棉布或毛巾蘸取70%酒精或0.1%高锰酸钾溶液擦拭培养架等,做好卫生清理工作。

四、注意事项

实验前指导教师和实验员必须做好充分的准备,教师应特别强调在操作过程中注意安全。教师讲解示范后,学生分组操作。学生应轮流负责实验室器皿洗涤、环境清洁、消毒剂空气污染状况检测。

五、实验报告

写出器皿及用具的洗涤步骤。

知识小结

※植物组织培养实验室设计

1. 基本要求:远离污染源、交通便利、合理规划面积和组成,按照操作流程来设计。
2. 实验室构成:准备室、缓冲室、无菌操作室、培养室、移栽驯化室等。
3. 实验室类别:普通实验室、家庭组培室、组培工厂。

※植物组织培养实验室主要设备

1. 灭菌设备:高压灭菌锅、干热消毒柜、过滤无菌器、接种器械灭菌器、臭氧发生器、紫外线灯。
2. 无菌操作设备:超净工作台、无菌箱。
3. 培养设备:摇床、转床、恒温箱、光照培养箱、人工气候箱、培养架。
4. 其他设备:解剖镜、显微镜、培养器皿、称量仪器、分装设备、离心机、酸度计等。

复习测试题

一、名词解释(每题 4 分,共 32 分)

1. 无菌操作室
2. 高压灭菌锅
3. 过滤灭菌器
4. 超净工作台
5. 摇床
6. 培养架
7. 分注器
8. 接种工具

二、填空题(每空 1 分,共 22 分)

1. 植物组织培养是一项技术性较强的工作。为确保培养成功,植物组织培养的全过程要求严格的_____和_____,在专门的植物组织培养_____内进行。

2. 一个标准的植物组织培养实验室能够满足整个组织培养工艺流程,通常需要具备以下四个单元:_____、缓冲室、_____和_____。

3. 植物组织培养实验室的大小、繁简可以根据组培目的而定,但必须能够完成_____、_____和_____三个基本环节。

4. 常见的培养器皿有试管、_____、_____和_____。

5. 植物组织培养的无菌操作需要_____、_____、_____、_____等金属用具。

6. 清洗玻璃器皿用的洗涤剂主要有肥皂、_____、_____和_____。

7. 新购置的玻璃器皿的清洗步骤是,先用_____浸泡,然后用_____洗净,清水冲洗,最后_____冲淋1遍,干后备用。

三、是非题(每题1分,共5分)

( )1. 无菌操作室适当位置应吊装1~2盏紫外线灯,用以经常地照射灭菌。

( )2. 瓶口封塞可用多种方法,但要求绝对密闭,以防止培养基干燥和杂菌污染。

( )3. 分注器的作用是把配制好的培养基按一定量注入培养器皿中。

( )4. 干燥箱用于干燥需保持80~100℃;进行干热灭菌需保持120℃,达1~3h。

( )5. 培养室湿度要求恒定,一般保持相对湿度70%~80%。

四、选择题(每题1分,共5分)

1. _____用于配制培养基时添加各种母液及吸取定量植物生长调节物质溶液。
   A. 移液管　　　　B. 分注器　　　　C. 过滤灭菌器　　D. 酸度计

2. _____用于切取很小的外植体(如茎尖分生组织、胚胎等)和解剖、观察植物的器官、组织等。
   A. 倒置显微镜　　B. 电子显微镜　　C. 双目实体显微镜　D. 普通生物显微镜

3. 离心机用于分离培养基中的细胞以及解离细胞壁内的原生质体,一般选择低速离心机,每分钟_____转左右即可。
   A. 1000　　　　　B. 2000　　　　　C. 3000　　　　　D. 4000

4. 植物组织培养的振动速率可用每分钟_____次左右,摇床冲程在_____左右。
   A. 100,3cm　　　B. 100,2cm　　　C. 200,3cm　　　D. 200,3cm

5. 培养室温度一般要求常年保持_____℃左右。
   A. 20　　　　　　B. 22　　　　　　C. 25　　　　　　D. 28

五、问答题(每题6分,共36分)

1. 一个植物组织培养实验室的设计需要考虑哪些因素?
2. 植物组织培养实验室的各分室分别起哪些作用?
3. 无菌操作室为什么一般配有缓冲室?缓冲室有何功能?
4. 已被真菌等杂菌污染的玻璃器皿应该如何清洗?
5. 实验室环境消毒有哪些方法?
6. 请根据所在教室实际情况,将其设计改造成一个植物组织培养实验室。

项目二　植物组织培养基本操作技术

教学素材

知识目标

- 熟悉植物组织培养的一般工作流程；
- 了解培养基的成分、类型及其特点；
- 掌握初代培养中外植体选择的原则,掌握试管苗继代扩繁、生根培养的方法；
- 了解植物组织培养中常见问题及解决措施,掌握试管苗生长环境、驯化移栽的方法。

能力目标

- 能根据常用配方的特点选择基本培养基；
- 能熟练进行初代培养中外植体的取材、消毒、接种及培养等操作,能处理初代培养中污染、褐变等常见问题；
- 能熟练进行试管苗扩繁操作,能处理继代培养中试管苗玻璃化等常见问题；
- 能熟练进行试管苗生根壮苗培养及驯化移栽操作,能正确进行移栽试管苗的管理。

素质目标

- 通过学习增强学生团队协作意识,树立合作共赢的观念；
- 培养学生严谨认真的职业态度、精益求精的工匠精神,提升职业道德感。

　　植物组织培养是一项技术性较强的工作。为了确保组织培养工作顺利进行,除了具备基本的实验设备条件外,还要求熟练掌握植物离体培养的基本技术,包括培养基的配制、外植体的选择与处理、无菌操作技术等。配制培养基的目的是人为提供离体培养材料的营养源。没有一种培养基能够适合所有类型的植物组织或器官,在建立一项新的培养系统时,首先必须找到一种合适的培养基,培养才有可能成功。因此,培养基的配制是组培生产中经常性的工作之一,为了方便快速配制培养基,同时保证各物质成分的准确性及配制时的快速移取,通常预先配制出所需培养基的浓缩液(即母液),然后再进行培养基的制备。

任务一　培养基及其制备

选用合适的培养基是植物组织培养取得成功的关键技术。培养基成分制约着离体培养植物的组织生长和形态发生。在离体培养条件下,不同的植物种类对营养有不同的要求,甚至同一种植物不同部位的组织对营养的要求也不相同,只有满足了各自的特殊要求,它们才能很好地生长。所以我们要想对某种植物进行离体培养,就必须选择并制备出适合其生长和增殖的培养基。而任何一种培养基配方都包括多种成分,有些用量又非常微小,如果每次配制培养基时都即时称量,不仅费时费工,也不够准确,因此我们可以根据配方特点预先配制成一定浓度的浓缩液,用时加以稀释,这种浓缩液就被称为培养基母液或培养基贮备液。配制培养基的目的是人为提供离体培养材料的营养源。配制不同培养基,是为满足不同类型植物材料对营养的不同需要。

一、培养基的组成

培养基(culture medium)经人工配制而成,在植物组织离体培养过程中保证其能得到充足的养分。植物组织培养过程中,外植体生长所需的营养和生长因子,主要由培养基供应。绝大多数植物组织培养所用的培养基都包含无机盐(大量成分、微量成分)、有机成分(维生素、氨基酸、碳源)、生长调节物质、水、琼脂等成分,有时还会另外添加一些复杂成分的有机物,如水解酪蛋白、水解乳蛋白及天然提取物(椰乳、酵母提取物、番茄汁、麦芽汁、马铃薯汁等)。所有这些物质,可概括为5大类。

(一)水分

水分是植物原生质体的主要成分,也是一切代谢过程的溶媒,在植物生命活动过程中不可缺少。配制培养基时一般用离子交换水、蒸馏水和重蒸馏水等,以保证植物母液及培养基成分的精确性,防止贮藏过程中发霉变质。由于处理后的自来水本身含有一定量的无机盐(如钙盐、镁盐等),以及来源于水槽、水管等的可溶性无机物质,单宁酸、工业废料等可溶性有机物质,微生物和泥沙尘埃等微粒,所以通常不能采用自来水制备培养基。

(二)无机化合物

无机化合物是指植物在生长发育时所需要的各种矿物质元素。除了碳、氢、氧外,已知还有12种元素对植物的生长是必需的。这些矿物质营养元素(盐)为植物生命活动提供必需的营养元素。根据植物生长需求量分为大量元素和微量元素两类。

拓展阅读:
氮磷钾缺素对6个菊花品种现蕾后观赏性状的影响

1.大量元素

大量元素主要包括氮(N)、磷(P)、钾(K)、钙(Ca)、镁(Mg)、硫(S)。它们以无机盐的形式存在于各种培养基中,对植物细胞和组织生长都是必不可少的。其中,氮是构成蛋白质的主要成分,存在于叶绿素、维生素、核酸、磷脂、辅酶以及生物碱中,作为组成植物体中许多基本结构物质的组分,是生命不可缺少的物质,故氮又被称为生命元素。氮主要以硝态氮(NO_3^-)和铵态氮(NH_4^+)两种形式被使用,硝酸钾

（KNO_3）、硝酸铵（NH_4NO_3）或硝酸钙[$Ca(NO_3)_2$]，有时也通过添加氨基酸来补充氮素。植株缺氮时，主要表现症状是植株矮小，分枝少，花少，幼叶向老叶吸收氮素，老叶出现缺绿病，严重时变黄枯死，但幼叶可较长时间保持绿色。

磷是磷脂的主要成分，主要参与植物生命活动中核酸和蛋白质的合成、光合作用、呼吸作用以及能量的贮存、转化及释放等重要生理生化过程。磷常由磷酸盐来提供，主要有磷酸二氢钾（KH_2PO_4）或磷酸二氢钠（NaH_2PO_4）。磷在植物体内能从一个器官转移到另一个器官，进行重新分配。磷在老叶中含量较少，而在幼叶、花和种子中含量较多。缺磷时植物蛋白质合成受阻，植株生长缓慢，植株短而粗，叶色深绿，有时呈红色（缺磷有利于花色素的积累）。

拓展阅读：
葡萄缺磷怎么办

钾是许多酶的催化剂，与碳水化合物合成、转移以及氮素代谢等有密切关系，对培养基中含量要求较高。钾的含量增加时，蛋白质合成增加，维管束、纤维组织发达，对胚的分化有一定的促进作用。钾的浓度以1~3mmol/L为宜。常用的含钾化合物有氯化钾（KCl）或硝酸钾（KNO_3）。缺钾时植株变弱、易倒伏，叶片变黄、卷曲，逐渐坏死。

钙、镁、硫也是培养基中必需的大量元素，钙是构成细胞壁的一种成分，在细胞分裂中可保护质膜不受破坏，在植物体内主要以离子形式存在，还有一部分则以结合态草酸钙、植酸钙和果胶酸钙而存在。缺钙首先表现在幼嫩组织，严重时引起幼叶尖端弯曲坏死，最后顶芽死亡。镁是叶绿素的组成成分，是许多与光合作用、呼吸作用、核酸合成等有关酶的活化剂，镁在植物体中可以流动，主要存在于幼嫩组织和器官中，缺镁时，叶绿素不能合成，由此产生的缺绿病表现为叶脉之间变黄，严重时形成褐斑坏死。硫是含硫氨基酸和蛋白质的组成成分，还是辅酶A、硫胺素、生物素等重要物质的结构成分。缺少硫元素时一般表现在幼叶中，植株叶片呈黄绿色。硫的浓度以1~3mmol/L为宜，常以硫酸镁（$MgSO_4$）和钙盐的形式供给。

图片资源：
红美人柑橘缺镁症状

2. 微量元素

微量元素需要量小，在植物体内含量占干物重的0.01%以下，但仍然是植物细胞和组织生长不可缺少的无机元素。微量元素主要包括铁（Fe）、氯（Cl）、硼（B）、锰（Mn）、锌（Zn）、铜（Cu）、钴（Co）、钼（Mo）、碘（I）等。其中铁盐是用量较多的一种微量元素。铁对叶绿素的合成和延长生长起重要作用，铁元素不易被植物直接吸收和利用，通常以硫酸亚铁（$FeSO_4$）和乙二胺四乙酸二钠盐

拓展阅读：
微量元素铁与植物营养和人体健康的关系解析

拓展阅读：
樱桃几种缺素症的防治技术

（Na_2-EDTA）的形式添加，以避免Fe^{2+}氧化产生氢氧化铁沉淀。植物在缺铁的状态下主要表现为细胞分裂停止，绿叶变黄，进而变白。

氯是一种奇妙的矿质养分，常以Cl^-的形式被植物吸收并存在于植物体内。其作用首先可在光合作用中促进水的裂解，其次是渗透调节的活跃溶质，通过调节气孔的开关来间接影响光合作用和植物生长，在植物体内的移动性很高。

硼能促进生殖器官的正常发育，在花粉管的萌发和生长中起重要作用，参与蛋白质合成和糖类运输，并调节和稳定细胞壁结构，促进细胞生长和细胞分裂。缺硼时植株主要表现为

根尖不能正常地生长,叶片失绿,叶缘向上卷曲,顶芽死亡。

锰主要参与植物的光合、呼吸代谢过程,可影响根系生长,对维生素C的形成以及加强茎的机械组织有良好的作用。锰元素缺失时植株叶片上出现失绿斑点或条纹,一些禾本科植物则是在基部的叶片上出现灰绿色斑点。

锌元素是各种酶的构成要素,可增强光合作用效率,参与生长素代谢、叶绿素的合成与防止叶绿素降解,促进生殖器官发育和提高抗逆性。双子叶植物缺锌时主要表现在节间和叶片生长下降而导致叶丛病;禾本科植物如玉米缺锌时,叶片出现沿中脉失绿和变黄、变小、白斑等症状。

铜主要促进花的发育,常以Cu^{2+}和Cu^+形式被植物吸收,在植物体内也可以以两种价态存在。铜是几种与氧化还原有关的酶或蛋白的组分,缺铜时植株生长矮化,幼叶黄化,顶端分生组织坏死。

钼是氮素代谢的重要元素,参与繁殖器官的建成。当固氮的豆科植物缺钼时,明显地表现出缺氮素症状,许多植物中的最典型缺钼症状是新叶片明显缩小并呈不规则形状,即所谓鞭毛状,成熟叶片沿主脉局部失绿和坏死。

植物缺乏任何一种必需元素都会产生特有的病症。根据这些病症,我们既可以认识植物必需元素的生理作用,又可采取相应的施肥措施。

(三)有机化合物

对于植物组织培养中幼小的培养物而言,由于其光合作用的能力较弱,为了维持培养物正常的生长、发育与分化,培养基中除了含无机营养成分以外,还必须添加糖类、维生素、氨基酸等有机化合物。

1. 糖类(sugar)

常用的糖类物质有蔗糖、葡萄糖、果糖和麦芽糖等,其中蔗糖使用最为普遍,它是植物组织培养最适合的碳源,浓度一般为2%~5%。蔗糖在高温高压灭菌时,会有一小部分分解成葡萄糖和果糖。葡萄糖同样有利于植物组织生长,而果糖产生的效力较低。不同糖类对培养物生长的影响不同,一般来说,以蔗糖为碳源时,离体培养的双子叶植物的根生长得更好,而以葡萄糖为碳源时,单子叶植物的根生长得更好。

2. 维生素(vitamin)

植物合成的内源维生素,在各种代谢过程中起着催化剂的作用。当植物细胞和组织离体生长时,也能合成一些必需的维生素,但不能达到植物生长的最佳需要量。因此,必须在培养基中补充一种或几种维生素,以利于植物细胞的生长发育,使植物组织生长健壮。常用的维生素浓度为0.1~1.0mg/L,主要有盐酸硫胺素(维生素B_1)、烟酸(维生素B_3)、泛酸钙(维生素B_5)、盐酸吡哆醇(维生素B_6)、抗坏血酸(维生素C),有的培养基中还需添加生物素(维生素H)、叶酸(维生素M)、核黄素(维生素B_2)、维生素E(生育酚)等。其中,维生素B_1是所有细胞和组织必需的基本维生素,可全面促进植物生长;维生素C可防止褐变,维生素B_6能促进根的生长。尽管植物细胞或组织培养所需要的这些维生素量很低,但在低密度细胞培养时效果显著。

3. 肌醇(inositol)

肌醇又名环己六醇,在糖类的相互转化中起重要作用,在组织培养过程中能促进愈伤组织的生长以及胚状体和芽的形成,对组织和细胞的繁殖、分化具有促进作用,还能促进细胞壁的形成。一般使用浓度为50～100mg/L。

4. 氨基酸(amino acid)

氨基酸作为一种重要的有机含氮化合物，与无机氮有所不同的是，它可直接被细胞吸收利用，对外植体的芽、根、胚状体的生长分化有良好的促进作用。常用的氨基酸主要有甘氨酸、精氨酸、谷氨酸、谷氨酰胺、丝氨酸、酪氨酸、天冬酰胺以及多种氨基酸的混合物，如水解乳蛋白(LH)、水解酪蛋白(CH)等。实验表明，培养基中加入单一的氨基酸对细胞生长有抑制作用，而几种氨基酸混合使用常有益于细胞生长。

5. 有机添加物(organic addition)

有些培养基中还加入一些天然的化合物，如椰乳(CM)(100～200g/L)、酵母浸出物(0.5%)、番茄汁(5%～10%)和马铃薯泥(100～200g/L)等，其有效成分为氨基酸、酶、蛋白质等，这些天然化合物对细胞和组织的增殖和分化有明显的促进作用，但对器官的分化作用不明显，其成分复杂不确定，因此，在培养基的配制中应合理选择。此外，用确定的有机物，如单一的氨基酸可以较好地替换天然提取物，如在玉米胚乳愈伤组织培养中，可以有效地用天冬酰胺替换培养基中的酵母提取物和番茄汁。

(四)植物生长调节物质

植物生长调节剂(plant growth regulator)是培养基中的关键性物质，用量虽然微小，但其作用很大。根据组织培养的目的、外植体的种类、器官的不同和生长表现来确定植物生长调节剂的种类、浓度和比例关系，可以调节植物组织的生长发育、分化方向和器官的发生，影响植物的形态建成、开花、结实、成熟、脱落、衰老和休眠以及许许多多的生理生化活动。植物生长调节剂主要包括生长素、细胞分裂素、赤霉素、脱落酸和多效唑等多种。随组织不同，诱导根或茎芽的植物生长调节剂比例变化很大，似乎与外植体细胞中合成的内源激素水平密切相关。

拓展阅读：植物生长调节剂的研究概况

1. 生长素(auxin)

生长素在植物组织培养过程中的主要作用是促进细胞分裂和生长，诱导愈伤组织的产生，促进茎尖生根以及诱导植物不定胚的形成。常用的生长素有吲哚乙酸(IAA)、萘乙酸(NAA)、吲哚丁酸(IBA)、2,4-二氯苯乙酸(2,4-D)等。各种生长素的生理活性有很大差异，在组织中移动的程度或靶细胞也不同。IAA是植物组织中存在的天然生长素。生长素与细胞分裂素配合使用，共同促进不定芽的分化、侧芽的萌发与生长。2,4-D使用过量会有毒害，且往往抑制芽的形成，常用于细胞启动脱分化阶段；而诱导分化和增殖阶段一般选用IAA、NAA、IBA，浓度为0.1～10mg/L。生长素通常溶于95%酒精或0.1mol/L NaOH(KOH)溶液中。

2. 细胞分裂素(cytokinin)

细胞分裂素是一类腺嘌呤衍生物，在组织培养中主要促进细胞分裂和扩大，诱导胚状体和不定芽的形成，延缓组织衰老，促进蛋白质合成。最常用的细胞分裂素是6-苄基腺嘌呤(6-BA)和玉米素(ZT)等，玉米素是天然的细胞分裂素。在植物组织培养过程中，细胞分裂素与生长素的比值可控制器官发育模式：增加生长素浓度，有利于胚胎发生、愈伤组织诱导和根的形成；增加细胞分裂素浓度则促进芽的分化。细胞分裂素通常溶于低浓度的HCl或NaOH溶液中。

3. 赤霉素(gibberellins,GA)

天然的赤霉素有100多种,在培养基中添加的主要是GA_3。其作用是可促进细胞生长和打破休眠,增加愈伤组织生长,对组织培养中器官和胚状体的形成具有抑制作用,在器官形成后,可促进器官或胚状体的生长。赤霉素虽易溶于水,但溶水后不稳定,易分解,在配制的过程中宜先用95%酒精配制成母液在冰箱中保存备用,或者现用现配,过滤灭菌后加入培养基中。

4. 脱落酸(abscisic acid,ABA)

脱落酸具有抑制生长、促进休眠的作用,在植物组织培养中,适量的外源ABA可明显提高体细胞胚的数量和质量,抑制异常体细胞胚的发生。ABA耐热稳定,但对光敏感。

除上述生长调节物质外,还有多胺(polyamines,PA)、多效唑(PP_{333})、油菜素内酯(brassinolide,BR)、茉莉酸(jasmonic acid,JA)及其甲酯、水杨酸(salicylic acid,SA)等。多胺对植物的生长发育、形态建成以及抗逆性有重要调节作用,常可用于调控部分植物外植体的不定根、不定芽、花芽、体细胞胚的发生发育以及延缓衰老、促进原生质体分裂及细胞形成等。多效唑具有控制生长、促进分蘖和生根等生理效应,可促使试管苗的壮苗、生根,提高抗逆性及移栽成活率。茉莉酸及其甲酯、水杨酸对诱导试管鳞茎、球茎、块茎及根茎等变态器官的形成具有促进作用。

(五)其他成分

根据培养目的和培养材料不同,在组织培养过程中还需加入一些其他成分,如培养基的凝固剂、活性炭、抗生素、抗氧化物质、诱变剂等。

1. 凝固剂(coagulant)

在培养基中,除营养成分外,为了使培养材料能在培养基上固定和生长,需要加入凝固剂,形成固体培养基(solid medium),如果未加入凝固剂,则称为液体培养基(liquid medium)。在静止液体培养基中,组织或细胞浸没在培养基中,易发生缺氧而死亡。凝固剂具有支撑培养组织生长的作用。琼脂(agar)是常用的凝固剂,它是一种由海藻中提取的多糖类物质,比其他凝胶剂的优点多,本身不与培养基组分起反应,也不会被植物细胞分泌的各种酶降解,在所控制的培养温度中保持稳定。琼脂本身不提供任何营养成分,仅溶于95℃的热水中,温度降到40℃以下时凝固。一般使用浓度是3~10g/L。浓度过高,培养基变硬,培养材料不容易吸收到培养基中的营养物质;浓度过低,培养基硬度不够,培养材料在培养基中不易固定,易发生玻璃化现象。常用的琼脂有琼脂条、琼脂粉、琼脂糖等,与琼脂条相比,琼脂粉价格较高,杂质少,透明度好,使用方便;而琼脂糖用量少,在原生质体培养基中应用较多。

2. 活性炭(active carbon)

活性炭具有很强的吸附能力,主要是利用其吸附能力,吸附由培养物分泌的抑制物质及琼脂中所含的杂质,减少一些有害物质的影响,防止酚类物质引起组织褐变而死亡,为植物再生创造一个良好的环境。活性炭能显著地改变培养基的成分比例,间接影响植物的再生,在微繁殖、体细胞胚发生、花药培养、原生质体培养中发挥一定的作用,可促进某些植物生根,降低玻璃化苗的产生频率。但对物质吸附无选择性,既吸附有害物质,也吸附必需的营养物质,在使用时不能过量,含量应在0.5%~3%。

3. 抗生素(antibiotics)

抗生素是微生物在代谢过程中产生的,在低浓度下就能抑制他种微生物的生长和活动,甚至杀死其他微生物。培养基中添加抗生素可防止菌类污染，减少培养材料损失。在使用中应注意：不同抗生素能有效抑制的菌种具有差异性，因此必须有针对性地选择抗生素种类；在有些情况下，必须几种抗生素配合使用才能取得较好的效果；当所用抗生素浓度高到足以消除内生菌时，有些植物的生长发育往往也同时受到抑制；在停用抗生素后，污染率往往显著上升，这可能是原来受抑制的菌类又滋生造成的。常用的抗生素主要包括青霉素、链霉素、土霉素、四环素、氯霉素、卡那霉素、庆大霉素等，用量一般为 5～20mg/L，经过滤除菌后方可使用。

4. 硝酸银

离体培养基中植物组织会产生和散发乙烯，乙烯在培养容器中的积累会影响培养物的生长和分化，严重时甚至导致培养物的衰老和落叶。硝酸银通过竞争性结合细胞膜上的乙烯受体蛋白，起到抑制乙烯活性的作用。因此，在进行许多植物组织培养时，在培养基中加入适量硝酸银，能起到促进愈伤组织器官发生或体细胞胚胎发生的作用，并使某些原来再生困难的物种分化出再生植株。此外，硝酸银对克服试管苗玻璃化、早衰和落叶也有明显效果。但也有研究指出，硝酸银并非总能抑制乙烯的积累。由于低浓度的硝酸银能引起细胞坏死，从而产生的乙烯大于同一组织内非坏死细胞所产生的数量，因此，不要把培养物长期保存在含硝酸银的培养基上，否则，会导致再生植株畸形。使用浓度一般在 1～10mg/L。

（六）培养基 pH 值

培养基中的植物细胞和组织生长发育要求最适的 pH 值。在制备培养基时，可以把 pH 值调节到实验需要范围。在高压灭菌前一般调 pH 值至 5.0～6.0，最常用的 pH 值为 5.8～6.0。当 pH 值高于 6.0 时，使琼脂培养基硬化；当 pH 值低于 5.0 时，琼脂凝固效果不好。大多数组织培养基的缓冲能力差，pH 值波动大，对低密度培养的单细胞或细胞群体的长期培养和生长不利。高压灭菌后，培养基的 pH 值稍有下降。因此，在分装前一般用 1mol/L HCl 或 NaOH 溶液对 pH 进行调整。

二、培养基的种类

培养基是供微生物、植物和动物组织生长和维持用的人工配制的养料，一般都含有碳水化合物、含氮物质、无机盐（包括微量元素）以及维生素和水。其产生最早可追溯到 Sacks（1680）和 Knop（1681）对绿色植物的成分进行分析和研究，他们根据植物从土中主要吸收无机盐营养，设计出了由无机盐组成的 Sacks 和 Knop 溶液，至今仍作为基本的无机盐培养基被广泛应用。到 20 世纪 60 年代后大多采用 MS 等高浓度培养基以及改良的培养基。

培养基种类很多，主要根据培养基的物理状态、培养物的培养过程、培养基的作用以及培养基的营养水平这几个方面进行分类。

（一）按培养基的物理状态分类

1. 固体培养基

固体培养基指由天然固体营养基质制成的培养基，或液体培养基中加入一定量的凝固剂而呈固体状态的培养基。固体培养基的制备所需要的设备简单，使用方便，只需一般化学实验室的玻璃器皿和可供调控温度与光照的培养室。但在固体培养基中，培养物固定在一个位置上，只有部分材料表面

图片资源：
固体培养基和
液体培养基

与培养基接触,不能充分利用培养容器中的养分,而且,在生长过程中,培养物排出的有害物质的积累会造成自我毒害,必须转移。

2. 液体培养基

液体培养基是一类呈液体状态的培养基,在实验室和生产实践中用途广泛,尤其适用于大规模地培养微生物。液体培养基不含任何凝固剂,菌体与培养基充分接触,操作方便。液体培养基需要转床、摇床设备,通过振荡培养,给培养物提供良好的通气条件,有利于外植体的生长,克服了固体培养基的缺点。

(二)按培养物的培养过程分类

1. 初代培养基

初代培养基是指用来第一次接种从植物体上分离下来的外植体的培养基。初代培养指在组织培养过程中,最初建立的外植体无菌培养阶段。由于首批外植体来源复杂,携带较多细菌,要对培养条件进行适应,因此初代培养一般比较困难。

2. 继代培养基

继代培养基是指用来接种继初代培养之后的培养物的培养基。在组织培养过程中,当外植体被接种一段时间后,将已经形成愈伤组织或已经分化根、茎、叶、花等的培养物重新切割,转接到其他培养基上以进一步扩大培养的过程称为继代培养。

(三)按培养基的作用分类

1. 诱导培养基

诱导培养基又称脱分化培养基,主要用于外植体培养,诱导其产生愈伤组织的培养基。

2. 增殖培养基

增殖培养基是主要用于转接扩繁的培养基。增殖过程是植物组织培养中决定繁殖速度快慢、繁殖系数高低的关键阶段。对于一种植物来说,每次增殖使用的培养基几乎完全相同。培养物在适宜的环境条件、充足的营养供应和生长调节剂作用下,排除了其他生物的竞争,繁殖速度会大大加快。

3. 生根培养基

生根培养基是主要用于促进试管苗生根的培养基。当材料增殖到一定数量后,就要使部分培养物分流到生根培养阶段。若不能及时将培养物转到生根培养基上去,就会使久不转移的苗子发黄老化,或因过分拥挤而使无效苗增多,造成抛弃浪费。生根培养是使无根苗生根的过程,这个过程的目的是使生出的不定根浓密而粗壮。

(四)按培养基的营养水平分类

1. 基本培养基

基本培养基只含有大量元素、微量元素和有机营养物。基本培养基的配方种类很多(表2-1),根据培养基的成分及其浓度特点,可以分为:

(1)高盐成分培养基　包括 MS、LS、RM、BL、BM、ER 培养基。高盐成分培养基中无机盐浓度高,尤其钾盐、铵盐和硝酸盐含量均较高;微量元素种类较全,浓度较高,元素间的比例较适当;缓冲性能好,营养丰富,不需要再加入水解蛋白等有机成分。其中,MS 培养基应用最为广泛,其营养成分和比例均比较合适,广泛用于植物的器官、细胞、组织和原生质体培养,也常用在植物脱毒和快繁等方面。与 MS 培养基基本成分较接近的还有 LS、RM 培养基,LS 培养基去掉了甘氨酸、盐酸吡哆醇和烟酸,RM 培养基把硝酸铵的含量提高到 4950mg/L,磷酸二氢钾的含量提高到 510mg/L。

(2)硝酸盐含量较高的培养基 包括 B_5、N_6、LH 和 GS 培养基等。其特点是除含有较高的钾盐外,还含有较低的铵态氮和较高的盐酸硫胺素。B_5 培养基是 1968 年由 Gamborg 等为培养大豆组织而设计的,它的主要特点是含有较低的铵盐,较高的硝酸盐和盐酸硫胺素。铵盐可能对不少培养物的生长有抑制作用,但它适合于某些双子叶植物的生长,特别是木本植物的生长。N_6 培养基是 1974 年由中国科学院植物研究所朱至清等学者为水稻等禾谷类作物花药培养而设计的,KNO_3 和 $(NH_4)_2SO_4$ 含量高,不含钼,成分较简单,目前在国内已广泛应用于小麦、水稻及其他植物的花药、细胞和原生质体培养。

(3)中等无机盐含量的培养基 其特点是大量元素含量约为 MS 培养基的一半,微量元素种类减少而含量增加,维生素种类比 MS 培养基多,如增加了生物素、叶酸等。这类培养基适用于花药培养和枣类植物的培养,主要有 Heller、Nitsch 和 Miller 培养基等。

(4)低无机盐类培养基 低无机盐类培养基的特点是无机盐含量很低,一般为 MS 培养基的 1/4 左右,有机成分含量也很低。这类培养基包括改良 White、WS(Wolter 和 Skoog,1966)、克诺普液和 HB(Holly 和 Baker,1963)培养基等。White 培养基是 1943 年由 White 设计的培养基,1963 年做了改良,提高了 $MgSO_4$ 含量,增加了硼元素。这是一个低盐浓度培养基,它的使用也很广泛,无论是对生根培养还是胚胎培养或一般组织培养都有很好的效果。

2. 完全培养基

完全培养基是在基本培养基的基础上,根据试验的不同需要,附加一些物质,如植物生长调节物质和其他复杂有机添加物等。

表 2-1 几种常用培养基配方

化合物名称	培养基含量/(mg/L)								
	MS	White	B_5	WPM	N_6	Knudson C	Nitsch	Heller	Miller	SH
NH_4NO_3	1650						720			
KNO_3	1900	80	2527.5	400			950			
$(NH_4)_2SO_4$			134		2830	500				
$NaNO_3$					463			600		
KCl		65						750	65	
$CaCl_2 \cdot 2H_2O$	440		150	96	166		166	75		200
$Ca(NO_3)_2 \cdot 4H_2O$		300		556		1000			347	
$MgSO_4 \cdot 7H_2O$	370	720	246.5	370	185	250	185	250	35	400
K_2SO_4				900						
Na_2SO_4		200								
KH_2PO_4	170			170	400	250	68		300	
K_2HPO_4										300
$FeSO_4 \cdot 7H_2O$	27.8			27.8	27.8	25		27.85		15
Na_2EDTA	37.3			37.3	37.3			37.75		20
$Na_2FeEDTA$				28						
Na-Fe-EDTA									32	

续表

化合物名称	培养基含量/(mg/L)									
	MS	White	B_5	WPM	N_6	Knudson C	Nitsch	Heller	Miller	SH
$FeCl_3 \cdot 6H_2O$								1		
$Fe_2(SO_4)_3$		2.5								
$MnSO_4 \cdot H_2O$				22.3						
$MnSO_4 \cdot 4H_2O$	22.3	7	10		4.4	7.5	25	0.01	4.4	
$ZnSO_4 \cdot 7H_2O$	8.6	3	2	8.6	1.5		10	1	1.5	
$NiCl_2 \cdot 6H_2O$										1.0
$CoCl_2 \cdot 6H_2O$	0.025		0.025				0.025			
$CuSO_4 \cdot 5H_2O$	0.025	0.03	0.025	0.025					0.03	
$AlCl_3$								0.03		
MoO_3							0.25			
$Na_2MoO_4 \cdot 2H_2O$			0.25	0.25						
TiO_2									0.8	1.0
KI	0.83	0.75	0.75		0.8		10	0.01	1.6	5.0
H_3BO_3	6.2	1.5	3	6.2	1.6			1		
$NaH_2PO_4 \cdot H_2O$		16.5	150					125		
烟酸	0.5	0.5	1	0.5	0.5					5.0
盐酸吡哆醇	0.5	0.1	1	0.5	0.5			1.0		5.0
盐酸硫胺素	0.1	0.1	10	0.5	1					0.5
肌醇	100		100	100			100			100
甘氨酸	2	3		2	2					
pH	5.8	5.6	5.5	5.8	5.8	5.8	6.0	5.8	5.8	5.9

三、培养基的制备

在组织培养过程中,配制培养基是基础性工作。根据配方要求,每种培养基往往需要十多种化合物,浓度不同,性质各异,特别是微量元素和植物生长调节物质的用量极少,若称量不准确就容易出现误差。配制培养基最简单的方法是用一些蒸馏水溶解含有无机和有机养分的培养基粉末,培养基粉末在水中完全混合后,再加入蔗糖、琼脂(熔化)和其他有机添加物,最后将培养基体积定容后调节 pH 值,将培养基高压灭菌。粉末状培养基常用于植物快速繁殖,植物所需的养分都是按照标准培养基配方配制而成的。另一个简便的方法是配制贮备液,可先将各种药品配成浓缩一定倍数的母液,放入冰箱内保存,用时再按比例稀释,这样比较方便,且精确度高。

(一)母液的配制与保存

母液的配制常常有两种方法,一种是将培养基的每个组分配成单一化合物母液,这种方法便于配制不同种类的培养基;另一种是配成几种不同的混合液,主要用于大量配制同种培养基。配制培养基所用药品应采用纯度等级较高的分析纯或化学纯,以免带入杂质和有害物质而对培养材料产生不利影响。药品称量、定容都要准确。配制母液用水要用纯度较高的蒸馏水或去离子水。配制好后,在容器上贴上标签。将母液置于冰箱低温(2~4℃)保存,尤其是生长调节物质和有机物更应如此。母液一般配成大量元素、微量元素、铁盐、植物生长调节剂、有机物质等几种,其中,维生素、氨基酸类可以分别配制,也可以混合配制。一般地,大量元素母液中元素含量比使用液中元素含量高10~50倍,微量元素等母液中含量比使用液中含量可高200~1000倍。过高的浓度和不恰当的混合会引起沉淀,影响培养效果。

1. 大量元素母液

含有 N、P、K、Ca、Mg、S 六种元素的混合溶液,一般配成 50 倍或 100 倍母液,使用时再分别稀释 50 或 100 倍。配制时要防止在混合各种盐类时产生沉淀,为此各种药品必须在充分溶解后才能混合。在混合时要注意加入的先后次序,把 Ca^{2+} 与 SO_4^{2-}、PO_4^{3-} 错开以免产生 $CaSO_4$、$Ca_3(PO_4)_2$ 沉淀。另外,在混合各种无机盐时,其稀释度要大,慢慢地混合,同时边混合边搅拌。

2. 微量元素母液

除 Fe 以外的 B、Mn、Cu、Zn、Mo、Cl 等盐类的混合溶液一般配成 100 倍或 200 倍的母液。配制时分别称量、分别溶解,充分溶解后再混合,以免产生沉淀。

3. 铁盐母液

铁盐容易发生沉淀,需要单独配制。铁盐以螯合物的形式容易被吸收,一般用硫酸亚铁($FeSO_4 \cdot 7H_2O$)和乙二胺四乙酸二钠(Na_2-EDTA)配成 100 倍或 200 倍的铁盐螯合剂母液,比较稳定,不易沉淀,配制时称取定量 $FeSO_4 \cdot 7H_2O$ 和 Na_2-EDTA,分别充分溶解,再将两种溶液混合在一起,调整 pH 值至 5.5,定容后放在棕色瓶中保存比较稳定。

4. 有机物母液

主要是维生素、氨基酸类物质,按配方分别称重、溶解,混合后加水定容,一般配成 100 倍或 200 倍的母液。琼脂、蔗糖用量大的有机物质不需要配制母液,配制培养基时按量称取,随取随用。

5. 植物生长调节剂母液

不同植物生长调节剂对培养物生长发育的作用不同,因此,每种植物生长调节剂必须单独配制母液,母液浓度一般为 1mg/mL,用时稀释,一次可配成 50mL 或 100mL。绝大多数生长调节物质不溶于水,可以加热并不断搅拌促使溶解,必要时加入稀酸或稀碱等物质促溶。常用的生长调节物质的溶解方法如下:

NAA、IBA、IAA 一般多用少量 95% 乙醇溶解,然后用加热的蒸馏水定容。2,4-D 溶解于 95% 乙醇或 0.1mol/L NaOH 溶液中,用去离子水或蒸馏水定容,贮于棕色瓶中,低温保存。细胞分裂素类如激动素(KT)、6-苄基腺嘌呤(6-BA)可先用少量 1mol/L 盐酸溶解,然后用加热的蒸馏水定容;噻二唑苯基脲(TDZ)溶于浓度小的 NaOH 中,然后用蒸馏水定容。玉米素(ZT)先溶于少量 95% 乙醇中,然后用蒸馏水定容,贮于棕色贮液瓶中,贴好标签后放入冰箱低温保存。赤霉素最好用 95% 乙醇配制成母液存于冰箱,使用时用去离子水或蒸馏水稀释到所需的浓度。ABA 难溶于水,易溶于甲醇和乙醇,可用 95% 甲醇或乙醇溶解,由于光照易造成 ABA 生理活性降低,因此配制时最好在弱光下进行。其他如叶酸可先用少量氨水溶解,再用去离子水或蒸馏水定容;多效唑和油菜素内酯可用甲醇或乙醇溶解。

母液配制前应根据培养基配方以及所需母液量制成母液配制表,按表逐项配制。表 2-2 为常见的 MS 基础培养基的 4 种母液成分配制表。

表 2-2 MS 基础培养基母液配制表

母液名称	化学药品	相对分子质量	使用浓度/(mg/L)	扩大倍数	母液称取量/g	母液体积/mL	配制 1L 培养基吸取量/mL
大量元素	KNO_3	101.11	1900	50	95	1000	20
	NH_4NO_3	80.04	1650		82.5		
	$MgSO_4 \cdot 7H_2O$	246.47	370		18.5		
	KH_2PO_4	136.09	170		8.5		
	$CaCl_2 \cdot 2H_2O$	147.02	440		22		
微量元素	$MnSO_4 \cdot 7H_2O$	223.01	22.3	100	2.23	1000	10
	$ZnSO_4 \cdot 4H_2O$	287.54	8.6		0.86		
	H_3BO_3	61.83	6.2		0.62		
	KI	166.01	0.83		0.083		
	$Na_2MoO_4 \cdot 2H_2O$	241.95	0.25		0.025		
	$CuSO_4 \cdot 5H_2O$	249.68	0.025		0.0025		
	$CoCl_2 \cdot 6H_2O$	237.93	0.025		0.0025		
铁盐	$FeSO_4 \cdot 7H_2O$	278.03	27.8	100	2.78	1000	10
	Na_2-EDTA	372.25	37.3		3.73		
有机成分	甘氨酸		2	100	0.2	1000	10
	肌醇		100		10		
	盐酸硫胺素		0.1		0.01		
	盐酸吡哆醇		0.5		0.05		
	烟酸		0.5		0.05		
	蔗糖	342.31	30g/L				
	琼脂		7g/L				

所有的贮备母液都应贮存于适当的塑料瓶或玻璃瓶中,分别贴上标签,标注母液名称、配制倍数、日期及配制 1L 培养基时应取的量(mL),置于冰箱中低温(2~4℃)保存,最好在一个月内用完。特别注意生长调节物质及有机类物质,贮存时间不能太长。一些生长调节物质如吲哚乙酸(IAA)、玉米素(ZT)、脱落酸(ABA)、赤霉素(GA_3)以及某些维生素等遇热不稳定的物质不能与其他营养物质一起高温灭菌,而要进行过滤灭菌。在使用这些母液之前,须轻轻摇动瓶子,如果发现沉淀悬浮物或微生物污染,必须立即将其淘汰并重新配制。

(二)培养基的配制

配制培养基前应准备好不同型号的烧杯、容量瓶、三角瓶等玻璃器皿和酸度计、高压灭菌锅、电炉等仪器设备。所有盛装培养基的试管、玻璃瓶都应做好标记,以免高压灭菌和长期贮存后混淆。除母液以外,还要准备好培养基中添加的碳源、凝固剂等其他成分,根据配制培养基的体积和母液浓缩的倍数计算所需母液和其他附加物的量,具体步骤如下:

1.吸取母液,加入蔗糖并定容

先检查各种母液是否有沉淀,避免使用已失效的母液。根据母液倍数或浓度计算需要各种母液的量,用专用的移液管,依次加入大量元素、微量元素、铁盐、有机物和植物生长调节物质的母液,根据培养基的配方称取所用的蔗糖,取适量的蒸馏水放入容器中定容。配制固体培养基时可将琼脂和蔗糖依次加入其中,加热溶解混匀。对于有某些特殊原因必须在高温高压灭菌后加入的植物生长调节剂和某些维生素,可通过过滤灭菌的方法加入。

2. 调节 pH 值

培养基配制好后,应立即调节 pH 值,一般用 1mol/L HCl 溶液或 1mol/L NaOH 溶液调节 pH 值至所需值,大多数植物都要求在 pH 5.6~5.8 的条件下进行培养。调节 pH 值时一般用酸度计或 pH 试纸,酸度计准确度高,对精密实验等研究有利,如用 pH 试纸时,测试应在放入琼脂后进行,且 pH 试纸应保存在干燥处,以免受潮、吸湿而影响读数的准确性。

视频资源:
调节培养基 pH 值

3. 培养基的分装、封口

将调节好的培养基趁热分装到经洗涤并晾干的培养容器中,若为固体培养基,琼脂在大约 40℃ 时凝固。分装时要掌握好分装量,一般分装到培养容器中的培养基以占该容器的 1/4~1/3 为宜,100mL 的容器中大约装入 25~40mL。根据不同的培养目的确定培养基的多少,操作过程应尽量避免将培养基粘到容器内壁及容器口,否则容易引起污染。培养基分装后应立即用封口材料封口,以免引起培养基水分蒸发和污染。常用的封口材料有棉花塞、铝箔、硫酸纸、耐高温塑料薄膜。

视频资源:
培养基分装

4. 培养基灭菌

分装后的培养基应尽快灭菌,若灭菌不及时,会造成杂菌大量繁殖,使培养基失去效用。

任务二　无菌操作技术

植物组织培养要求严格的无菌条件和无菌操作技术。细菌和真菌污染培养基是培养过程中最常见到的。这些微生物在自然环境中无所不在,一旦接触到培养基,获得最适宜的生长条件,它们的生长速度就比培养的组织快得多。微生物的污染会导致培养组织死亡。微生物同时也分泌新陈代谢产生的有害产物,毒害植物组织。因此,必须保证培养瓶内完全无菌,且整个操作过程都在无菌的条件下进行。

一、洗涤技术

新玻璃器皿只有在彻底清洗之后才能使用。清洗玻璃器皿的传统办法是用铬酸洗液(重铬酸钾和浓硫酸混合液)浸泡约 4h,然后用自来水彻底冲洗,直到不留任何酸的痕迹。不过现在都使用特制的洗涤剂。把器皿在洗涤液中浸泡足够的时间(最好过夜)以后,先以自来水彻底冲洗,然后再以蒸馏水漂洗。如果用过的玻璃器皿在管壁上或瓶壁上粘着干了的琼脂,最好将它们置于高压灭菌锅中在较低的温度下先使琼脂融化。若要重新利用曾装有污染组织或培养基的玻璃器皿,极重要的一环是不开盖即把它们放入高压锅中灭菌,这样做可以把所有污染微生物杀死。即使带有污染物的培养器皿是一次性消耗品,在把它们丢弃之前也应先进行高压灭菌,以尽量减少细菌和真菌在实验室中的扩散。将洗净的器皿置于烘箱内在大约 70℃ 下干燥后,贮存于防尘橱中。在进行干燥的时候,各种玻璃容器(如三角瓶和烧杯等)都应口朝下放,以使里面的水能很快流尽。如果要同时干燥各种器械或易碎的较小的物件,应在烘箱的架子上放上滤纸,将它们置于纸上。

二、消毒与灭菌技术

灭菌技术是植物组织培养中的关键技术。培养基由于含有丰富的营养物质,如高浓度蔗糖,所以不但能为培养的材料提供营养,同时也能供养很多微生物如细菌和真菌的生长。这些微生物一旦接触培养基,其生长速度一般都比培养的组织快得多,最终将把组织全部杀死。这些污染微生物不但消耗了大量的营养物质,而且在其生长代谢过程中也会产生很多有毒害的物质,直接影响所培养植物组织的生长发育。有些微生物甚至直接利用植物组织作为代谢原料,使所培养组织坏死直至其失去培养价值。

培养基本身、外植体、培养容器、接种过程中使用的器械、接种室的环境、培养室的环境带菌都会导致培养基污染。因此,是否有无菌的培养环境以及培养过程中的无菌操作成败都会影响到植物组织培养的成败。

(一)常用的消毒与灭菌方法

用物理、化学的方法来杀死所有微生物的方法,被称为灭菌;杀死病原微生物的方法,被称为消毒。灭菌与消毒相比,要求更高,处理更难。灭菌必须选用能杀灭抵抗力最强的微生物(细菌芽孢)的物理方法或化学灭菌剂,而消毒只需选用具有一定杀菌效力的物理方法、化学消毒剂或生物消毒剂。植物组织培养过程中常用的灭菌方法主要有以下几种:

1. 高压灭菌法

高压灭菌法应用最普遍,效果亦很可靠。其原理是在密闭的蒸锅内,其中蒸汽不能外溢,压力不断上升,使水的沸点不断提高,从而锅内温度也随之增加,在 0.1MPa 的压强下,锅内温度达到 121℃。在此蒸汽温度下,可以很快杀死各种细菌及其高度耐热的芽孢。高压蒸汽灭菌法可用于耐高温的物品,如金属器械、玻璃、搪瓷、敷料、橡胶制品等。

2. 灼烧灭菌法

灼烧灭菌法适用于金属器械(镊子、剪刀、解剖刀等),将器械浸入 95% 的酒精中,然后在酒精灯火焰上灼烧灭菌,冷却后立即使用。

3. 干热灭菌法

干热灭菌法适用于玻璃器皿及耐热用具,利用烘箱加热到 160~180℃ 持续 90min 来杀死微生物。干热灭菌的物品要预先洗净并干燥,用耐高温的塑料或锡箔纸包扎好,以免灭菌后取用时重新污染。灭菌时应逐渐升温,达到预定温度后开始记录时间,烘箱内放置的物品数量不宜过多,以免妨碍热对流和穿透;到指定时间断电后,待充分冷凉,才能打开烘箱,以免因骤冷而使器皿破裂。

4. 紫外线灭菌法

紫外线的波长为 200~300nm,其中以 260nm 的紫外线杀菌能力最强,要求距照射物以不超过 1.2m 为宜。

5. 熏蒸灭菌法

化学药剂以气体状态扩散到空气中,以杀死空气和物体表面的微生物,方法简便,空间关闭紧密即可。熏蒸前需将房间关闭紧密,按 5~8mL/m³ 用量,将甲醛置于广口容器中,加 5g/m³ 高锰酸钾氧化挥发。熏蒸时,房间可预先喷湿以加强效果。

图片资源:
紫外线灭菌

6.喷雾灭菌法

喷雾灭菌法主要应用于物体表面,可用70%~75%酒精反复擦涂或喷雾,或1%~2%来苏儿溶液以及0.25%~1.0%新洁尔灭,适合桌面、墙面、双手以及植物材料表面等灭菌。

(二)接种室和培养室的消毒与灭菌

为了确保植物组织培养环境的无菌,应对环境进行定期或不定期的灭菌。接种室(无菌操作室)主要用于外植体的消毒、接种、继代培养物的转移等,是植物组织培养研究中的关键部分。接种室的清洁会直接影响培养物的污染率、接种工作效率,因此,应经常灭菌。培养室提供适宜的温度、光照、湿度、气体等条件来满足培养物的生长繁殖,要保持干净,并定期进行灭菌。

常用的灭菌方法有物理方法和化学方法。物理方法主要采用空气过滤和紫外线照射。对要求严格的工厂化组织培养育苗可采用空气过滤系统对整个车间进行空气过滤灭菌,操作要求严格而且资金投入高,一般较少采用。

接种室和培养室均可采用紫外线灯进行灭菌。对接种室的微环境(超净工作台)进行灭菌的最简单的方法是利用紫外线灯照射杀死微生物,从而消灭污染源。还可采用空气过滤灭菌的方法配合使用紫外线灯照射灭菌,一般照射20~30min即可。但紫外线灯对生物细胞有较强的杀伤作用,亦是物理致癌因子之一,使用时应注意防护。紫外线的穿透能力差,一般的普通玻璃就可以阻挡。

利用化学杀菌剂进行环境灭菌,主要是利用70%~75%酒精或0.1%新洁尔灭进行喷洒。70%~75%酒精具有较强的杀菌力、穿透力和湿润作用,一方面可直接杀死环境中的微生物,另一方面也可使飘浮在空气中的尘埃下落,防止尘埃上面附着的微生物污染培养基和培养材料。对于超净工作台,在用紫外线灯灭菌后,还需用70%酒精对操作平台表面进行擦拭。如果污染严重,可对环境进行彻底的熏蒸灭菌,方法是用甲醛或甲醛配合高锰酸钾进行熏蒸。一般每立方米空间用甲醛2mL+高锰酸钾0.2g混合,密闭熏蒸24h,然后开窗放走甲醛气体。

(三)常用器具的消毒与灭菌

常用器具消毒与灭菌的方法主要有紫外辐射、表面杀菌、干热灭菌、高压蒸汽灭菌等。

干热灭菌法适用于金属器械、玻璃培养瓶和铝箔等,即将拭净或烘干的金属器械用锡箔纸包好,盛在金属盒内,放于烘箱中灭菌,取出来后冷却并置于无菌处备用。干热杀菌的缺点是空气流通不畅,热穿透性差。因此,在干热灭菌时,玻璃容器在烘箱内不应堆放得太满、太挤,以免妨碍空气流通,造成温度不均匀而影响灭菌效果。灭菌后冷却速度不能太快,以防玻璃器皿因温度骤变而破碎,应等到烘箱冷却后,方能打开烘箱门取出玻璃容器,否则,外部的冷空气就会被吸入烘箱,使里面的玻璃器皿受到污染,甚至有炸裂的危险。

高压灭菌是利用高压下水蒸气杀菌的一种方法。高压灭菌比干热灭菌耗能少、节约时间,灭菌效果也比干热灭菌好,处于高压灭菌的过热蒸汽下,几乎所有的微生物都能被杀死。具体方法是将需要灭菌的接种器械、玻璃器皿包扎好,置入蒸汽灭菌器中进行高温高压灭菌,灭菌温度为121℃,维持20~30min。纱布、塑料瓶塞、过滤器和移液管等都可用高压灭菌法灭菌,一些塑料如聚丙烯、聚甲基戊烯、同质异晶聚合物种类的实验器皿可以反复进行高压灭菌,不过,一些聚碳酸酯塑料随着高压灭菌次数的增加,其机械强度降低。

一些常用的金属器械如镊子、剪刀、解剖刀、解剖针等,可以不经预先灭菌,采用火焰灭菌法,即把金属器械放在95%酒精中浸一下,然后放在火焰上灼烧灭菌,待冷却后再使用。这一步骤应当在无菌操作过程中反复进行,以避免交叉污染。每次使用超净工作台的时候都得把要用到的器具、器皿和材料预先放入超净工作台中。在火焰灭菌过程中,主要注意酒精使用安全,酒精易燃,如果不慎在火焰旁溢出酒精,很可能立即引起火灾。

玻璃器皿等常常与培养基一起灭菌,若培养基已灭过菌,而只需要单独进行容器灭菌时,玻璃器皿可采用湿热灭菌法,即将玻璃器皿包扎好后,置入蒸汽灭菌器中进行高温高压灭菌,灭菌的温度为121℃,维持20~30min。也可采用干热灭菌法,在烘箱内对器皿进行杀菌处理,是一种彻底杀死微生物的方法。若发现有芽孢杆菌,则应为160℃,90~120min。

(四)培养基的灭菌技术

培养基通常以高压灭菌和过滤灭菌方法消毒,蒸馏水、微量和大量营养元素以及其他稳定的混合物消毒采用高压灭菌法,而不耐热化合物溶液消毒采用过滤消毒方法。培养基原料和盛装容器均带菌,在分装和封口过程中也会引起污染,故分装封口后的培养基一定要立即灭菌。

1. 高压灭菌法

高压灭菌(湿热灭菌)法是用饱和水蒸气、沸水或流通蒸汽进行灭菌的方法,其原理是在密闭的高压锅内产生蒸汽,由于蒸汽潜热大,穿透力强,容易使蛋白质变性或凝固,在0.105MPa压强下,锅内温度可达121℃。在此温度下,可以很快地杀死各种真菌、细菌及其高度耐高温的芽孢,所以湿热灭菌法的灭菌效率比干热灭菌法高。具体操作程序如下:

视频资源:
高压灭菌法

(1)检查 灭菌前先检查灭菌锅内是否放了足量的水,严禁无水加热,水量不足时及时加入蒸馏水。仔细检查压力表、安全阀、放气阀、密封圈等是否正常完好。

(2)装培养基 将分装好的培养基放入高压灭菌锅的消毒桶内,培养基在桶内不要过分倾斜,以免取出时碰到瓶口或流出,如需做成斜面,冷却前斜放即可。其他需要灭菌的接种用具,可用锡箔纸包好一并灭菌。

(3)加热灭菌 盖好灭菌锅盖,拧紧锅盖控制阀,检查排气阀有无故障,然后关闭排气阀,打开电源加热。当压力指针达到0.05MPa时,打开排气阀,排除锅内的冷空气。再关闭气阀,此时锅内的水蒸气就变成热的了。当高压锅的温度达到121℃、压强为0.105MPa时,保持此压强15~25min进行灭菌。然后切断电源慢慢冷却,当压强降到0.05MPa时,缓慢打开排气阀放气。待压力指针恢复到零后,开启压力锅并取出培养基,在室温下冷却。如果用的是自动灭菌锅,则只需要设定好灭菌程序就会自动按设定程序进行灭菌,待温度降到90℃时就可以开启灭菌锅取出培养基。

使用高压灭菌锅时应注意以下几点:使用前应仔细阅读说明书,严格按要求操作;先在高压蒸汽灭菌锅内加水,加水量严格按说明书的要求;不可装得太满,否则因压力与温度不对应,会造成灭菌不彻底;增压前必须排除锅内冷空气,保证高压锅内升温均匀;在高压灭菌过程中,要保持压力恒定,不能随意延长灭菌时间和增加压力。当冷却被消毒的溶液时,必须高度注意,如果压力急剧下降,超过了温度下降的速率,就会使液体滚沸,从培养基中溢出,因此务必缓慢放出蒸汽,才不会使压力降低太快,以免引起激烈的减压沸腾,使容器中的液体四溢,培养基沾污棉塞、瓶口等造成污染。当压力逐步降到零后,才能开启压力锅,避免产生危险;高压锅在工作时,必须有人看守,如果发生异常情况,应采取应急措施,避免发生安全事故。

(4)取出培养基 打开锅盖,取出培养基,开锅不能过早,否则不仅会使容器内的培养基"沸腾"而导致操作失败,更容易造成烫伤等危险,因此在操作时应该特别小心。取出后的培养基放于室内平台中自然冷却,固体培养基待凝固后再使用。

2. 过滤灭菌法

有些物质在高温条件下不稳定或容易分解,如植物生长调节剂、维生素、抗生素、酶类等溶液,应采用过滤灭菌。过滤灭菌的原理是,空气或液体通过过滤膜后,杂菌的细胞和芽孢等因大于滤膜口径而被阻,通过滤膜的液体是无菌的,达到灭菌的目的,但不能除去病毒小分子。对于不耐热的溶液(如生长素、赤霉素等)常用细菌过滤灭菌器进行过滤灭菌。过滤灭菌使用的滤膜孔径通常为 $0.2\mu m$ 或 $0.45\mu m$。如果过滤溶液量较大,常常使用抽滤装置;过滤液量小时,可用注射器。使用前先将过滤器(或注射器)、滤膜(预先灭菌)、接液瓶等包装好后用高压灭菌锅灭菌,然后在超净工作台上按无菌操作的要求安装过滤器、滤膜,将需要过滤的溶液装入滤器(或注射器)中进行真空抽滤(或推压注射器活塞杆过滤)灭菌。

(五)外植体的消毒与灭菌技术

理论上讲,任何活的含完整细胞核的植物细胞都具有全能性,只要条件适宜,都能再生成完整植株。但实际上,需要对外植体进行选择,因为不同来源的外植体,在离体条件下对灭菌剂的敏感性不同、生长潜力不一样、细胞恢复分裂(即脱分化)能力或愈伤组织再次分化(即再分化)的能力也有差异。因此,生产实践中必须选取最易表达全能性的部位,以降低生产成本。

1. 外植体的选择原则

选择外植体主要从植物的基因型、生理状态、取材季节、取材部位、外植体大小等考虑。

(1)植物基因型 植物组织培养的难易程度与植物的基因型相关。一般来说,草本植物易于木本植物,双子叶植物易于单子叶植物。因此,选取优良的或特殊的具有一定代表性的基因型,可以提高组织培养的成功率,增加其实用价值。

(2)生理状态 外植体的生理状态和发育年龄直接影响植物离体培养过程中的形态发生。一般情况下,越幼嫩、年限越短的组织越具有较高的形态发生能力,组织培养越易成功。如黄瓜子叶随着年龄的增长,其器官的再生能力逐渐减弱直至完全消失。

(3)取材季节 外植体最好在其生长开始或生长旺季采样,若在生长末期或已经进入休眠期选取,则外植体会对诱导反应迟钝或无反应。如百合鳞片外植体,春、秋季取材容易形成小鳞茎,夏、冬季取材培养则难形成小鳞茎。

(4)取材部位 在确定取材部位时,一方面要考虑培养材料的来源是否有保证和容易成苗;另一方面要考虑经过脱分化产生的愈伤组织的培养途径是否会引起不良变异,丧失原品种的优良性状。对于培养较困难的植物,在培养材料较多的情况下,最好比较各部位的诱导及分化能力,既保质又保量。

(5) 外植体大小　选择外植体的大小,应根据培养目的而定。如果是胚胎培养或脱除病毒,则外植体宜小;如果是进行快速繁殖,则外植体宜大。但若外植体过大,消毒往往不彻底,易造成污染;若外植体过小则离体培养难于成活。一般外植体长度在 0.5～1.0cm 为宜,具体来说,叶片、花瓣等约为 5mm×5mm,茎段长约带 1～2 个节,茎尖分生组织带 1～2 个叶原基,长度约 0.2～0.5mm。

2. 外植体的种类

不同种类的植物以及同一植物的不同器官对诱导条件反应是不一致的,有的部分诱导分化率高,有的部分难脱分化,或者再分化频率低。选取材料时要对所培养植物各部分的诱导及分化能力进行比较,从中筛选出合适的、最易表达全能性的部位作为外植体。常用的外植体种类有:

(1) 茎尖　对于大多数植物来讲,茎尖是最好的部位,由于其形态已基本建成,生长速度快,繁殖率高,遗传性稳定,也是获得无菌苗的重要途径,但茎尖往往受到材料来源的限制,而采用茎段可解决培养材料不足的困难。

(2) 茎段和节间部　茎段是指带有腋芽或叶柄,长几厘米的带芽的节段。大多数植物新梢节间部不仅消毒容易,而且脱分化和再分化能力强,是组织培养较好的材料。

(3) 叶和叶柄　离体叶指包括叶原基、叶柄、叶鞘、叶子、子叶在内的叶组织。叶片和叶柄取材容易,新出的叶片杂菌较少,实验操作方便,是植物组织培养中常用的材料,但易发生变异。

(4) 种子和胚　选择受精后发育完全的成熟种子和发育不完全的未成熟种子作为外植体。这类材料消毒方便,无菌萌发容易获得无菌苗。胚、胚芽、胚根不易被污染且具有幼嫩的分生组织细胞,是常用的外植体。

(5) 其他　根、块茎、块根、花粉等也可以作为植物组织培养的材料。

3. 外植体的消毒与灭菌方法

从田间取回的离体材料,往往带有较多的泥土、杂菌,不宜直接接种,需要对材料进行预处理和必要的修整。

(1) 常用的消毒剂　好的消毒剂既要有良好的消毒作用,又要容易被无菌水冲洗掉或能自行分解。此外,还不会损伤材料,影响细胞的生长。目前使用的消毒剂的种类较多,实践中可根据情况从表 2-3 中选取 1～2 种进行复合消毒。

① 酒精　是最常用的表面灭菌药剂。70%～75%的酒精杀菌能力、穿透力最强,并且具有一定的湿润作用,可排除材料上的空气,利于其他消毒剂的渗入,与其他灭菌药剂配合使用时间常为 10～30s,与其他消毒剂配合使用效果极佳。但应严格掌握对植物材料的处理时间,否则酒精的穿透力会危及植物自身组织细胞。酒精对人体无害,亦可作为接种者的皮肤消毒剂和环境灭菌。

② 升汞($HgCl_2$)　升汞即氯化汞,是剧毒的重金属杀菌剂,汞离子与带负电荷的蛋白质结合,使菌体蛋白质变性,酶失活而达到消毒灭菌效果。升汞使用浓度一般为 0.1%～0.2%。但由于升汞对人畜具有强烈的毒性,处理不当会对环境造成污染,故不优先选择其作为杀菌剂。

拓展阅读:
高校植物组织培养实验室
重金属汞排放情况调查

表 2-3 常用消毒剂的使用和效果

消毒剂	使用浓度	消毒难易程度	消毒时间/min	灭菌效果	说　明
次氯酸钠	2%	易	5～30	很好	使用最广泛的一种
次氯酸钙	9%～10%	易	5～30	很好	经常使用,需要随配随用
漂白粉	饱和溶液	易	5～30	很好	不稳定,吸湿性强,封口应严密
升汞	0.1%～1%	较难	2～10	最好	剧毒,需要进行特殊处理并弃置废液
酒精	70%～75%	易	0.2～2	好	70%～75%的乙醇有很好的浸润效果
过氧化氢	10%～12%	最易	5～15	好	需要随配随用
溴水	1%～2%	易	2～10	好	接触时间应短(小于10min)
苯扎溴铵	0.01%～0.1%	易	5～30	很好	禁止与普通肥皂配合,0.1%以下浓度对皮肤无刺激性
硝酸银	1	较难	5～30	好	需要特殊的废液处理
抗生素	4～50mg/L	中	30～60	较好	成本较高
配合使用					两种以上消毒剂配合使用时,通常是先用乙醇预处理数秒,然后用升汞或次氯酸钠等进行消毒;对特别难处理的材料用次氯酸钠或次氯酸钙处理后,接着用过氧化氢或升汞来处理

③次氯酸钠($NaClO$)　利用有效氯离子来杀死细菌,是一种较好的表面灭菌剂。常用浓度含有效氯离子1%,灭菌时间5～30min。市售商品名称为"安替福尼",可用其配制2%～10%的 $NaClO$ 溶液,处理后再用无菌水冲洗4～5次即可。其分解后产生的氯气对人体无伤害,在灭菌之后易于除去,不残留,对环境也无污染,使用范围较广泛。次氯酸钠具有强碱性,长期处理植物材料会对植物组织造成一定破坏,故使用者应严格注意消毒时间。

④漂白粉　是一种常用的低毒高效的消毒剂,也是一种强氧化剂,其有效成分为 $Ca(ClO)_2$,能分解产生杀菌的氯气,并挥发掉,灭菌后很容易除去,对植物组织无毒害作用。一般将植物组织浸泡到5%～10%或其饱和溶液[$Ca(ClO)_2$ 的含量为10%～20%]中20～30min即可达到消毒的目的,处理后植物组织用无菌水冲洗3～4次。漂白粉应密封储存,遇水或潮湿空气会引起燃烧爆炸,应严防吸潮失效,现配现用为宜。使用中应注意密闭操作,加强通风,避免与还原剂、酸类接触。

⑤双氧水　双氧水即过氧化氢溶液,利用其强氧化性破坏组成细菌的蛋白质从而达到灭菌效果,杀灭细菌后剩余的物质是无任何毒害、无任何刺激作用的水,不会形成二次污染,且它在外植体表面易除去,在对叶片的灭菌中应用普遍;但双氧水会影响人体呼吸道系统,使用时应注意防护。双氧水还特别易分解,高纯度双氧水的基本形态是稳定的,但当与其他物质接触时会很快分解为氧气和水。

⑥苯扎溴铵　苯扎溴铵即新洁尔灭,是一种广谱型表面活性灭菌剂,具有洁净、杀菌消毒的作用,广泛用于杀菌、消毒、防腐、去垢、增溶等方面。它对绝大多数植物外植体伤害很小,灭菌效果很好,性质稳定,可贮存较长时间。使用时一般稀释200倍,将外植体浸入30min或更久亦可。

(2)灭菌方法

①茎尖、茎段及叶片等的消毒　灭菌前先对植物组织进行修整,去掉不需要的部分,然后用自来水冲洗。对于一些表面不光滑或长有绒毛的材料,可用洗涤剂清洗,必要时用毛刷充分刷洗,硬质材料可用刀刮。灭菌时在超净台上操作,先用70%酒精浸泡10~30s,无菌水冲洗2~3次,然后按材料的老、嫩和枝条的坚实程度,分别采用2%次氯酸钠浸泡10~15min,或用0.1%氯化汞浸泡5~10min。灭菌时要不断搅动,使植物材料与灭菌剂充分接触。

②果实及种子的消毒　先用自来水冲洗10~20min,再用酒精迅速漂洗一下。果实先用2%次氯酸钠浸10min,然后用无菌水冲洗2~3次。种子则先用2%次氯酸钠浸泡20~30min,难以灭菌的可用0.1%氯化汞灭菌5~10min。对于种皮太硬的种子,也可预先去掉种皮,再用4%次氯酸钠浸泡8~10min。

③花药的消毒　用于组织培养的花药多未成熟,其外面有花萼、花瓣或颖片保护,处于无菌状态。灭菌时将整个花蕾或幼穗用70%酒精浸泡数秒钟,然后用无菌水冲洗2~3次,再在漂白粉中浸泡10min,最后用无菌水冲洗2~3次。

④根及底下部器官的消毒　这类材料生长于土壤中,表面带菌量大,灭菌较为困难。可先用自来水冲洗,软毛刷刷洗,用刀切去损伤及污染严重部位,再用酒精漂洗后,置于0.1%氯化汞中浸5~10min或10%次氯酸钠中浸10~15min,最后用无菌水冲洗3次。

三、无菌操作

植物组织培养要求严格的无菌条件和无菌操作技术。首先必须保证培养瓶内完全无菌,才能使植物组织正常生长,不会产生污染导致培养组织死亡。无菌操作中经过必要消毒的工作人员需要在严格灭菌的操作空间(接种室、超净工作台等)使用消毒的器皿进行无菌操作。

(一)无菌室空气污染状况检验

为保证接种工作在无菌条件下进行,无菌操作室或接种室要用甲醛和高锰酸钾定期熏蒸灭菌。用甲醛和高锰酸钾封闭消毒期间,人员不宜进入消毒空间。消毒后通风换气,等气味散尽后再出入。使用前用20%新洁尔灭(苯扎溴铵溶液)对接种室内墙壁、地板及设备擦洗,用70%乙醇喷雾(使灰尘迅速沉降),用紫外线灭菌20min或更长,照射期间注意接种室的门要关严。当接种室在用紫外线消毒期间,工作人员不要处在正消毒的空间内,更不要用眼睛注视紫外线灯,也要避免手长时间在开着紫外线灯的超净工作台内进行操作。一般接种室用紫外线消毒后,不要立即进入,因为此时室内充满高浓度的臭氧,会对人体,尤其是呼吸系统造成伤害。应在关闭紫外线灯15~20min后再进入室内。

(二)无菌操作方法及要求

无菌操作需在无菌的环境下进行。操作前将界面上的细菌与病毒等微生物杀灭,操作过程中界面与外界隔离,避免微生物的侵入。在执行无菌操作时,必须明确物品的无菌区和非无菌区。

1. 工作人员的无菌技术

工作人员要经常洗头、洗澡、剪指甲,保持个人清洁卫生。在接种室穿医护用的特制工作衣帽。工作衣帽使用前后挂于预备间,并用紫外线照射灭菌。接种前,最好用肥皂水或新洁尔灭洗手,然后用70%乙醇擦洗或喷洒。

2. 接种器械的无菌技术

接种时首先要用紫外线照射超净工作台面,然后用70%乙醇喷雾或擦拭工作台面。工作前打开风机15~30min。先对器械支架进行灼烧消毒,然后对接种工具如手术剪、手术刀、镊子等进行灼烧消毒,一般先用70%乙醇浸渍、擦拭或喷洒后在酒精灯上灼烧,放在器械支架上冷却待用。接种一定数量后,接种器械要重新灼烧灭菌,避免因沾有植物材料或琼脂等引起双重污染和交叉污染。通常采用两套接种工具,使用一套时,另一套灼烧后冷却。接种器械灼烧时要远离装乙醇的容器,更不能刚刚烧完就插入装乙醇的容器中,也要避免不小心将乙醇容器或酒精灯碰倒而引起失火,另外,酒精灯点燃后,不宜用乙醇溶液喷洒超净工作台。

3. 接种材料的无菌技术

接种前超净工作台面要用75%酒精擦洗和喷雾灭菌,所使用的解剖刀、镊子、培养皿等也要事先经过高温灭菌处理。将消过毒的外植体切成一定的大小,叶片、花瓣的直径通常切成0.5~1cm,茎尖约0.5mm(如培养脱毒苗,越小越好,但太小很难进行分化)。外植体接种的具体操作步骤如下:

视频资源:
无菌操作

(1)左手拿三角瓶,右手轻轻取下封口膜,将三角瓶的瓶口略向下倾斜靠近酒精灯外火焰,并将瓶口外部在火焰上旋转烧几秒钟,将灰尘杂物固定在原处。

(2)用镊子将外植体送入瓶底,外植体在三角瓶内的分布要均匀,以保证必要的营养面积和光照条件。茎尖、茎段等基部插入固体培养基中,叶片通常是叶背接触培养基,由于叶背面气孔多,有利于吸收水分和养分。

(3)镊子用完后放回支架或进入消毒酒精中,盖上封口膜。

(4)所有材料接种完毕,包扎好封口膜,做好标记,注明接种植物和处理名称、接种日期,即可放入培养室进行培养。

需要注意的是,接种时,接种员双手不能离开工作台,不能说话、走动和咳嗽等。无菌物品必须保存在无菌包或灭菌容器内,不可暴露在空气中过久。打开包塞纸和瓶塞时注意不要污染瓶口。无菌包一经打开即不能视为绝对无菌,应尽早使用。凡已取出的无菌物品虽未使用也不可再放回无菌容器内。装有无菌盐水、酒精或新洁尔灭的棉球罐每周消毒一次,容器内敷料如干棉球、纱布块等,不可装得过满,以免取用时碰到容器外面被污染。

在近酒精灯火焰处打开培养瓶瓶口,并使培养瓶倾斜,以免微生物落入瓶内。瓶口可以在拔塞后或盖前灼烧灭菌,接种工作宜在近火焰处进行。手不能接触接种器械的前半部分(即直接切割植物材料的部分),接种操作时(包括拧开或拧上培养瓶盖时),培养瓶、试管或三角瓶宜水平放置或倾斜一定角度(45℃)以下,避免直立放置而增大污染机会。手和手臂应避免在培养基、培养材料、接种器械上方经过。已经消毒的植物材料接种时不慎掉在超净工作台上,不宜再用。接种期间如遇停电等事件使超净工作台停止运转,重新启动时应对接种器械及暴露的植物材料重新消毒。

切割外植体时,可在预先消毒后的培养皿、盘、滤纸或牛皮纸上进行,如果需要将组织切割成大小或重量均匀的小片(小块),可以用塑料包裹或在锡箔纸上利用天平无菌称量等。在解剖茎尖或分生组织时,动作要快而准,避免材料损伤过多或在空气中暴露过久而褐化或干死。

(三)无菌操作程序

1. 接种室消毒

在接种前打开超净工作台紫外线灯照射30min,正式接种前半小时关闭紫外线灯,打开照明灯和风机,20~30min后接种。

2. 进入接种室

操作人员先洗净双手,在缓冲间换好专用实验服,并换穿拖鞋等,用75%酒精擦拭工作台面和双手。

3. 摆放接种用具

培养基、接种用具(无菌水、镊子、解剖刀、酒精棉、酒精灯、培养皿、小烧杯等)分别放入超净工作台中。

4. 手及台面消毒

用70%酒精棉球擦拭双手,特别是指甲处,然后按一定顺序擦拭工作台面。

5. 培养材料灭菌

将接种材料预先放入烧杯,置入超净台进行表面消毒。

6. 接种用具灭菌

先用酒精棉球擦拭接种工具,再将镊子和剪刀浸泡在95%酒精中,取出后从头至尾用火烧一遍,最后反复过火尖端处;对培养皿要过火烤干。

7. 接种

把培养材料迅速放入培养瓶,扎上瓶口,操作期间应经常用75%酒精擦拭工作台和双手,接种器械应反复在95%酒精中浸泡和在火焰上灭菌。

8. 清理

接种完毕后要清理干净工作台,用紫外线灯灭菌30min。

(四)初代培养

初代培养是指在组培过程中最初建立的外植体无菌培养阶段,即在无菌接种完成后,外植体在适宜的光、温、气等条件下被诱导成无菌短枝(或称茎梢)、不定芽(丛生芽)、胚状体或原球茎的过程。因此,初代培养也称为诱导培养。由于外植体的来源复杂,又携带较多杂菌,所以初代培养一般比较困难。

图片资源:
花叶络石的组织
培养过程

1. 无菌材料的获得

外植体接种后2~3d内如果被污染即可表现出来。常见污染有细菌污染、真菌污染、培养基灭菌不彻底而引起的污染。不同污染产生原因及防治方法不同。

在外植体接种后几天内不发生污染,不能肯定已获得无菌材料,因为外植体及培养环境内所残留的微生物,有的细菌及真菌生长很缓慢,需要一定的条件和时间才表现出污染现象,一定要注意观察,及时清除污染材料。一般20多天后没有污染,并且材料已经启动,开始有新芽或新叶生长,这才算基本上获得成功。

有时外植体虽然没有污染,但也不启动,可能有以下几种情况:

(1)消毒时间过长或消毒剂浓度过高,已经把外植体杀死,这种情况下外植体往往逐渐萎缩、褐化。

(2)外植体选取部位或季节不合适,如有此情况,休眠芽不启动。

(3)培养基不合适,特别是糖浓度过高,导致外植体营养成分外渗,造成材料萎缩、枯黄而死亡。

2.初代培养的培养基

初代培养的目的主要是获得无菌材料,因此要根据材料特性选择合适的培养基。初代培养的培养基的渗透压比一般的培养基稍高,但激素浓度不需要太高,有时为了加速芽的启动,可以加入少量赤霉素(2~5mg/L)。

(五)继代培养

通过初代培养所获得的不定芽、无菌茎梢、胚状体或原球茎等无菌材料被称为中间繁殖体。中间繁殖体由于数量有限,所以需要将它们切割、分离后转移到新的培养基中培养增殖,这个过程称为继代培养。继代培养是继初代培养之后的连续数代的培养过程,旨在扩繁中间繁殖体的数量,最后能达到边繁殖边生根的目的。不同种类的繁殖体在不同的条件下具有不同的繁殖率,但多数种类扩繁一次,其植物数量可增加3~4倍。例如以2株苗为基础,每棵苗的繁殖系数为3(即1株苗剪成3段接种,培养一段时间后每段又形成3株苗),那么经10代繁殖,将生成118096(2×3^{10})株苗。

视频资源:
马铃薯继代培养

(六)壮苗与生根培养

当芽苗繁殖到一定数量后,就要使部分培养物分流,从而进入壮苗与生根途径。若不能将培养物大量转移到生根培养基上,就会使久不转移的苗子发黄老化,或由于过分拥挤而致使无效苗增多,最后被迫淘汰许多材料。

图片资源:
花叶玉簪培养过程

1.诱导生根的一般要求

在壮苗生根培养基上,成丛的苗要被分离成单苗,使其迅速生根,让苗长高便于以后移栽。多数植物生根阶段只需一次培养。一般认为矿物质元素浓度较高时有利于茎叶生长,较低时有利于生根,所以多采用1/2或1/4量的MS培养基,全部去掉或仅用很低的细胞分裂素,并适当提高的生长素(NAA、IBA等)。因植物种类不同,一般2~4d即可见根原基发生,当洁白的生长正常的根长约1cm时即可驯化移栽。

2.诱导生根方法

(1)将新梢基部浸入50mg/L或100mg/L IBA溶液中处理4~8h。

(2)在含有生长素的培养基中培养4~6d。

(3)直接移入含有生长素的生根培养基中。

上述三种方法均能诱导新梢生根,但前两种方法对新生根的生长发育更为有利,而第三种方法对幼根方法的生长有抑制作用,其原因是当根原始体形成后较高浓度生长素的继续存在,不利于幼根的生长发育。第三种方法在实践中要选择好适宜的生长素及其浓度。

另外也可采用下列方法生根:①延长在增殖培养基中的培养时间;②适当降低增殖倍率,减少细胞分裂素的用量(即将增殖与生根合并为一步);③切割粗壮的嫩枝用生长素溶液浸醮处理后在营养钵中直接生根。这种方法省去了生根阶段,但只适于一些容易生根的作物。另外，少数植物生根比较困难时，则需要在液体培养基中放置滤纸桥，使其略高于液面，靠滤纸的吸水性供应水和营养，解决生根时氧气不足的问题，从而诱发生根。

3. 生根阶段的壮苗措施

培养基中添加多效唑、比久、矮壮素等一定数量的生长延缓剂。生根培养阶段将培养基中的糖含量减半，提高光强约为原来的3~6倍，一方面促进生根，促使试管苗的生活方式由异养型向自养型转变，另一方面对水分胁迫和疾病的抗性也会增强。由于胚状体有根原基和芽原基的分化，可不经诱导生根阶段，直接成苗。但因经胚状体途径发育的苗数特别多，并且个体弱小，所以通常需要一个在低浓度或没有植物激素的培养基培养的阶段，以便壮苗生根。由其他途径形成的弱小试管苗也需要经历一个壮苗过程。

任务三　植物组织培养中常见问题与解决措施

植物组织培养作为一种生物技术已经渗透到与之相关的农、林、医药等领域的多个学科，为这些学科的发展提供了研究手段与理论基础，同时与其他技术结合创造了丰厚的经济效益。然而，组培技术虽已达到一定的广度和深度，在许多技术环节上仍存在不少难题。一般来说，在植物组织培养中，培养物的污染现象、褐变现象以及玻璃化现象是最常见的三大问题，尤其是褐变现象的危害最严重。

一、污染问题及预防

污染是指在组培过程中，由于真菌、细菌等微生物的侵染，在培养容器内滋生大量的菌斑，使试管苗不能正常生长和发育的现象。由微生物所引起的污染问题一直是制约植物组织培养技术发展的主要障碍。造成污染的原因有很多，如工作环境、仪器、培养基及器皿灭菌不彻底、外植体带菌、接种操作未遵守操作规程等。造成污染的主要污染源有真菌、细菌、病毒和类病毒以及螨或蓟马。一般来说，在植物组织培养过程中，细菌污染率高于真菌污染率，占总污染率的80%以上。

（一）细菌污染及预防

细菌污染是指在培养过程中，在培养基表面或材料表面出现黏液状物体、菌落或浑浊水渍状物质，有时甚至出现泡沫发酵状物质，细菌繁殖速度很快，一般在接种后1~2d即可发现。细菌污染以芽孢杆菌污染最普遍、最严重，这种芽孢杆菌能耐一定的高温高压，对紫外线和消毒剂有一定的抗性。

图片资源：
细菌污染

细菌污染形成的原因，一是外植体带菌或培养基灭菌不彻底，二是操作人员操作不当，如接种工具灭菌不充分、操作人员的呼吸污染等。

外植体带菌引起的污染与外植体的种类、取材季节、部位、预处理方法及消毒方法等密切相关。通常，多年生材料上细菌较幼嫩材料多，田间材料上细菌较温室内材料多，温室材料上细菌较水培材料多，带泥土的材料上细菌较不带泥土的材料多，未经过阳光照射过的材料上细菌数较经过阳光照射过的材料多。因此，取材以春夏生长旺季、当年生的嫩梢为佳，应尽量选择晴天中午进行，或取离体枝梢在洁净空气条件下抽芽，然后从新抽芽中取材接种。外植体取材前可喷洒杀虫剂,以防止由于寄生虫带菌而带来的污染。

外植体的彻底消毒是控制污染的前提,应根据不同材料选择合适的消毒剂和消毒方法。目前,外植体表面灭菌中经常使用的消毒剂有氯化汞、乙醇、次氯酸钠及消毒液等,多种药剂交替浸泡法是对一些容易污染而又难灭菌材料常用的灭菌方法。对于材料内部带菌的组织,有时还需在培养基中加入适量抗生素或吐温。常用的抗生素有青霉素、先锋霉素、庆大霉素及链霉素等。有些外植体材料表面具有绒毛,在消毒液中滴加几滴吐温-80 或吐温-20 会使消毒液与材料充分接触,提高消毒效果。

(二)真菌污染及预防

真菌污染主要指霉菌引起的污染,往往表现出白、黑或绿等不同颜色菌丝块症状,其蔓延速度较细菌慢,一般接种后 3~5d 或更长时间才可发现。真菌是一类没有叶绿素、异养的真核微生物。室内真菌种类主要有芽枝孢菌属、曲霉属、交链孢霉属、镰刀霉属及青霉属等。真菌数量的多少与温度、湿度有很大关系。

图片资源:
真菌污染

真菌污染多由接种室内空气不清洁、超净工作台的过滤效果不理想、培养试管口径过大、操作不慎等原因引起。真菌污染可通过规范操作程序及控制培养环境等加以克服。

严格执行无菌操作,定期用甲醛或高锰酸钾熏蒸对组织培养室进行消毒,每次使用培养室或超净工作台时,先用紫外线灯杀菌 20~30min,再用 75% 乙醇喷雾降尘。接种时用蘸有 75% 乙醇的棉球擦拭培养瓶外部,再放入超净工作台。接种时瓶子要成 45°角放在火焰上方,利用气流上升原理,防止空气中的孢子落入瓶内。一旦发现真菌污染应及时清除。

另外,培养基中存在有机物是污染产生的重要原因,去除有机物也是减少细菌和真菌污染的一条途径。植物无糖组织培养快繁技术完全除去了培养基中的有机成分,输入可控制量的 CO_2 气体作为碳源,并通过控制环境因子,促进植物光合作用效率,使之由异养型转变为自养型,因而植株长势良好,污染率明显降低。

二、褐变问题及预防

褐变是指外植体在诱导脱分化或再分化过程中,自身组织从表面向培养基释放褐色物质,以致培养基周围变成褐色,外植体也随之进一步变褐而死亡的现象。褐变严重影响外植体的脱分化和器官分化与形成。

(一)褐变发生的原因

褐变的发生与外植体组织中所含的酚类化合物多少和多酚氧化酶活性有直接关系。很多植物,特别是木本植物酚类化合物含量较高,这些酚类化合物在完整的组织和细胞中与多酚氧化酶分隔存在,因而比较稳定。但当切割外植体后,切口附近的细胞分隔效应被打破,酚类化合物与多酚氧化酶从细胞中流出,从而使酚类化合物被氧化成褐色的醌类物质和水,醌类物质在

图片资源:
褐变

酪氨酸酶等作用下与外植体蛋白质发生聚合,进一步引起其他酶系统失活,导致外植体生长停顿,严重时甚至死亡。

(二)影响褐变的因素

植物组织培养过程中的褐变现象是多种因素综合作用的结果,随植物的种类、基因型、

外植体生长部位及生理状态、培养基及培养条件等的不同而不同。

1. 植物的种类及基因型

植物组织培养中不同种植物、同种植物不同类型在组织培养中褐变发生的频率、严重程度存在很大差异,这是由于各种植物表达的酚类化合物种类、含量以及多酚氧化酶的种类、活性存在差异。木本植物、单宁酸或色素含量高的植物容易发生褐变,这是因为酚类的糖苷化合物是木质素、单宁酸和色素的合成前体,酚类化合物含量高,木质素、单宁酸或色素形成就多,同时高含量的酚类化合物也容易导致褐变的发生。一般木本植物的酚类化合物含量比草本植物高,因而在组织培养过程中更容易发生褐变。

在木本植物中,核桃单宁酸含量很高,在进行组织培养时难度很大,不仅会在接种后的初代培养期发生褐变,而且在形成愈伤组织以后还会因为褐变而出现死亡。苹果中普通型品种"金冠"茎尖培养时褐变相对较轻,而柱型的4个"芭蕾"品种褐变都很严重,特别是色素含量很高的"舞美"品种。Dalal等比较两个葡萄品种"Pusa Seedless"和"Beauty Seedless"的褐变时发现,后者比前者严重,酚类化合物含量也是后者明显高。

2. 外植体部位及生理状态

外植体的部位及生理状态不同,接种后褐变的程度也不同。随着生理年龄和木质化程度的增加,褐变也逐渐加重,因此幼龄材料一般比成龄材料褐变轻。从小金海棠、八棱海棠和山定子刚长成的实生苗上切取茎尖进行培养,接种后褐变很轻,随着苗龄增长,褐变逐渐加重,取自成龄树上的茎尖褐变更加严重。苹果顶芽作外植体褐变程度较轻,比侧芽容易成活。石竹和菊花也是顶端茎尖比侧生茎尖更容易成活。

另外,取材的时期不同,褐变程度也不同。植物体内酚类化合物的含量和多酚氧化酶的活性呈季节性变化,多酚氧化酶活性和酚类化合物含量春季较低,酶活性随生长季节的到来逐渐增强,酚类化合物在生长季节活性都较高,有人认为在外植体取材时,取材时期比取材部位更加重要。核桃的夏季材料比其他季节的材料更容易氧化褐变,因而一般选在早春或秋季取材。欧洲栗在一月份酚类化合物形成较少,到了五六月份酚类化合物含量明显增加。

3. 外植体大小及受伤害程度

外植体小的材料,由于切口所占比例较大而较易发生褐变。切口越大,酚类化合物被氧化的面积就越大,褐变程度越严重。据报道,"金冠"苹果茎尖长度小于0.5mm时褐变严重,当茎尖长度在5~15mm时褐变较轻,成活率可达85%。

外植体组织受伤害程度直接影响褐变程度。为减轻褐变,在切取外植体时,应尽可能减少伤口面积,伤口剪切尽可能平整。除机械伤害外,接种时各种化学消毒剂对外植体的伤害也会引起褐变。酒精消毒效果很好,但对外植体伤害很重,在使用酒精对外植体消毒时要控制好消毒时间。升汞对外植体伤害比较轻。一般外植体消毒时间越长,消毒效果越好,褐变程度也越严重。因此,为保证较高的外植体存活率,消毒时间应根据使用的消毒剂进行适当调整。

4. 培养基

植物组织培养中,培养基的状态、培养基中无机盐浓度、植物生长调节剂种类及添加量、培养基pH值、抗氧化剂及吸附剂的使用均不同程度影响外植体褐变发生。

(1)培养基状态　相对于固体培养基,液体培养基可有效克服外植体褐变,液体培养基再加上滤纸作为"纸桥",对褐变的抑制效果更好。在液体培养基中,外植体溢出的有毒物质可以很快扩散,因而对外植体造成的危害较轻。

(2)无机盐　在初代培养时,培养基中无机盐浓度过高可引起酚类外溢物质的大量产生,导致外植体褐变,降低无机盐浓度可以减少酚类外溢,从而减轻褐变。无机盐中有些离子,如 Mn^{2+}、Cu^{2+} 是参与酚类化合物合成与氧化酶类的组成成分或辅助因子,因此盐浓度过高会增加这些酶的活性,酶又进一步促进酚类化合物合成与氧化。为抑制褐变,在初代培养时使用低盐培养基可以收到较好的效果。

(3)植物生长调节剂　初代培养大多在黑暗条件下进行,生长调节剂的存在是影响褐变的主要原因,在初代培养时不添加生长调节剂可减轻褐变。6-BA 或 KT 不仅能促进酚类化合物的合成,还能刺激多酚氧化酶的活性,而生长素类(如 2,4-D)可延缓多酚合成,减轻褐变发生。在桑树和薄壳核桃的培养过程中,6-BA 的使用浓度低,褐化率低,随 6-BA 浓度的提高,其褐化率升高。在荔枝组织培养过程中,培养基添加 1mg/L 6-BA＋0.5mg/L 2,4-D 时,愈伤组织较硬、增殖缓慢、易褐变;而培养基添加 1mg/L 6-BA＋1mg/L 2,4-D 时,愈伤组织浅黄疏松、增殖快。

(4)培养基 pH 值　pH 值下降可降低多酚氧化酶活性和底物利用率从而抑制褐变,pH 值上升则明显加重褐变。在水稻体细胞培养时,pH 值为 4.5～5.0 时 MS 液体培养基可保持愈伤组织处于良好的生长状态,其表面呈黄白色,而 pH 值为 5.5～6.0 时,愈伤组织褐变严重。

(5)抗氧化剂　加入抗氧化剂可改变外植体周围氧化还原电势,从而抑制酚类氧化,减轻褐变。常用的抗氧化剂有抗坏血酸(Vc)、L-半胱氨酸(L-Cys)、$NaHSO_3$ 等。

(6)吸附剂　活性炭和聚乙烯吡咯烷酮(PVP)都可以去除酚类氧化造成的毒害效应。活性炭除了有吸附作用外,在一定程度上还降低了光照度,从而减轻褐变。

5. 培养条件

培养条件如光照、温度、CO_2 浓度等也是影响褐变的因素,培养条件不适宜、光照过强或高温条件均可提高多酚氧化酶活性,加速培养物的褐变。暗处理能控制外植体褐变,是因为在酚类化合物合成和氧化过程中,需要许多酶系,其中一部分酶系是受光诱导的。低温不仅可以抑制褐变,还可以抑制酚类化合物的合成,降低多酚氧化酶(PPO)活性,减少酚类氧化,从而减轻褐变。高浓度的 CO_2 也会促进褐变,其原因是环境中的 CO_2 向细胞内扩散,使细胞内 CO_3^{2-} 增多,CO_3^{2-} 与细胞膜上的 Ca^{2+} 结合,使有效 Ca^{2+} 减少,导致内膜系统瓦解,酚类物质与 PPO 相互接触,产生褐变。

6. 培养时间

接种后,材料培养时间过长,未及时转移,也会引起材料的褐变甚至死亡。对薄壳核桃的茎尖培养过程中,15d 转瓶一次,植株色泽正常,培养基中无浑浊物产生;25d 转瓶一次,植株色泽较为暗淡,培养基中有丝状浑浊物产生;30d 转瓶一次,植株色泽暗灰,生长缓慢,培养基较为浑浊,外植体基部产生的絮状物向四周扩散。这可能是由于接种后转瓶周期时间长,伤口周围积累酚类化合物过多而加重了褐变现象。

(三)防止褐变的措施

1. 选取适宜的外植体

选择适宜的外植体是克服褐变的重要手段。不同时期、不同年龄的外植体在培养中褐变的程度不同,成年植株比实生苗褐变的程度严重,夏季材料比冬季、早春及秋季材料褐变的程度高。而冬季的芽进入深休眠状态,不太容易生长,最好选用早春和秋季的材料作为外植体。另外,取材时还应注意外植体的基因型及部位,选择褐变程度较小的品种和部位作为外植体。生长在避荫处的外植体比生长在全光下的外植体褐变率低,腋生枝上的顶芽比其他部位枝的顶芽褐变率低。

2. 对培养材料进行预处理

对较易褐变的外植体材料进行预处理可以减轻酚类物质的毒害作用,低温处理和抗氧化剂处理是常用的预处理方法。其处理方法是:外植体经流水冲洗后,放在2~5℃的低温下处理12~14h,再用升汞或70%酒精消毒,然后接种于只含有蔗糖的琼脂培养基中培养5~7d,使组织中的酚类物质部分渗入培养基中。取出外植体用0.1%漂白粉溶液浸泡10min,再接种到合适的培养基中,如果仍有酚类物质渗出,3~5d后再转移培养基2~3次,当外植体的切口愈合后,酚类物质减少,这样可使外植体褐变减轻。另外,用抗氧化剂溶液进行预处理,或在抗氧化剂溶液中剥离外植体,或在接种之前用无菌水反复清洗外植体,洗净伤口渗出的酚类物质,均可起到减轻褐变伤害的作用。

3. 选择适当的培养基和培养条件

在培养基的选择上应选用适当的无机盐成分、蔗糖浓度、激素水平的组合以及配合一些抗褐变剂等都可减轻褐变现象的发生。培养过程中还要注意采用适宜的培养条件。因为在酚类物质的合成和氧化过程中,参与的部分酶系统是光活性的,并且较高的温度会使酶促褐变加强,所以建议在培养初期保持较低的温度(15~20℃),在黑暗或弱光下培养,均可减轻培养材料的褐变。

4. 添加褐变抑制剂和吸附剂

培养基中加入抗氧化剂和其他抑制剂可有效减轻外植体在组培过程中的酶促褐变。在培养基中加入维生素C可有效防止褐变。维生素C为多羟基还原物质,一方面可使多酚氧化酶失活阻止酚类物质氧化,另一方面维生素C在酶的催化下能消耗溶解氧,使酚类物质因缺氧而无法氧化。此外,蛋白水解产物、氨基酸、2-巯基苯并噻唑、硫脲、二氨基二硫代硫酸钠、氰化钾、多胺等物质都可作为抑制剂来防止褐变的发生。

活性炭是一种较强的吸附剂,它可以吸附培养物分泌到培养基中的酚、醌等有害物质,从而有效地减轻褐变。需要注意的是,活性炭在吸附有害物质的同时也吸附培养基中的生长调节物质,而使其失去作用,影响外植体的正常发育。因此,在加入活性炭的培养基中应适当改变激素配比,使得在防止褐变的同时,外植体能够正常发育。

聚乙烯吡咯烷酮(PVP)是酚类物质的专一性吸附剂,在生化制备中常被用作酚类物质和细胞器的保护剂,用于防止褐变。

5. 进行细胞筛选和多次转移

在组织培养过程中,经常进行细胞筛选,可以剔除易褐变的细胞。在外植体接种后1~2d立即将其转移到新鲜培养基中或同一瓶培养基的不同部位,这样能减轻酚类物质对培养物的毒害作用,连续转移5~6次可基本解决外植体的褐变问题。另外,适当改变培养基的硬度也可减轻褐变现象。

三、玻璃化问题及预防

自从Phillips和Mathews(1964)、Hackett和Anderson(1967)最早描述了石竹茎尖培

养时所出现的半透明状形态异常试管苗现象及 Debergh 等(1981)首先进行系统研究并提出玻璃化概念以来,植物组织培养中玻璃化发生的原因和防治措施逐渐受到关注和研究。

植物试管苗玻璃化是指试管苗呈半透明状,外观形态往往异常的现象。玻璃化苗即生长出异常叶片、嫩梢呈透明或半透明的水浸状、植株矮小肿胀、失绿、叶片皱缩、纵向卷曲、脆弱易碎的试管苗。玻璃化苗是植物组织培养过程中一种生理失调或生理病变,植株过度含水化,多畸形发育,生长缓慢,分化能力和繁殖系数很低,叶表皮缺少角质、蜡质层,没有功能性气孔,不具有栅栏组织,只有海绵组织,细胞干物质含量低,难以诱导生根,移栽后很难成活。

试管植物玻璃化在组织培养中普遍存在,在草本与木本植物中均有发生,已报道出现玻璃化苗的植物达 70 多种。玻璃化苗已成为茎尖脱毒工厂化育苗和植物种质资源保存的严重障碍,是组织培养的一大难题。

(一)玻璃化苗发生的因素

植物材料种类、培养基成分和培养条件等各种内外因素都影响玻璃化苗的发生,其中研究较多的是培养基水势、细胞分裂素、氮源和碳源的状况。

图片资源:
玻璃化

1. 材料差异

培养材料的种类和外植体类型显著影响玻璃化苗的发生。研究发现,瑞香基部茎段产生玻璃化苗率最低,茎尖次之,中部茎段产生的玻璃化苗率最高;用青花菜花蕾诱导分化的不定芽 74% 表现正常,而用子叶、上胚轴和花序柄诱导的不定芽全部为玻璃化苗。

2. 外源激素的影响

高浓度的细胞分裂素有利于芽的分化,也会使玻璃化的发生比例提高。细胞分裂素的主要作用是促进芽的分化,打破顶端优势,促进腋芽发生,因而玻璃化苗也相应表现出茎节短、分枝多的特性。玻璃化苗发生的百分率与细胞分裂素的浓度呈正相关,其中 6-BA 的影响大于玉米素(ZT)。

每种植物发生玻璃化苗的激素水平都不相同。有些品种在 6-BA 0.5mg/L 时就有玻璃化现象发生,如香石竹的部分品种。另一些种类在培养的特定阶段可以忍受较高的激素浓度,而在其他阶段的培养中,却只需要较低的 6-BA 浓度,如非洲菊只有在 5~10mg/L 时才可能诱导花芽脱分化生产不定芽,而在不定芽的增殖时,6-BA 的使用浓度只能在 1mg/L 左右。

3. 培养基成分

培养基中 NH_4^+ 过多容易导致玻璃化苗的发生,提高培养基中 Zn^{2+} 和 Mn^{2+} 浓度可以减少玻璃化苗的形成,而 Cl^- 浓度过高容易导致玻璃化苗发生。在 MS 培养基中减少 3/4 的 NH_4NO_3 或除去 NH_4NO_3 对减少月季玻璃化苗的产生效果显著,如月季品种"杨基歌"和"黄和平"在完全除去 NH_4NO_3 的培养基上未出现玻璃化苗。

另外,碳源供应状况对玻璃化苗发生也有影响。据报道,用 4.5% 的果糖替换 4.5% 蔗糖可显著降低扁桃的玻璃化苗发生率;用 3% 或 4% 葡萄糖替换相同浓度的蔗糖明显增加香石竹嫩梢培养物的玻璃化发生率。

4. 培养基硬度

随着琼脂浓度的增加,玻璃化苗的比例明显降低,但琼脂过多时培养基太硬,影响养分的吸收,使苗的生长速度减慢。在进行液体培养时,需通过摇床振荡通气,否则材料被埋在水中,很快就会玻璃化或窒息死亡。

5. 培养条件

温度影响苗的生长速度,温度升高时,苗的生长速度明显加快,温度达到一定限度后,会对正常的生长和代谢产生不良影响,促进玻璃化苗的发生;变温培养时温度变化幅度大,忽高忽低的温度变化容易在瓶内壁形成小水滴,增加瓶内湿度,提高玻璃化苗发生率。

培养瓶内湿度与通气条件密切相关,通过气体交换,瓶内湿度降低,玻璃化苗发生率低;相反,如果不利于气体交换,瓶内处于不透气的高湿条件下,苗的生长快,玻璃化苗的发生率也相对较高。

增加光照度可以促进光合作用,提高碳水化合物的含量,使玻璃化苗的发生比例降低。光照不足再加上高温,极易引起组培苗的过度生长,加速玻璃化苗发生。

(二)玻璃化的防止措施

目前对试管苗玻璃化的原因和机理还不明确,培养基和培养条件不适宜、不平衡是试管苗玻璃化发生的原因。因此,目前对玻璃化的策略就是尽可能采取有益、无害的预防性措施,必要时进行个别因子的平衡剂量试验。

1. 利用固体培养基

利用固体培养基,增加琼脂浓度,降低培养基的渗透势,造成细胞吸水阻遏。琼脂浓度不低于 0.8%,条状琼脂先用双蒸水浸泡 24h 以除去杂质,使用粒状琼脂时应尽可能选用灰分量低于 2.5% 的。另外,提高琼脂纯度,也可降低玻璃化。

2. 调节培养基成分

适当提高培养基中蔗糖含量或加入渗透剂,可降低培养基的渗透势,减少培养基中植物材料可获得的水分,造成水分胁迫。适当降低培养基中 NH_4^+ 浓度,或者及时转移,NH_4^+ 浓度高低交替以兼顾满足不定芽增殖系数和控制玻璃化苗发生。适当添加 IAA、GA_3、ABA,减少 6-BA。增加培养基中钙、镁、锰、钾、磷、铁、铜元素含量,降低氮和氯比例,特别是降低铵态氮含量,提高硝态氮含量。

3. 改善培养条件

适当提高光照培养时的光照度,延长光照时间,增加自然光照,自然光中的紫外线能促进试管苗成熟、加快木质化。注意通气以尽可能降低培养容器内的空气相对湿度和改善氧气供应状况,如用棉塞或通气好的封口材料。控制温度,在高温季节,培养室必须有降温设施,控制室温不超过 32℃,适当低温处理,避免培养温度过高。

四、其他常见问题

植物组织培养中可获得大量植株,但通过愈伤组织或悬浮培养诱导的苗木,经常会出现一些体细胞变异个体,有些是有益的变异,更多的是不良变异,如观赏植物不开花、花小或花色不正常,果树不结果、品质差等问题,在生产上造成很大损失,并容易引起经济纠纷。

(一)组培苗变异的影响因素

组培快繁过程中外植体的来源、培养基的组成、外植体的年龄和植株再生方式等均与组培苗变异频率有关。以分化程度较高的组织或细胞作为外植体,在一定的植物激素浓度下诱导愈伤组织，并经过较长时间的继代培养，然后诱导分化出再生植株，获得的组培苗变异率较高。

1. 基因型

不同物种的再生植株的变异频率有很大的差别，同一物种的不同品种无性系变异的频率也有差别。如在花叶玉簪中，杂色叶培养的变异频率为43%，而绿色叶仅为1.2%。嵌合体植株通过组培，其嵌合性更大。同一植株不同器官的外植体对无性系变异率也有影响，在菠萝组织培养中，来自幼果的再生植株几乎100%出现变异，而冠芽的再生植株变异只有7%。

2. 外源激素

培养基中的外源激素是诱导体细胞无性系变异的重要原因之一。在高浓度的激素作用下，细胞分裂和生长加快，不正常分裂频率增高，再生植株变异也增多。

3. 继代培养时间

试管苗的继代培养次数和时间影响植物稳定性，是造成变异的关键因素。一般随继代次数和时间的增加，变异频率不断提高。

4. 再生植株的方式

研究发现，以茎尖、茎段等发生丛生芽的方式增殖不易发生变异或变异率极低。通过愈伤组织和悬浮培养分化不定芽方式获得的再生植株变异率较高，通过分化胚状体途径再生的植株变异较少，通过茎尖或分生组织培养增殖侧芽可以保持基因型基本不变。

(二) 提高遗传稳定性、减少组培苗变异的措施

在进行植物组培快繁时，应尽量采用不易发生体细胞变异的增殖途径，以减少或避免植物个体或细胞发生变异，如用生长点、腋芽生枝、胚状体繁殖方式，可有效地减少变异；应缩短继代时间，限制继代次数，每隔一定继代次数后，重新开始接外植体进行新的继代培养；应取幼年的外植体材料；应采用适当的生长调节物质和较低的浓度；培养基中减少或不使用容易引起诱变的化学物质；应定期检测，及时剔除生理、形态异常苗，并进行多年跟踪检测，调查再生植株开花结实特性，以确定其生物学性状和经济性状是否稳定。

实验 2-1　MS 培养基母液的配制及保存

一、实验目的

1. 能根据母液配方计算出各种药品的用量。
2. 掌握电子分析天平的正确使用方法。
3. 掌握培养基母液的配制流程和注意事项。

二、实验内容

1. MS 培养基母液的配制。
2. 植物生长调节剂母液的配制。
3. 母液低温贮存。

思政园地：
为什么植物组织培养中要强调"无菌"？如何提高无菌意识？

三、器材与试剂

1. 仪器与用具

药勺、称量纸、烧杯、玻璃棒、电子分析天平(精确度 1/100 和 1/10000 各一台)、容量瓶(100mL、500mL、1000mL)、胶头滴管、棕色瓶(100mL、500mL、1000mL)、标签纸、记号笔、冰箱等。

2. 试剂

配制 MS 培养基母液所需的药品、植物生长调节剂(6-BA、NAA、IBA、2,4-D 等)、1mol/L NaOH 溶液、1mol/L HCl 溶液、95%乙醇、蒸馏水等。

四、方法及步骤

1. MS 培养基母液的配制

培养基母液配制与保存工艺流程如图 2-1 所示。

视频资源:
MS 培养基母液的配制与保存

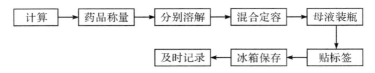

图 2-1 培养基母液配制流程

按表 2-4 进行培养基各种母液的配制。

表 2-4 MS 培养基的母液

母液名称	元素名称	培养基配方用量/mg·L^{-1}	扩大倍数	配制母液体积/mL	称取量/mg
大量元素母液Ⅰ	硝酸铵(NH_4NO_3)	1650			
	硝酸钾(KNO_3)	1900			
	磷酸二氢钾(KH_2PO_4)	170			
大量元素母液Ⅱ	氯化钙($CaCl_2·2H_2O$)	440			
大量元素母液Ⅲ	硫酸镁($MgSO_4·7H_2O$)	370			
微量元素母液	碘化钾(KI)	0.83			
	硼酸(H_3BO_3)	6.2			
	硫酸锰($MnSO_4·4H_2O$)	22.3			
	硫酸锌($ZnSO_4·7H_2O$)	8.6			
	钼酸钠($Na_2MoO_4·2H_2O$)	0.25			
	硫酸铜($CuSO_4·5H_2O$)	0.025			
	氯化钴($CoCl_2·6H_2O$)	0.025			
铁盐母液	乙二胺四乙酸二钠(Na_2-EDTA)	37.3			
	硫酸亚铁($FeSO_4·7H_2O$)	27.8			
有机物质母液	肌醇($C_6H_{12}O_6·2H_2O$)	100			
	烟酸(VB_3)	0.5			
	盐酸硫胺素(VB_1)	0.1			
	盐酸吡哆醇(VB_6)	0.5			
	甘氨酸(NH_2CH_2COOH)	2.0			

配制大量元素母液时,由于Ca^{2+}和SO_4^{2-}、Ca^{2+}、Mg^{2+}和PO_4^{3-}一起溶解后会产生沉淀,虽然分别溶解再混合和降低扩展倍数能在短时间内不产生沉淀,但时间长了也会发生沉淀。为避免沉淀发生,也可以将每种大量元素化合物单独配成母液,如氯化钙、硫酸镁就可以分别单独配制母液。

铁盐母液要先将Na_2-EDTA和$FeSO_4$分别溶解,然后将Na_2-EDTA溶液缓慢倒入$FeSO_4$溶液中,充分搅拌并加热5～10min,使其充分螯合。

2. 植物生长调节剂母液的配制

各种植物生长调节剂的母液应当分别配制。如果它们是不溶于水的,则应先把它们溶解在很少量的适当溶剂中,然后再加蒸馏水到最终体积。生长素(NAA、2,4-D、IAA、IBA)一般溶于1mol/L NaOH溶液或95％乙醇中,细胞分裂素(6-BA、KT、ZT)一般溶于1mol/L HCl溶液中。根据所要求的植物生长调节剂的水平的不同,其母液的浓度可以是0.1mg/mL,也可以是0.5或1.0mg/mL。

3. 母液的保存

将配制好的各母液分别倒入棕色瓶中,贴上标签,注明母液名称、浓缩倍数(或浓度)、配制人以及配制日期等,然后置于冰箱中保存。标签格式(以大量元素Ⅰ为例)如图2-2所示。

```
┌─────────────┐    ┌─────────────┐
│ 大量元素母液Ⅰ │    │  NAA母液    │
│  50倍液     │    │  0.5mg/mL   │
│   张三      │    │   张三      │
│  2016.7.8   │    │  2016.7.8   │
└─────────────┘    └─────────────┘
```

图2-2 母液的标签格式
左为MS培养基母液的标签格式,右为生长素母液的标签格式

五、注意事项

1. 配制母液所需药品应采用分析纯或化学纯试剂。

2. 配制母液用水为蒸馏水或去离子水,可以通过加热或置于磁力搅拌器上加速溶解试剂。

3. 母液保存时间不要过长,最好2个月内用完。IAA母液由于在几天之内即能发生光解,变成粉色,因此必须置于棕色瓶中避光保存,而且保存时间最好不超过1周。

4. 经过保存的母液在每次使用前必须轻轻摇动瓶子,如果发现其中有沉淀悬浮物或微生物污染,必须立即将其淘汰。

六、实验报告

写出各种母液的配制方法及注意事项。

实验2-2 固体培养基的配制与灭菌

一、实验目的

1. 学会计算各种母液用量。

2. 掌握 MS 培养基的配制流程。
3. 学会培养基的灭菌方法。

二、实验内容

1. 根据已给定配方和已知母液扩大倍数,计算各母液用量。
2. 配制 MS 固体培养基。
3. 高压蒸汽湿热灭菌。

三、器材与试剂

1. 仪器与用具

药勺、电子分析天平(精确度 1/100)、称量纸、烧杯、移液管架、移液管、洗耳球、量筒、电饭煲或其他加热容器、玻璃棒、精确 pH 试纸(5.4～7.0)或 pH 计、培养瓶、标签纸或记号笔、硬质塑料周转筐等。

2. 试剂

MS 培养基的各种母液和植物生长调节剂母液;琼脂、蔗糖或白砂糖、蒸馏水、1mol/L NaOH 溶液、1mol/L HCl 溶液等。

四、方法及步骤

1. 培养基配制

(1)根据需配制的培养基配方及用量,再按配制的各种母液的用量及浓度,准确计算出蔗糖、琼脂及各母液等物质的取量。

琼脂一般用量在 0.5%～1.0%,蔗糖的用量一般在 2%～3%(可用白砂糖代替)。根据配制培养基的体积,计算琼脂和蔗糖的用量。

母液移取量,其具体计算可按以下公式进行:

$$MS 母液的移取量(mL) = \frac{待配制的培养基体积(mL)}{母液的扩大倍数}$$

$$植物生长调节剂母液的移取量(mL) = \frac{培养基所需的植物生长调节剂质量(mg)}{母液的浓度(mg/mL)}$$

(2)取适量(配制培养基总量的 3/4 左右)的蒸馏水放入电饭煲或其他加热容器中,再依次用专用的移液管吸取各种基本培养基母液和植物生长调节剂母液,搅拌混匀。然后称取琼脂和蔗糖加入其中,加热溶化。

(3)加蒸馏水定容至所需体积。

(4)测 pH 值,用 1mol/L NaOH 溶液或 1mol/L HCl 溶液将培养基的 pH 值调至所需的数值,灭菌前一般将培养基的 pH 值调整到 5.8～6.0。

(5)将培养基分装到培养瓶中,趁热分装。分装时注意不要将培养基溅到培养瓶口,以免引起污染。分装量根据培养材料的不同而异,一般装入 0.7～1.2cm 厚即可。

(6)在培养瓶上贴上标签或用记号笔在瓶壁上注明培养基的代号、配制时间等,以免混淆。MS 培养基配制流程见图 2-3。

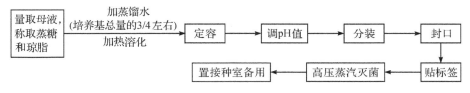

图 2-3 MS 培养基配制流程

2.培养基灭菌

培养基灭菌的方法有多种,这里主要采用高压蒸汽灭菌法。以全自动立式压力蒸汽灭菌器为例,高压蒸汽灭菌操作步骤如下:

(1)加水 开启灭菌腔盖,取出不锈钢提篮,关闭排水阀,将蒸馏水注入灭菌腔,直到水流进入水位板中间的水位指示器。注意水位不应超过水位板面。将排汽、排水软管插入集汽瓶中。

(2)装入待灭菌物品 将分装好的培养基及需灭菌的各种用具、蒸馏水等放入提篮中,将提篮轻轻放回灭菌腔中。

(3)打开电源开关 插上电源,打开仪器开关。

(4)关闭灭菌腔盖 先顺时针方向旋紧"排汽旋钮",再往左轻推手柄直至横梁靠紧立柱,顺时针旋转手柄,当闭盖指示灯"LOCKED"亮时,继续旋转至手柄旋紧。如果旋到很紧了灯亮,再旋紧灯不亮,应稍微回转一下。

(5)选择灭菌程序 按"SET/ENT"键设定温度和灭菌时间。培养基灭菌温度一般为121℃,保温 20min(灭菌流程:加热→灭菌→排汽)。

(6)开始灭菌 选择好灭菌程序后,长按"START"灭菌开始。

(7)程序结束与开盖 到达设定的灭菌时间,系统会发出一声提示音。当所有程序执行完毕且温度低于沸点以下 20℃时,"COMP."字符闪烁,系统发出 5 声长音,表示灭菌结束。

(8)取出灭菌物品 灭菌结束后,先逆时针方向旋松"排汽旋钮",再逆时针方向旋松手柄至尽头,打开腔门,待蒸汽散开,戴上隔热手套,取出灭菌物品。已灭菌的培养基和物品应置于接种室备用。

(9)关闭电源 灭菌工作结束,关闭电源。放出腔体内的水和倒掉集汽瓶中的水,并擦干腔体。使用完毕,填写使用记录。

五、注意事项

1.压力蒸汽灭菌器的压力表应按规定期限进行检查,以保证安全使用。若压力表的指示不稳定或不能回复零位,应及时检修或更换新表。橡皮密封垫使用时间长了会老化,应定期更换。

2.物品在灭菌后需要迅速干燥时,可在灭菌终了时将灭菌器内的蒸汽通过放气阀予以迅速排出,使物品上残留水蒸气得到蒸发,但在液体灭菌时严禁使用此干燥法。

3.灭菌结束后应及时将锅底水放尽,保持设备清洁、干燥,以延长使用年限。

六、实验报告

写出 MS 固体培养基的配制过程及灭菌注意事项。

实验 2-3　外植体的预处理与消毒技术

视频资源：　　　视频资源：
榪李顶芽外植体处理　榪李顶芽外植体消毒

一、实验目的

1. 能正确选择外植体,并正确预处理。
2. 会配制常用的化学消毒剂。
3. 能够正确对外植体进行消毒。

二、实验内容

1. 外植体取材、预处理。
2. 外植体消毒。

三、器材与试剂

1. 仪器与用具

烧杯、剪刀、手持式喷壶、超净工作台、废液缸、培养皿、吸管等。

2. 材料与试剂

校园内植物、95％乙醇、5％新洁尔灭、洗衣粉、无菌水等。

四、方法及步骤

1. 外植体的选择与预处理

外植体类型主要包括茎尖、茎段、叶片、根、块根或块茎、果实、种子、胚和花器等。从品种优良、生长健壮、无病虫害的植株上,剪取当年生枝条或柔嫩叶片等器官。枝条剪成带2～3个茎节的茎段,长4～5cm;带油脂的叶片用毛笔蘸洗衣粉刷洗,较大的叶片剪成带叶脉的叶块,大小以能放入冲洗容器为宜;种子去除坚硬的果皮或种皮。将处理好的外植体直接用流水充分冲洗。

2. 配制化学消毒剂

消毒剂可选择70％乙醇（95％乙醇与水按 14∶5 进行混合）、0.25％新洁尔灭（50mL 5％新洁尔灭,加水 950mL）、0.1％升汞（取 1g $HgCl_2$,加水 1000mL）、2％来苏尔（40mL 50％来苏尔,加水 960mL）。

3. 外植体的消毒

外植体的消毒需在超净工作台上进行,不同的外植体消毒方法如表 2-5 所示。

表 2-5　外植体的消毒方法

外植体类型	消毒方法
茎尖、茎段和叶片	1. 70％乙醇浸泡 10～30s,再用无菌水冲洗 3 次; 2. 用 2％次氯酸钠浸泡 10～15min 或 0.1％升汞浸 5～10min（消毒时间视材料的老、嫩及枝条的坚实程度而定）,若材料有绒毛最好在消毒液中加入几滴吐温; 3. 消毒时不断振荡,使植物材料与消毒剂充分接触; 4. 最后用无菌水冲洗 3～5 次。

续表

外植体类型	消毒方法
果实	1. 用70%乙醇迅速漂洗一下,用无菌水冲洗1次; 2. 用2%次氯酸钠浸10min,无菌水冲洗3~5次。
种子	用10%次氯酸钠浸泡20~30min或0.1%升汞消毒5~10min,然后用无菌水冲洗3~5次。
花蕾	1. 用70%乙醇浸泡10~15s,无菌水冲洗1次; 2. 在漂白粉中浸10min,无菌水冲洗3~5次。
根及地下部器官	0.1%升汞浸泡5~10min或2%次氯酸钠浸10~15min,无菌水冲洗3~5次。

五、注意事项

1. 外植体识别要准确,采集回来后不宜久放,应及时清洗处理。
2. 根据外植体的取材部位和老嫩程度来确定消毒剂浓度和消毒时间。
3. 消毒剂需要现用现配,配制消毒剂的水应选择蒸馏水。
4. 用消毒剂浸泡时材料必须完全被淹没,并不断轻轻搅动,使材料与消毒剂能充分地接触。
5. 70%~75%酒精具有较强的杀菌力和湿润作用,应严格掌握处理时间,时间太长会引起处理材料的损伤。
6. 消毒时间是从消毒剂开始倒入容器至倒出容器为止的时间。
7. 材料消毒后尽快切取所需的外植体接入培养基,减少在空气中的暴露时间,避免风干和褐化(方法见实验2-4)。

六、实验报告

写出外植体预处理与消毒的方法及注意事项。

实验2-4 无菌操作技术

视频资源:
樱李顶芽外植体接种

一、实验目的

1. 能正确对环境进行消毒。
2. 能按无菌操作要求转接组培苗。
3. 树立无菌操作意识。

二、实验内容

1. 接种室和超净工作台的消毒与接种用具摆放。
2. 无菌操作,对已处理的外植体进行接种。

三、器材与试剂

1. 仪器与用具

实验服、口罩、脱脂棉球、喷瓶、塑料周转筐、无菌瓶、超净工作台、酒精灯、干热灭菌器、接种工具(已灭菌的解剖刀、剪刀、镊子、接种盘或无菌纸等)、废液缸、标签或记号笔等。

2.材料与试剂

培养材料(根、茎、叶、花器官或种子)、2%次氯酸钠、70%~75%酒精、0.1%吐温-20(或吐温-80)、无菌水、培养基(已灭菌)等。

四、方法及步骤

1.接种与培养环境的消毒

将接种室、缓冲室、超净工作台、培养室清理干净,向桌面、地面、空间及四周喷3%来苏尔或70%乙醇,打开紫外线灯照射20~30min。

2.无菌操作

(1)物品摆放　接种前先将灭菌后的培养基、接种用具及器皿等提前放入超净工作台。

(2)环境消毒　打开接种室和超净工作台上的紫外线灯,照射20~30min后,关闭紫外线灯。操作前10min打开风机和照明灯,使超净工作台处于工作状态。

(3)人员消毒　操作人员进入接种室前必须剪除指甲,并用肥皂洗手。在缓冲间更换已消毒的工作服、口罩、帽子,换上拖鞋或穿好鞋套。

(4)表面消毒及接种工具消毒　先用70%~75%酒精喷雾,或用浸泡过的酒精棉球擦拭双手和超净工作台面,将接种工具(解剖刀、剪刀、镊子等)前端插入干热灭菌器中。点燃酒精灯,接种操作过程中对使用的各种接种工具要在酒精灯上反复地灼烧灭菌,然后放置在支架上冷却后使用。

(5)取无菌纸　打开无菌纸包装,用镊子取出无菌纸。

(6)材料修剪　将消毒后的材料取出,在无菌纸上进行剥离或切割成适宜的大小。

(7)接种　在酒精灯火焰附近打开培养瓶盖或封口膜,开瓶后边转动瓶口边火焰灭菌。用镊子将外植体材料轻轻接种在培养基中。

(8)封口　接种后,旋转培养瓶口火焰灭菌数秒后,迅速盖上瓶盖或包好封口膜。

(9)标识　所有材料接种完毕,用记号笔在瓶壁上注明材料名称、接种日期等。

(10)清理　接种结束后清理干净超净工作台,关闭电源。填好仪器使用记录本。

(11)培养　将接种后的培养瓶及时移入培养室或培养箱中培养。

五、注意事项

1.接种时操作人员尽量少说话,减少走动,以避免空气流动而增加污染的概率。

2.双手不要离开超净台,头部不要伸入超净台内,手及手臂尽量避免或减少在无菌纸上方移动;离开超净台后再接种时要重新擦手消毒。

3.材料剪取、开瓶接种等操作必须在酒精灯的火焰有效范围(直径20cm范围内)进行,防止杂菌落入瓶中。

4.接种工具灼烧后充分冷却,防止烫伤外植体。

5.手拿的培养瓶应保持倾斜(约与水平呈0°~45°),减少灰尘落入瓶中。

6.茎尖、茎段外植体接种到培养基中时要注意材料的形态学上下端,即形态学上端应向上,否则会影响其生长。通常将叶背接触培养基,因为叶背气孔多,有利于吸收水分和养分。

六、实验报告

总结外植体无菌操作技术要点。

实验 2-5　试管苗的继代扩繁技术

视频资源：
百子莲愈伤组织转接

一、实验目的

1. 了解不同植物及不同繁殖体材料的增殖扩繁方式。
2. 掌握不同增殖扩繁方式的试管苗的转接技术。

二、实验内容

对试管苗繁殖体进行切割、分离，操作规范、熟练，严格遵守无菌操作规程，有效控制污染。

三、器材与试剂

1. 仪器与用具

超净工作台、酒精灯、干热灭菌器、接种工具（已灭菌的解剖刀、剪刀、镊子、接种盘或无菌纸等）、废液缸、标签或记号笔等。

2. 材料与试剂

植物组织培养实验室内菊花、铁皮石斛、马铃薯、草莓、蝴蝶兰等试管苗。

四、方法及步骤

1. 培养基的配制与灭菌（方法同实验 2-2）。
2. 试管苗转接

（1）准备　提前将经过灭菌的培养基、接种工具、吸水纸、器皿及待转接材料放入超净工作台内，打开紫外线灯消毒 20min。

（2）转接　对多茎段的试管苗采取切割茎段的方式，茎段长 1cm 左右，带 1～2 个茎节，可将茎段垂直插入培养基中，或水平放入培养基表面，以刺激侧芽的萌动；对茎间不明显的芽丛，采取分离芽丛的方式扩繁。

3. 将转接好的试管苗放入培养室内进行培养，光照时间每天 16h，光照度 2000～3000lx，温度 25±2℃。

五、注意事项

培养期间定期观察污染现象，并做好记录。

六、实验报告

完成继代培养观察记录表（表 2-6）。

表 2-6　继代培养观察记载表

继代培养材料名称：_____
培养基编号及配方：_____
接种时间：_____
接种情况：_____

调查日期	污染情况/%	生长情况

记载人：

实验 2-6　试管苗的生根培养

图片资源：
生根培养

一、实验目的

1. 掌握生根培养阶段培养基类型的选择及配制方法。
2. 掌握试管苗生根培养的转接技术。
3. 掌握试管苗生根培养的环境条件控制技术。

二、实验内容

对试管苗繁殖体进行切割、分离，操作规范、熟练，严格遵守无菌操作规程，有效控制污染。

三、器材与试剂

1. 仪器与用具

超净工作台、酒精灯、干热灭菌器、接种工具(已灭菌的解剖刀、剪刀、镊子、接种盘或无菌纸等)、废液缸、标签或记号笔等。

2. 材料与试剂

植物组织培养实验室内菊花、铁皮石斛、马铃薯、草莓、蝴蝶兰等植物培养 30d 以上的试管苗。MS 培养基的各种母液、植物生长调节剂原液、蔗糖、蒸馏水等。

四、方法及步骤

1. 培养基的配制与灭菌(方法同实验 2-2)，在此阶段需同时配制两种培养基，即生根培养基和继代培养基。在转接过程中，对符合要求的幼苗进行生根培养，其余小苗转入继代培养基中继续扩繁。

2. 试管苗转接

(1) 准备　提前将经过灭菌的培养基、接种工具、吸水纸、器皿及待转接材料放入超净工作台内，打开紫外线灯消毒 20min。

（2）转接　将株高在 2.5～3.0cm 以上的大苗接种到生根培养基中，若为丛生苗，需切割分成单苗后再接种；将其余小苗转接到继代培养基中继续扩繁，接种方法同继代培养。

3.将转接好的试管苗放入培养室内进行培养，光照时间每天 16h，光照度 2000～5000lx，温度 25±2℃。

五、注意事项

1.生根培养基和继代培养基要分别标记清楚，切不可混淆，转接时将两种培养基摆放在超净工作台内不同的位置上，以免拿错。

2.严格按照无菌操作要求，控制污染；注意检查培养瓶，发生污染要及时清除。

六、实验报告

定期观察幼苗生长及生根情况，并做好记录（表 2-7）。

表 2-7　生根培养观察记载表

生根培养材料名称：_____
培养基编号及配方：_____
接种时间：_____
接种情况：_____

调查日期	株高/cm	根长/cm	根数	生长情况	备注（包括污染率%）
第 7 天					
第 10 天					
第 15 天					

组别及记载人：

实验 2-7　试管苗褐化与污染现象观察

一、实验目的

1.认识褐化（褐变）现象，并学会克服褐化现象的常用方法。

2.能区分细菌污染和真菌污染的菌落的不同特点，熟悉避免污染的注意事项和污染后的补救措施。

二、实验内容

收集前面进行植物组织培养产生褐化现象的组培苗以及所发生的细菌或真菌的培养物，进行观察。

三、器材与试剂

植物组织培养中产生褐化现象的组培苗，培养中所发生的细菌或真菌的培养物。

四、方法及步骤

1. 挑出在植物组织培养过程中产生褐化现象和污染现象的组培苗。
2. 对褐化现象进行观察与分析。
3. 对所发生的细菌或真菌污染的培养物进行观察与分析。

五、注意事项

污染现象观察完毕后,需将被污染的组培苗进行高压灭菌后,方可清洗培养瓶。

六、实验报告

1. 观察褐化情况,记下观察结果并进行分析,填入表 2-8。

表 2-8　培养材料褐化情况观察记载表

材料名称:_____
接种日期:_____
观察日期:_____
接种情况:_____

培养基编号	培养基配方	褐化描述	可能产生原因	防治方法	补救措施

记载人:

2. 观察污染现象,记下观察结果并进行分析,填入表 2-9。

表 2-9　培养材料污染现象观察记载表

材料名称:_____
接种日期:_____
接种情况:_____

观察日期	污染特征	污染类型	可能产生原因	防治方法	补救措施

记载人:

知识小结

※培养基的制备

1. 培养基作用:为植物材料生长繁殖或积累代谢提供营养。
2. 培养基成分:水分、无机盐、有机营养成分、植物生长调节剂、凝固剂等。

3. 培养基分类

(1)按培养基的物理状态分类:固体培养基、液体培养基。

(2)按培养物的培养过程分类:初代培养基、继代培养基。

(3)按培养基的作用分类:诱导培养基、增殖培养基、生根培养基。

(4)按培养基的营养水平分类:基本培养基(高盐成分培养基、硝酸盐含量较高的培养基、中等无机盐含量的培养基、低无机盐类培养基);完全培养基。

4. 配制母液:为提高工作效率,保证培养基各物质成分的准确性及配制的方便性,将各种化学药品配成浓缩一定倍数的母液。

5. 培养基配制与灭菌:确定配方和配制量、计算各种母液和药品用量、称量、溶解、定容、调pH值、分装、封口、标记、灭菌、置无菌室备用。

※外植体的选择与消毒

1. 外植体选择原则:种质优良、遗传稳定、来源广泛、易于消毒、容易培养、大小适宜。

2. 外植体种类:顶芽、腋芽、茎段、叶片、叶芽、根、块茎、块根、鳞片、花瓣、花萼、花粉、种子和胚等。

3. 外植体消毒:根据外植体的种类不同,灵活地选择消毒剂,控制适当的消毒时间。

※灭菌与消毒技术

1. 物理方法

(1)高压蒸汽灭菌:适用于培养基、无菌纸、接种工具和无菌水。

(2)灼烧灭菌:适用于接种工具、容器口部的灭菌。

(3)紫外线照射灭菌:适用于空气和物体表面的灭菌。

(4)过滤除菌:适用于不耐高温液体营养物质。

2. 化学方法

(1)常用的化学消毒剂:乙醇、甲醛、次氯酸钠、升汞、漂白粉、新洁尔灭等。

(2)消毒剂使用方法:熏蒸、喷雾、擦拭和浸泡等。

※材料的接种与培养

1. 材料接种

接种即把培养材料转接到新鲜培养基上的过程,需在严格无菌的条件下进行。

2. 材料培养

(1)培养方法:固体培养和液体培养。

(2)培养条件:温度、湿度、光照和气体。

※组培常见问题预防措施

1. 预防污染:外植体严格消毒;培养基与各种器械灭菌彻底;环境消毒彻底;严格进行无菌操作。

2. 预防褐变:选择适宜的外植体;对外植体进行预处理;筛选适宜的培养基和培养条件;添加褐变抑制剂和吸附剂;连续转移。

3. 预防玻璃化苗产生:调节培养基生长调节剂浓度和比例;减少培养基中含氮化合物的用量;避免温度过低;增加光照度;改善通气条件;控制继代次数。

复习测试题

一、名词解释(每小题 2 分,共 20 分)

1. 植物生长调节物质
2. 固体培养基
3. 诱导培养基
4. 增殖培养基
5. 生根培养基
6. 完全培养基
7. 真菌污染
8. 细菌污染
9. 褐变
10. 玻璃化现象

二、填空题(每空 1 分,共 40 分)

1. 培养基的成分主要包括_____、_____、_____、_____、_____、_____、_____、其他成分和水等。

2. 植物培养过程中要注意决定愈伤组织生根还是生芽的关键是细胞分裂素与生长素之间浓度的比例。当配制的培养基中生长素/细胞分裂素的比例_____时则有利于生根;生长素/细胞分裂素的比例_____时则有利于生芽;_____时既不利于生根,也不利于生芽,而是愈伤组织的产生占优势。

3. 蔗糖、葡萄糖和果糖都是较好的碳源,一般多用_____,其浓度为_____。

4. 在灭菌之前,培养基的 pH 值一般都调节到 5.0~6.0,最常用的是_____。pH 一般用_____调低,用_____调高。

5. MS 培养基是 1962 年 Murashige 和 Skoog 为培养烟草材料而设计的。它的特点是_____的浓度高,具有高含量的氮、_____,尤其是硝酸盐的用量很大,同时还含有一定数量的铵盐。

6. N_6 培养基是 1974 年由我国的朱至清等为水稻等禾谷类作物花药培养而设计的,其特点是_____和_____含量高且不含钼。

7. 根据培养基作用的不同,培养基分为_____培养基、_____培养基和_____培养基三种。

8. 细菌污染是指在培养过程中,在培养基表面或材料表面出现_____、_____或_____,有时甚至出现_____,细菌繁殖速度很快,一般在接种后_____d 即可发现。

9. 真菌污染主要指真菌引起的污染,往往表现出_____等不同颜色菌丝块症状,其蔓延速度较细菌慢,一般接种后_____d 或更长时间才可发现。

10. 褐变的发生与外植体组织中所含的_____化合物多少和_____活性有直接关系。

11. 植物组织培养过程中的褐变现象是由多种因素综合产生的结果，随植物的_____、_____、_____、_____、_____及培养条件等的不同而不同。

12. 组培快繁过程中_____、_____、_____和_____等均与组培苗变异频率有关。

三、是非题（每题1分，共10分）

（   ）1. 常用的生长素类植物生长调节物质有 IAA、IBA、NAA、2,4-D 等。

（   ）2. 组培过程中培养物的细胞分裂停止，绿叶变黄，进而变白，这属于缺氮症。

（   ）3. 维生素 C 是所有细胞和组织必需的基本维生素，可以全面促进植物的生长。

（   ）4. 在植物组织培养中，GA_3、IAA、IBA、NAA、泛酸钙、植物组织提取物等不能进行高温高压灭菌，需要进行过滤灭菌。

（   ）5. 在培养基配制时常常把铁盐单独配制，把 $FeSO_4$ 和螯合剂乙二胺四乙酸二钠（Na_2-EDTA）先分别配成溶液，再相互混合使形成螯合铁用于培养基中，以防止沉淀和助其被植物吸收。

（   ）6. 细菌污染形成的原因，一是外植体带菌或培养基灭菌不彻底，二是操作人员操作不当造成的，如接种工具灭菌不充分、操作人员的呼吸污染等。

（   ）7. 一般草本植物的酚类化合物含量比木本植物高，因而在组织培养过程中更容易发生褐变。

（   ）8. 活性炭是一种较强的吸附剂，它可以吸附培养物分泌到培养基中的酚、醌等有害物质，但不会吸附培养基中的生长调节物质。

（   ）9. 高浓度的细胞分裂素有利于促进芽的分化，也会使玻璃化的发生比例提高。

（   ）10. 当提高光照培养时的光照度，延长光照时间，增加自然光照，自然光中的紫外线能促进试管苗成熟、加快木质化。

四、选择题（每题1分，共10分）

1. 下列不属于生长素类植物生长调节物质的是_____。
   A. KT   B. IAA   C. NAA   D. IBA

2. 下列培养基中，_____无机盐的浓度最低。
   A. MS 培养基   B. B_5 培养基   C. White 培养基   D. N_6 培养基

3. 影响培养基凝固程度的因素有_____。
   A. 琼脂的质量好坏   B. 高压灭菌的时间
   C. 高压灭菌的温度   D. 培养基的 pH

4. 活性炭在组织培养中的作用有_____。
   A. 吸附有毒物质   B. 减少褐变，防止玻璃化
   C. 创造黑暗条件，利于根的生长   D. 增加培养基中的养分

5. 下列不属于大量元素的盐是_____。
   A. NH_4NO_3 B. KNO_3 C. $ZnSO_4·7H_2O$ D. $MgSO_4·7H_2O$

6. 细菌繁殖速度很快,一般在接种后_____ d 即可发现。
   A. 1~2　　　　　B. 5~6　　　　　C. 10~12　　　　D. 15~16

7. 一般来说,在植物组织培养中,培养物的污染、褐变以及玻璃化现象是最常见的问题,尤其是_____现象危害最严重。
   A. 污染　　　　　B. 褐变　　　　　C. 玻璃化　　　　D. 无

8. 培养基中_____过多容易导致玻璃化苗的发生。
   A. NH_4^+　　　　B. Zn^{2+}　　　　C. Mn^{2+}　　　　D. K^+

9. 为防止玻璃化苗产生,在高温季节,培养室必须有降温设施,控制室温不超过_____,适当低温处理,避免培养温度过高。
   A. 32℃　　　　　B. 35℃　　　　　C. 38℃　　　　　D. 40℃

10. 在_____中培养物生长过程中排出的有害物质容易积累,由此造成自我毒害,所以必须及时转移。
    A. 固体培养基　　B. 液体培养基　　C. 初代培养基　　D. 继代培养基

五、问答题(每题4分,共20分)

1. 植物生长调节物质在植物组织培养中起什么作用?
2. 配制培养基时,为什么要先配母液?如何配制母液?怎样利用母液配制培养基?
3. 怎样进行培养基的高压湿热灭菌?灭菌时应注意哪些事项?怎样做好已灭菌培养基的保存工作?
4. 细菌污染的预防措施有哪些?真菌污染的预防措施有哪些?
5. 培养基中哪些因素影响褐变发生?组培苗玻璃化的防治措施有哪些?

项目三　植物器官培养技术

教学素材

 知识目标

- 熟练掌握根、茎、叶、花器、种子和胚胎培养的方法；
- 掌握茎尖、茎段、叶培养的方法与注意事项；
- 理解影响植物器官培养的因素。

 能力目标

- 能够根据不同植物的种类选择合适的外植体进行启动培养；
- 能够对外植体正确修整和有效消毒；
- 熟练进行营养器官等的离体培养。

 素质目标

- 树立"就地取材"的新环保理念；
- 培养学生具有爱岗敬业、甘于奉献的劳模精神；
- 培养学生具有吃苦耐劳的拼搏精神和敢于创新的探究精神。

植物器官培养是指对植物的根、茎、叶、花器和果实、种子进行的离体培养。以器官作为外植体进行离体培养的植物种类最多，应用的范围也最广，它是植物组织培养中最主要的一个方面。植物器官培养不仅是研究器官生长、营养代谢、生理生化、组织分化和形态建成的最好材料和方法，而且在生产实践上具有重要的应用价值。首先，利用茎、叶和花器培养建立的试管培养物，可在短期内提高繁殖速度，加速优良品种和名贵品种的繁殖速度，提高作物的产量和品质；其次，利用茎尖培养可以获得脱毒试管苗，解决马铃薯、甘薯、草莓等一些品种的退化问题，提高作物的产量和品质；第三，将植物器官作诱变处理和培养可获得突变株，进行细胞的突变育种；除此之外，器官培养也是种质保存的有效手段。

任务一　根的培养

离体根的培养是进行根系生理和代谢研究最优良的实验体系。由于根具有生长快、代谢强、变异小、加上无菌和不受微生物的干扰等特点，可以通过改变培养基的成分来研究其营养吸收、生长和代谢的变化。在生产上，通过建立快速生长的根无性繁殖系，可以进行一些重要药物的生产。有些化合物只能在根中合成，必须用离体根培养的方法，才能生产该化合物。此外，对根细胞培养物进行诱变处理，可筛选出突变体，从而应用于育种实践。

一、无性繁殖系的建立

(一)取材

根的培养材料一般来自无菌种子发芽产生的幼根或植株根系经消毒处理后的切段。

(二)消毒

首先将种子消毒后使其在无菌条件下萌发，待根伸长后(或植株的根系经表面灭菌后)切取长 0.5~1.5cm 的根尖接种于预先配制好的培养基中。这些根的培养物生长很快，一般几天后发育出侧根。待侧根生长约 1 周后，即切取侧根的根尖进行培养，如此反复切接就可得到由单个根尖衍生的无性繁殖系。

(三)再生植株方式

根离体培养再生出植株的方法是：先诱导离体根形成愈伤组织，然后在再分化培养基上诱导芽的分化，进而形成小植株。如果愈伤组织先分化形成根，则往往抑制芽的形成。

二、影响离体根生长的因素

(一)植物种类

不同植物种类、同一植物的不同部位和不同年龄对培养的反应不同。如番茄、马铃薯、烟草等植物的离体根能快速生长并产生大量健壮的侧根，可进行继代培养而无限生长；而木本植物的根培养较难，一般情况下，木本植物的离体根培养难于草本植物；处于旺盛生长期的根系和根尖易于培养。这说明不同的植物类型，需要提供相应的培养条件，而且即使在同一生长条件下，由于营养、代谢和基因型的差异也会表现出生长特性上的差异。

(二)培养基

一般采用无机盐浓度低的 White 培养基，也可采用 MS、B_5 培养基等，但必须将其浓度稀释到 2/3 或 1/2。许多植物在 1/2MS 培养基上能生根，如水仙小鳞茎等。

(三)营养条件

离体根培养要求培养基含有植物生长所需的全部必需元素。在适合的 pH 条件下，大量元素中硝酸铵是一种理想的氮源。微量元素对离体根的培养影响也很大，如缺铁会导致根细胞停止分裂，无法实现增殖，并破坏根系的正常活动；缺硼会降低根尖细胞的分裂速度，阻碍细胞伸长。培养基中添加维生素 B_1 和维生素 B_6 最重要，缺少则根的生长受阻，一般使用浓度为 0.1~1.0mg/L。糖是培养基必不可少的附加物,双子叶植物离体培养一般以蔗糖为最好,其次是葡萄糖和果糖,在有些植物中蔗糖的效果甚至比葡萄糖好 10 倍,但使用时浓度应稍低,如玫瑰生根的适宜蔗糖浓度为 2%。

(四)植物生长调节剂

不同植物离体根对生长调节剂的反应有一定的差异,如 IAA 对离体根生长的影响表现为三种情况:①IAA 抑制根的生长,如番茄、红花菜、樱桃等;②IAA 促进根的生长,如玉米、小麦、赤松和矮豌豆等;③离体根的生长依赖于 IAA 的作用,如黑麦和小麦的一些变种。GA_3 则能明显影响侧根的发生与生长,加速根分生组织的老化;KT 能增加分生组织的活性,有抗老化的作用。

激素对根生长的影响是一个综合过程,其他条件的改变也会影响到生长调节剂的作用,如 KT 在低浓度蔗糖(1.5%)的条件下对番茄离体根的生长有抑制作用,但是在高浓度蔗糖(3%)的条件下 KT 能够促进根的生长。GA_3 和 NAA 在蔗糖浓度较低时能够增加番茄离体根的侧根数量,将 IAA 处理过的番茄根转移到无 IAA 的培养基中,IAA 对番茄根生长的抑制作用将会消失。另外,KT 与 GA_3 和 NAA 有拮抗作用。因此,选准激素并与其他培养条件相配合,是保证离体根培养成功的重要条件。

(五)pH 值

根培养适宜的 pH 值范围随培养材料和培养基的组成而发生变化,一般为 5.0~6.0。如在番茄根的培养中,用单一硝态氮作为氮源时,培养基的 pH 值应为 5.2;用单一铵态氮源时,pH 值在 7.2 为宜。在培养过程中 pH 的改变会影响到铁盐的吸收,进而影响番茄根的生长速度。使用非螯合态的铁,当 pH 值升高至 6.2 时,铁盐失效,造成培养液中缺铁;当使用 Fe-EDTA 时,pH 值为 7 时,也不会感到缺铁。一般可采用 $Ca(H_2PO_4)_2$ 或 $CaCO_3$ 作为缓冲剂,以获得稳定的 pH。

(六)光照和温度

离体根培养的温度一般以 25~27℃ 为最佳,一般情况下离体根均进行暗培养,但也有一些植物,光照能促进其根系生长。

任务二 茎尖和茎段培养

拓展阅读:
野生东方草莓茎尖培养体系的建立

茎尖是植物组织培养中最常用的材料之一,这是因为茎尖不仅生长速度快,繁殖率高,不易产生遗传变异,而且茎尖培养是获得脱病毒苗木的有效途径。根据培养目的和茎尖大小可将茎尖培养分为微茎尖培养和茎段培养。微茎尖培养的目的是获得脱毒植株,要求切取材料带有 1~2 个叶原基,长度一般不超过 0.5mm。茎段培养用于植物的离体快速繁殖,茎段大小约为几毫米到几十毫米。此外,茎段培养还用于品种改良和基础理论研究等方面。

目前,茎尖培养已成为植物快速繁殖的一项较为成熟的技术。由于该技术是在无菌条件下,在较短的时间和较小的空间内,将一个微型个体进行大量繁殖的方法,因此又被称为微繁技术。

一、茎尖培养

(一)无性繁殖系的建立

1. 取材

图片资源:
金边大叶黄杨
茎尖培养

从植株健壮、生长旺盛、无病的供试植株的茎、藤或匍匐枝上切取 2cm 以上的嫩梢。将采到的茎尖切成 0.5~1.0cm 长,并除去大叶,休眠芽预先剥除鳞片。木本植物可在取材前对嫩梢喷几次灭菌药剂,以保证材料不带或少带杂菌。

2. 消毒

根据植物种类及材料来源不同,可采取不同的消毒方法。首先对材料进行流水冲洗,再用 70%酒精漂洗几到十几秒,然后用 0.1%升汞消毒,消毒时间一般在 5~8min。嫩茎的顶芽消毒时间宜短,而来自较老枝条上的顶梢和侧芽及有芽鳞片包被的芽消毒时间应适当延长。

3. 接种

为了减少污染,可在接种前再剥掉一些叶片,使茎尖长为 0.3~0.5cm,可带 2~4 个叶原基或更多。有些植物的茎尖由于多酚氧化酶的氧化作用而发生褐化,使培养基变褐,影响材料的成活。所以在接种时,不能用生锈的解剖刀,动作要敏捷,随切随接,减少伤口在空气中暴露的时间。也可将切下的茎尖材料在 1%~5%维生素 C 溶液中浸蘸一下再接种。一般每瓶接种 1 个茎尖。

(二)培养过程

1. 初代培养

茎尖的初代培养属于无菌短枝发生型。外植体启动生长的关键是培养基的激素配比与浓度,一般应使用较高浓度的细胞分裂素和较低浓度的生长素,能够解除顶端优势的抑制作用,诱导产生丛生芽。一般顶芽和腋芽培养 30~40d 可长成新梢。兰科植物会在茎尖基部诱导产生原球茎。

2. 继代培养

为了增加培养物的数量,必须进一步繁殖,使之越来越多。1 个月左右茎尖长成新梢,就可通过"微型扦插"进行增殖培养。继代培养使用的培养基对同一材料来说,每次几乎都是相同的。由于培养材料在最适宜的条件下培养,排除了其他生物的竞争,就能够按几何级数增殖。经过连续不断的继代培养,达到应繁殖的数量后,再进入下一阶段进行壮苗和生根。

3. 生根培养

将切取的比较长的新梢(如 2cm 以上)转入生根培养基,余下较短的新梢继续继代培养。

研究表明,矿物质元素浓度高时有利于发展茎叶,较低时有利于生根,因此生根培养一般多采用 1/2MS 或 1/4MS 培养基,并加入一定的激素,如 NAA、IBA 等。也可将切下的新梢基部浸入 50mg/L 或 100mg/L 的 IBA 溶液中处理 4~8h,然后转移到无激素的生根培养基中。如果新梢周龄较大、木质化程度较高,则用 IBA 处理的时间应适当延长或提高 IBA

浓度。需要注意的是：较高浓度的生长素对生根有抑制作用。同时生根培养基中的糖浓度要降低到1.0%~1.5%，以促使植株增强自养能力，同时降低培养基的渗透势，有利于促进植株的形成和生长。

(三)培养基与培养条件

1.培养基

对大多数植物来说，常用的基本培养基为 MS 和 B_5 培养基，前者适合大多数双子叶植物，后者适用于许多单子叶植物。据朱至清报道，大量元素含量减半，不加肌醇，并将维生素 B_1 提高到1g/L的改良培养基，适合于大多数单子叶和双子叶植物。木本植物的茎尖培养也可选用 WPM 培养基。培养基中的碳源一般为蔗糖，浓度为2%~3%。茎尖培养一般选用0.7%~0.8%的琼脂固化培养基，而对于茎尖容易发生褐化的可以考虑采用液体培养基，以便减少培养物周围酚类化合物的浓度和及时将培养物从褐化的培养基中转移到新鲜的培养基中去。培养基的pH值影响茎尖对营养液的吸收和生长速度，对大多数植物的茎尖培养来说，pH值应控制在5.6~5.8。

培养基中生长素与细胞分裂素的比例影响器官发生的方向，植物种类、部位、季节不同，对植物生长调节剂的反应也不一样。附加细胞分裂素的目的是打破芽的休眠和克服顶端优势，促使接种的芽和腋芽萌动和生长，形成丛生芽，提高繁殖系数。其中，促进腋芽增殖最有效的细胞分裂素是6-BA，其次是KT和ZT，使用浓度为0.1~10mg/L，一般使用0.5~2mg/L。附加生长素的目的是促进芽的生长，比较常用的是NAA、IAA，浓度一般在0.1~1mg/L。如果生长素类激素浓度高于0.1mg/L，产生畸变芽或形成愈伤组织的概率就会大大增强。有时培养基中也添加低浓度的 GA_3，促进芽的伸长，但浓度太高会产生不利的影响。在生根培养时培养基应完全去除或仅用浓度很低的细胞分裂素，并加入适量的生长素，NAA的浓度一般在0.1~10mg/L，IBA和IAA可略高些。

2.培养条件

大多数植物的茎尖培养需在光下培养，光照度在1000~3000lx，光照16h/d或24h连续光照，有利于茎尖培养和芽的分化与增殖，但在进行块茎类植物(如马铃薯和花叶芋)和鳞茎类植物(如百合)的芽培养时，如果目的在于诱导小块茎或小鳞茎(珠芽)的分化和增殖，则需要暗培养。增强光照有利于试管苗生根，且对于试管苗移栽有良好的作用，但强光直接照射根部，会抑制根的生长。所以，在生根培养时最好在培养基中加0.1%~0.3%活性炭，以促进生根。

茎尖培养的温度一般在25℃左右，但因植物种类和培养过程的不同，有时也采用较低或较高的温度，或给予适当的昼夜温差等处理。由于生长点培养时间较长，对于琼脂培养基易于干燥的问题，可以通过定期转移和包口封严等方法加以解决。

二、茎段培养

(一)无性繁殖系的建立

1.取材

取生长健壮、无病虫的幼嫩枝条，如果是木本植物则取当年生嫩枝或一年生枝条，去掉叶片，剪成3~4cm的小段。

图片资源：
铁皮石斛茎段培养

2. 消毒

材料消毒的一般程序同普通茎尖培养。如果材料表面有绒毛应在消毒剂中滴加1~2滴吐温-20或吐温-80。注意根据材料的老嫩和蜡质的多少来确定消毒时间。最后用无菌水冲洗数次,以彻底冲洗掉材料表面残留的药剂,否则植物材料会受残留灭菌剂的危害。

3. 接种

去除消毒好的茎段两端被消毒剂杀伤的部位,分切成单芽小段竖插于诱导培养基中。其他接种要求同普通茎尖培养。

(二)培养过程

茎段接种后不久,在切口处特别是基部切口处有时会形成少量愈伤组织,但主要是腋芽开始向上伸长生长,形成新茎梢,有时会出现丛生芽。继代培养和生根培养的培养基都与普通茎尖培养相同。一般每个芽每年能扩繁增殖10万株以上。

(三)培养基与培养条件

茎段培养与茎尖培养都是通过"芽生芽"方式增殖的,两者培养基和培养条件相同,两者间最大的区别是外植体不同。

三、影响茎尖和茎段培养的因素

(一)植物种类

茎尖、茎段培养与其他组织培养一样,受基因型的影响很大,不同科、属植物要求的条件差别较大,甚至同一属的不同种间以及品种间的表现也不一样。但也有特殊情况,有时在分类中相距甚远的植物,可能恰好可以用完全相同的培养基。

(二)取材的时间、部位与芽的生理状态

1. 取材时间与芽的生理状态

某些温带木本观赏植物的萌芽只限于春季,所以茎尖和茎段培养最好在春季进行。芽已经膨大,但芽鳞片还没有张开时取芽最合适,因为此时的芽生长旺盛,并有芽鳞片保护,不受污染。对处于休眠期的块茎、鳞茎、球茎等进行茎段培养,则必须经过高温、低温处理或特殊光周期处理之后再进行。如李属植物在培养之前必须把茎保存在4℃下近6个月之久。另外,茎尖培养的效率还与茎的生根能力有关。如大多数马铃薯品种中,在春季和初夏采集的茎尖比在较晚季节采集的容易生根。从芽的生理状态来说,一般活动芽的茎尖比休眠芽的茎尖培养效果好。

2. 取材部位

一般而言,顶芽或上部的芽(茎段)比侧芽或基部的芽(茎段)培养效果好,这可能与它们生长较为旺盛有关。由于顶芽的数量有限,也经常使用侧芽(带侧芽的茎段)做外植体,但对草莓等一些植物而言,顶芽和腋芽的茎尖培养效果相同。所以,芽的着生部位对茎尖培养的影响不能一概而论,如月季枝条中间部位的芽成活率高,对培养基反应好。另外,从取材植株的年龄来说,从幼年树木取材较成年树容易培养;一年生或多年生草本植物的营养生长早期取材较营养生长后期取材容易培养。

(三)外植体大小

培养的茎尖材料过大,不利于丛生芽与不定芽的形成,也容易污染,但外植体过小,其存活率会很低。研究证明,石竹茎尖的大小为 0.09mm 时,无形态发生能力;当茎尖达到 0.35mm 时,就可以大量产生嫩茎;当外植体为 0.5mm 时,嫩茎的产生量又下降。另外,生长健壮而饱满的茎尖微繁殖容易成功。

(四)极性

极性在不同的植物离体培养中有不同的反应。如将杜鹃茎切段的形态学下端竖插在培养基上,从远离基部的表面上诱导出茎芽的数目较多;而当把唐菖蒲外植体的基部向上放置时,也可以产生茎,但数目较少;水仙花茎切段只有倒放在培养基上才有器官发生。需要注意的是使用适当的激素后,能削弱或加强极性的影响。

任务三 叶的培养

叶的培养是对叶原基、叶柄、叶鞘、叶片、子叶在内的叶组织进行的离体培养。叶是植物进行光合作用的自养器官,也是某些植物的繁殖器官,因此离体叶培养不仅可用于研究叶形态建成、光合作用、叶绿素形成等理论问题,也可用于建立无性繁殖系,提高不易繁殖的植物繁殖效率。此外,叶细胞培养物是良好的遗传诱变系统,经过自然变异或者人工诱变处理可筛选出突变体在育种实践中加以应用。

一、无性繁殖系的建立

(一)取材

选取生长健壮、无病虫害植株的叶原基、叶片或叶柄等。

(二)消毒

外植体常规消毒,消毒时间要根据材料的老嫩和质地而定。对一些粗糙或带绒毛的叶片可预先用蘸有 70% 酒精的纱布擦拭叶片两面或用洗衣粉水洗刷后,再用消毒剂消毒,并且要适当延长消毒时间;而幼嫩的叶片消毒时间宜短。

(三)接种

将消毒后的叶片转入铺有滤纸的无菌培养皿内,并用无菌滤纸吸干水分,然后将叶组织切成约 5mm×5mm 的小块,上表皮朝上平放或竖插在 MS 或其他固体培养基上。

图片资源:
菊花叶片消毒与切割

二、培养基和培养条件

(一)培养基

离体叶的培养常用 MS、White、N_6、B_5 等培养基。激素作为影响叶组织脱分化和再分化的主要因素,其浓度和水平将直接影响离体叶培养的成活率。对大多数双子叶植物来说,细胞分裂素(如 KT、6-BA)有利于芽的形成,其中 6-BA 浓度一般为 1~3mg/L;生长素则有利于根的发生，一般与细胞分裂素配合使用。其中 NAA 的浓度一般为 0.25～1mg/L；2,4-D 则有利于愈伤组织的形成，其浓度一般为 0.5～1.0mg/L。此外，还可添加 15% 椰子汁、1mg/mL 水解酪蛋白等有机附加物，有利于叶片培养的形态发生。

(二)培养条件

离体叶一般在 25～28℃ 条件下培养，光照时间 10～12h/d，光照度 1500～3000lx。在不定芽的分化和生长期应将光强增加到 3000～10000lx。

三、离体叶培养植株再生途径

(一)形成愈伤组织

这种再生方式比较普遍。一般有两种情况：①一步诱导法。在诱导分化培养基上诱导出愈伤组织并进一步分化出不定芽。②两次诱导法。先在诱导培养基上诱导出愈伤组织，再转接到分化培养基诱导分化出不定芽。由于植物种类、品种、接种方式、培养条件不同，诱导出愈伤组织的时间长短和质地、活性也不同。一般叶片接种后培养约 2～4 周，叶切块开始增厚肿大，进而形成愈伤组织。当愈伤组织表面凹凸不平出现绿色芽点，从外观上就可以明确断定其进入分化期，以后陆续分化出大量不定芽。将不定芽分离转移到含 0.5～1mg/L NAA 的生根培养基中就可诱导生根，发育形成完整植株。

(二)形成胚状体

通过叶片离体培养诱导出的愈伤组织产生胚状体是很普遍的现象。叶肉栅栏组织和海绵组织、叶片表皮细胞经脱分化后都能产生胚状体。菊花、烟草、番茄、非洲紫罗兰等植物的叶片组织都有分化成胚状体的能力。

(三)形成原球茎

以大蒜贮藏叶、水仙鳞片叶、兰花未展开幼叶的叶尖为外植体进行离体培养，均能直接或经愈伤组织再生出小鳞茎（或球状体）或原球茎，进而发育成小植株。

(四)直接产生不定芽

在离体叶片切口处组织迅速愈合并产生瘤状突起，进而产生大量不定芽，或由叶肉栅栏组织直接脱分化产生不定芽。这两种情况一般都不形成愈伤组织。直接产生不定芽的再生方式以蕨类植物最多，双子叶植物次之，单子叶植物最少。

四、影响叶培养的因素

(一)植物生长调节剂

植物生长调节剂在植物叶组织培养中起着重要作用。叶组织培养一般要经过愈伤组织阶段，较茎尖、茎段培养难度大，常常需要多种激素的配合使用，并且不同培养阶段需要更换不同激素组合。如杏离体叶培养使用 1/2MS 培养基，ZT 与 2,4-D 的组合可诱导其愈伤组织的产生，KT 与 NAA 的组合可从愈伤组织中诱导不定芽的产生；驱蚊草在 MS＋6-BA 0.5～1.0mg/L＋IAA 0.05～0.2mg/L 培养基中，可以直接使叶片产生愈伤组织，并分化出芽。需要注意的是，2,4-D 对某些植物的愈伤组织诱导非常有效，但如果使用浓度不当，将会对后期的分化产生抑制作用。

(二)叶龄

一般个体发育早期的幼嫩叶片较成熟叶片分化能力高。

(三)极性与损伤

极性也是影响某些植物叶组织培养的一个较为重要的因素。离体叶培养一般要求上表皮朝上平放于培养基上,这样易于培养成活。如烟草的一些品种的叶片背面朝上放置时,就不生长、死亡或只形成愈伤组织而没有器官的分化。

另外,切割叶外植体时所带来的损伤对愈伤组织的形成具有一定的影响。大多数植物的愈伤组织首先从叶切口处形成或在切口处直接产生芽苗的分化。但是,损伤引起的细胞分裂活动并非是诱导愈伤组织和器官发生的唯一动力。一些植物(如秋海棠)还可以从没有损伤的离体叶组织表面大量形成愈伤组织。

(四)叶脉

离体叶培养的外植体一般要求带叶脉,因为多数植物从叶柄和叶脉的切口处容易形成愈伤组织和分化成苗,如杨树、中华猕猴桃等。

除上述之外,植物种类、品种间在叶组织培养特性上也存在着一定的差异。

任务四 花器官和种子的培养

一、花器官培养

花器官培养是指对植物的整朵花及其组成部分(如花托、花瓣、花丝、花柄、子房、花药等)的无菌培养。花器官培养无论在理论研究还是生产应用上都有重要价值。在理论上,通过离体花芽培养,可了解整体植物和内源激素在花芽性别决定中所起的作用,可以了解花器各部分对果实和种子发育的作用,以及内、外源激素在果实种子发育过程中的调控作用。在生产上花器官培养可用于珍贵品种的扩大繁殖。无性繁殖系的建立过程如下。

图片资源:
水稻花药培养

(一)取材与消毒

从健壮植株上取未开放的花蕾,先用 70%～75%酒精浸润 30s,再用饱和漂白粉溶液浸 10～15min,最后用无菌水冲洗数次。

(二)接种培养

用整个花蕾培养时,只需将花梗插入培养基中即可。若用花器的某个部分,则分别取下,切成小片后接种。

(三)培养基和培养条件

常用的培养基有 MS、B_5 等。若要把花器官育成小植株,要用诱导培养基,并加入生长素和细胞分裂素,先诱导形成愈伤组织或胚状体,再分化培养成植株。如菊花的花瓣切片接种在含 6-BA 2mg/L、NAA 0.2mg/L 的 MS 培养基上,在 26℃、光强 1500lx、光照时间 10h/d 条件下培养约 2 周,会形成少量愈伤组织,经 1 个月就分化出绿色芽点,再切割转接,可形成大量无根苗,经长根后发育成小植株。

二、种子培养

种子培养是指对受精后发育完全的成熟种子或发育不完全的未成熟种子的无菌培养。这项技术广泛应用于花卉、蔬菜、果树、农作物等的种子培养中。利用种子培养可以打破种子休眠,特别对一些休眠期长的植物,可以作为大量生产试管苗的好材料;使远缘杂交产生的杂种败育种子正常萌发产生第二代植株。另外,种子培养具有植株分化容易和操作方便等特点。无性繁殖系的建立过程如下。

图片资源:合欢的种子培养

(一)种子消毒

种皮厚或不饱满的种子宜用 0.1% 升汞消毒 10～20min。幼嫩的或发育不全的种子宜用饱和漂白粉溶液消毒 15～30min。若种子上有绒毛或蜡质,应先用 95% 酒精或吐温-40 处理,以提高消毒效果。对壳厚难萌发的种子,可去壳培养。

(二)培养基

若以促进种子萌发为目的的种子培养,培养基的成分要求较简单,可不加或少加生长激素。当然,对某些发育不全的无胚乳的种子培养,应提供适当的生长素。种子培养的糖浓度可稍低,一般为 1%～3%。

(三)接种培养

种子培养的接种较容易,将种子按每瓶 3～5 粒均匀排列于培养基上。先暗培养,发芽后再尽快转移到光下培养,形成无菌幼苗。

(四)培养条件

培养条件要求光强度 1000～2000lx,光照时间 10h/d,温度 20～28℃。

任务五　胚胎培养

胚胎培养是指将植物的胚及具胚器官(如子房、胚珠、胚乳)在离体无菌条件下培养,使之发育成幼苗的过程。胚胎培养在杂交育种上具有重要的实践意义和应用价值。首先,通过胚胎培养可以克服远缘杂种的不亲和性;其次,可使胚发育不全的植物获得后代;第三,可打破种子休眠,缩短育种年限。

根据胚胎的成熟度分为幼胚(子房形成之前)培养和成熟胚培养;根据具胚器官的不同,分为胚珠培养、子房培养、胚乳培养等。

一、胚培养

(一)成熟胚的培养

成熟胚的培养较易成功,是指子叶期后至发育完全的胚在含有无机大量元素和糖的培养基上正常再生成幼苗的过程。由于种子外部有较厚的种皮包裹,所以不易造成损伤,易于消毒。将成熟或未成熟种子用70%酒精表面消毒,并用无菌水冲洗3~4次后,无菌条件下进行解剖,剥离出胚并接种在适当的培养基上,常规条件下培养。

(二)幼胚培养

幼胚培养是指对子叶期以前的幼小胚的离体培养。幼胚培养在远缘杂交育种上有极大的利用价值,其研究越来越深入,应用越来越广泛。随着幼胚培养技术的进步,现在可对心形期胚或更早期的长度仅0.1~0.2mm的胚进行培养。由于胚越小就越难培养,所以尽可能采用较大的胚进行培养。

1. 操作方式

幼胚培养的操作方法与成熟胚的培养基本相同。应该注意的是切取幼胚时,必须在高倍解剖镜下进行,操作时要特别小心仔细,尽量取出完整的胚。

2. 培养方式

常见的幼胚培养有三种不同的生长方式:第一,继续进行正常的胚胎发育,维持"胚性生长";第二,在培养后迅速萌发成幼苗,而不继续进行胚性生长,通常称为"早熟萌发";第三,在多数情况下胚在培养基中能发生细胞增殖,形成愈伤组织,并由此再分化形成多个胚状体或芽原基,特别是加有生长调节剂时,此种生长方式较明显。

3. 影响幼胚培养的因素

幼胚培养成功的关键是提供幼胚所必需的营养和环境条件,影响条件如下。

(1)培养基　成熟胚对培养基的要求不高,而幼胚要求较高,常用的基本培养基有Tukey、Randolph、White、Norstog、MS、1/2MS、Nitsch等。其中,前三种培养基用于成熟胚培养,其他培养基主要适于未成熟胚和幼胚的培养。而禾谷类的幼胚培养有时也采用B_5和N_6培养基。幼胚需要较高的蔗糖浓度,提供较高的渗透压。由于幼胚在自然条件下赖以生存的是无定形的液体胚乳,具有较高的渗透压,所以人工培养基中要创造高渗透压的条件,以调节胚的生长,阻止可能的渗透压影响,还能抑制中早熟胚萌发中的细胞延长,以及抑制胚的萌发,避免把细胞的伸长状态转化为分裂状态。一般液体培养基适合幼胚培养,而固体培养基适合成熟胚的培养。

在培养基的有机附加物中,维生素B_1和生物素对胚胎培养有重要作用,氨基酸对不同植物和不同时期的幼胚的培养效果是不同的,几种不同的氨基酸以适当配比加入,往往可获得较好的效果。

(2)生长调节剂　不同植物的胚胎培养所需的激素不同。如IAA可明显促进向日葵幼胚的生长,IAA与KT的共同作用可促进荠菜幼胚的生长。一般认为,IAA可使胚的长度增加,加入6-BA可提高胚的生存机会。内外源激素间或与其他生长因子之间保持某种平衡是确保激素促进幼胚发育的关键。

(3)天然提取物　由于天然提取物成分复杂,对幼胚的生长有不同程度的影响。如番茄汁或大麦胚乳提取物能够促进大麦胚的生长;成熟度达八成的椰乳有促进幼胚生长和分化的作用(如番茄胚在含有50%椰乳的培养基中可维持生长,这种椰乳对胡萝卜幼小子叶阶段的离体胚培养也有促进作用),而成熟椰子中的椰乳则表现抑制作用;马铃薯的提取物和蜂王浆对离体胚的培养也有良好的作用;瓜类的胚乳提取物也能促进胚生长。

(4)温光条件　对于大多数植物的胚来说,温度以25~30℃为宜,但是有些则需要较低或较高的温度。如早熟桃的种胚必须经过一定的低温春化阶段(2~5℃低温处理60~

70d),才能正常萌发生长,而马铃薯胚以 20℃为宜,香子兰属的胚在 32～34℃下生长最好。

通常胚培养是在弱光下进行的。幼胚在光下和黑暗中培养都可以,但达到萌发时期则需要光照。光照可以促进某些植物的胚转绿,利于胚芽生长,而黑暗利于胚根生长。因此,以光暗交替培养较为有利。

二、子房、胚珠和胚乳的培养

子房、胚珠和胚乳的培养见表 3-1。

表 3-1　子房、胚珠和胚乳培养的对比

培养部位	意义	类型	外植体选取	取材时间	培养方法	培养基
子房	诱导单倍体植株；进行试管受精；获得杂种植株	受精子房培养；未受精子房培养	选取合适子房,表面消毒后直接接种	开花前 1～5d	形成果实或形成胚状体、愈伤组织	N_6,Nistch,附加 2,4-D、6-BA、IAA、B 族维生素、酵母提取物、水解酪蛋白等
胚珠	克服杂种胚败育；进行试管受精；用于单倍体育种	受精胚珠培养；未受精胚珠培养	选取合适子房,表面消毒后取出胚珠	球形胚	长大形成种子,继而形成幼苗	Nistch,White,附加 2,4-D、6-BA、IAA、椰子汁、酵母提取物、水解酪蛋白、氨基酸等
胚乳	获得三倍体植株；不同倍性胚乳植株	核型胚乳培养；细胞型胚乳培养	幼嫩果实表面消毒后取出种子,分离出胚乳	授粉后 4～8d	诱导形成愈伤组织,然后分化形成胚状体或器官	MS,White,附加 0.5～3mg/L 6-BA 及少量的 NAA、番茄汁、酵母提取物等

任务六　试管苗的驯化与移栽

试管内生根苗需经过一段时间的驯化,逐步适应外界环境后,再移栽到疏松透气的基质中,并加强管理,注意控制温度、湿度、光照,及时防治病害,以提高移栽苗的成活率。

一、试管苗的生长环境及特点

由于试管苗生长在培养室内的容器中,与外界环境隔离,形成了一个独特的生态系统。其生长环境与外界环境相比,具有四大差异。

图片资源：
非洲菊组培苗驯化与移栽

(一)恒温

在试管苗整个生长过程中,常采用恒温培养,即使某一阶段稍有变动,温差也较小。而外界环境中的温度由太阳辐射的日辐射量决定,处于不断变化之中,温差较大。

(二)高湿

培养容器内的相对湿度接近于 100%,远远大于容器外的空气湿度,所以试管苗的蒸腾量极小。

(三)弱光

培养室内采用人工补光,其光照度远不及太阳光,故幼苗生长也较弱,不能经受太阳光的直接照射。

(四)无菌

试管苗所在环境是无菌的。培养基无菌,试管苗也无菌。在移栽过程中试管苗要经历由无菌向有菌的转换。

在特殊生态环境中生长的试管苗,具有以下几个特点:①试管苗生长细弱,茎、叶表面角质层不发达;②试管苗茎、叶虽然是绿色的,但叶绿体的光合作用较差;③试管苗的叶片气孔数目少,活性差;④试管苗根的吸收功能弱。因此,试管苗基本上是处于异养状态,自身光合能力很弱,依靠培养基为其生长提供营养物质。

二、试管苗的驯化

由于试管苗的生长环境与外界环境差异很大,在移栽前必须经过驯化(又称炼苗)的过程,以逐渐提高试管苗对外界环境条件的适应性,提高其光合作用的能力,从异养向自养转变,促使试管苗健壮生长,最终达到提高试管苗移栽成活率的目的。驯化应从温度、湿度、光照及有无菌等环境要素考虑。将装有试管苗的培养容器移到温室或大棚,先不打开瓶盖或封口膜,不使试管苗立即接受太阳光的直接照射,以免瓶内升温太快,幼苗因蒸腾作用过强失水萎蔫,甚至死亡。可以先进行适当遮阴,再逐渐撤除保护,让试管苗接受自然散射光照射,并逐步适应自然的昼夜温差变化。3~5d后打开瓶盖或封口膜,使试管苗生长环境条件更接近外界环境条件,再炼苗2~3d后即可移栽。试管苗驯化成功的标准是茎长粗、叶增绿、根系延长并由黄白色变为黄褐色。

三、试管苗的移栽

(一)设施条件准备

1. 炼苗大棚温湿度

炼苗大棚的空气湿度、温度可调控,初期应营造接近培养室的条件,再随苗木生长调控。

2. 炼苗大棚的光照条件

有遮阳网等设备,用于调节植物生长的光照时间和光照度。

3. 炼苗大棚的通风、防虫防病条件

保证炼苗大棚的洁净和通风、透气,并且有防虫设施。

(二)移栽所需的材料准备

1. 生根组培苗

生根的组培苗出瓶时根系一般应为1.5~2.0cm,根尖嫩白,叶片数量3片以上。

2. 育苗容器或育苗苗床

组培苗移栽容器一般用穴盘,根据组培苗的品种特性选择规格,一般选用128穴、105穴、72穴和50穴等。穴盘可以放在苗床上,也可以直接在苗床上覆盖配制好的基质种植组培苗。

3. 基质准备

组培苗的栽培基质要求疏松透气，适宜的保水性，洁净，容易灭菌处理，不利于杂菌滋生。常用的基质有草炭、粗粒蛭石、珍珠岩、粗沙、锯木屑、疏松壤土、腐叶土、水苔等。根据观赏花卉种类的不同，选择基质中的 2 种或 3 种按一定比例混合使用。常用的基质配方有泥炭、珍珠岩 2∶1，或泥炭、蛭石 3∶1。基质在使用前应高压灭菌或熏蒸消毒。

(三) 移栽方法

1. 起苗、洗苗

如果是液体培养基，只需取出培养苗即可。如果是固体培养基，培养瓶瓶口较大，根系较结实时，可以直接拔出小苗，再用清水洗掉培养基；培养瓶瓶口较小时，轻拍培养瓶，将小苗连培养基倒到瓶口，再取出苗，或用竹签、镊子等工具伸入瓶中取出小苗。注意：取苗和洗苗过程中，尽量不要伤及根和嫩芽。

2. 分级、消毒

(1) 分级　将取出的苗分为有根苗和无根苗、壮苗和弱苗，难成活的弱苗可直接舍弃，对没有生根的壮苗可以用扦插方法促进生根。

(2) 消毒　将分级好的组培苗在 1000 倍的多菌灵、百菌清或甲基托布津中浸 2~3min，沥去水后保湿备用。

3. 移栽

对之前配制好的基质，喷适量水，基质湿度以手捏成团、放开能散开为宜，装入合适的穴盘，放置在苗床上，或在苗床上铺好移栽基质。将洗净的试管苗种植在基质内，根系自然舒展，深度以叶片不接触基质为宜。如果选择平底穴盘栽植，则每穴或每钵种植一株，于中心的位置先挖一小穴，种植后轻轻压实，尽量不要伤到根系和叶片。无根试管苗可以先蘸生根剂再栽种。种植后用百菌清、多菌灵和甲基托布津 1000 倍液喷水定苗。覆盖薄膜保持湿度 90% 以上，晴朗的白天需加盖遮阳网。

(四) 移栽后管理

组培苗移栽后的管理也是一个非常关键的环节，主要包括以下 5 个方面：温度、湿度、光照、营养和病虫害预防。

1. 控制温度

移栽后 1 周内，保持温室内温度在 18~25℃，注意降低昼夜温差。进入正常管理后，根据植物种类的特性，调节温室内的温度。夏季可以通过喷雾、风机、湿帘等装置来降低温度，使温度不超过植物所能承受的最高温；冬季通过覆盖多层保温薄膜、加温装置来调节温室内温度，使温度不低于植物所能承受的最低温。

2. 保持湿度

移栽后最初 1 周通过喷雾或小拱棚覆盖塑料薄膜的方式保持空气相对湿度为 90%~100%。1 周后，给塑料薄膜两头通风，并逐渐加大通风，直至去掉塑料薄膜。接下来，注意保持叶片湿润、坚挺，半个月后，进入正常管理，逐渐降低湿度，接近外界自然环境。

3. 光照管理

在试管苗移栽初期，不能进行阳光直射，要进行遮光处理。温室内使用小拱棚，再加盖遮阳网。根据小苗的恢复程度、苗的壮弱、喜光或喜阴来调节光照的强度和光照时间。若光照太弱会影响光合作用,小苗会徒长;若光照过强会破坏叶绿素,引起叶片失绿、发黄或发白,过强的光照还会刺激蒸腾作用加强,使水分平衡的矛盾更加尖锐,一般光强约为1500～4000lx。此外,还要注意遮光的时间,早晨和傍晚光照较弱,温度较低时,应该去掉遮阳网。

4. 补充营养

组培苗一般移栽20～30d后进入正常管理。此时,植株叶片、枝条生长直立坚挺,根系恢复生长,有新根系发生,嫩芽抽梢,通风后植株也不容易萎蔫,需要施肥来为其生长提供营养。首次施肥一定要注意浓度和用量,可以根据植物对营养的需求,施用0.15%～0.2%的营养液。在实际操作中,幼苗期一般施用N、P、K比例为20∶10∶20或14∶0∶14的水溶性肥1500～2000倍液,交替使用,每10～15d 1次。用量上掌握大苗多施,小苗少施,壮苗多施,弱苗少施的原则。苗生长中后期,可以施用N、P、K比例为15∶15∶15的水溶性复合肥和磷酸二氢钾等叶面肥,有些品种还需施用钙、铁及微量元素。

5. 病虫害预防

移栽后的小苗较幼嫩,抵抗病菌的能力弱,因此,应密切观察病虫害状况,根据植株的病虫害发生规律及时防治。一般小苗在移栽一周后要喷施广谱杀菌剂和防治猝倒病的药剂。此后,每隔7～10d喷施杀菌剂和杀虫剂,农药交替使用,浓度根据小苗的生长阶段不同而不同,苗小、叶嫩时尽量施用低浓度的药剂。适时通风换气,也是降低病虫害的有效方法。

实验 3-1　茎段培养技术

思政园地:
植物胚胎培养技术
及应用探讨

一、实验目的

掌握茎段培养的基本方法和操作步骤。

二、实验内容

以植物茎段外植体诱导腋芽萌发,进行植物茎段的离体培养。

三、器材与试剂

1. 仪器与用具

实验服、口罩、脱脂棉球、喷瓶、塑料周转筐、无菌瓶、超净工作台、酒精灯、干热灭菌器、接种工具(已灭菌的解剖刀、剪刀、镊子、接种盘或无菌纸等)、废液缸、标签或记号笔等。

2. 材料与试剂

月季枝条、2%次氯酸钠溶液、70%～75%酒精、0.1%吐温-20(或吐温-80)、无菌水、已灭菌的培养基(MS+6-BA 1.0～2.0mg/L+NAA 0.01～0.1mg/L)等。

四、方法及步骤

1. 外植体选择与处理

取健壮饱满而未萌发侧芽的当年生月季枝条,切取半木质化的中段,削去叶柄和皮刺,用自来水冲净,剪成带节小段,每段1～3个芽。用洗衣粉液浸泡5min,流水冲洗10min,

70%～75%酒精浸泡30s,无菌水冲洗2～3次,再用2%次氯酸钠溶液浸泡10～15min,用无菌水冲洗3～5次。置于无菌纸上备用。

2.接种

剪去枝条两端截面,用剪刀将枝条剪成约1cm长、带1个芽的小段。将茎段的形态学下端接种到培养基表面(注意要将芽露出培养基表面),每瓶接种3个茎段。

3.培养

接种后培养瓶置于23±2℃、光照度2000～3000lx、光照时间12h/d的培养室内培养。

4.观察记载及结果统计

经常检查培养瓶,发现污染要及时清除。定期观察接种材料的生长情况,并做好记录。

五、注意事项

1.月季外植体最好选择具未萌发饱满腋芽、半木质化的当年生枝条。

2.培养过程中跟踪观察,统计各项技术指标,及时分析并有效解决存在的问题,发现污染瓶及时清洗。

六、实验报告

1.将本次实验结果填入表3-2中。

表3-2 茎段培养观察记载表

材料名称:＿＿＿＿＿＿＿＿＿＿＿＿＿＿＿＿

培养基编号及配方:＿＿＿＿＿＿＿＿＿＿＿＿

接种日期:＿＿＿＿＿＿＿＿＿

接种情况:＿＿＿＿＿＿＿＿＿＿

观察日期	污染率/%	诱导率/%	增殖率/%	苗生长状况

记载人:

2.将本次实验内容写成实验报告。

实验3-2 叶片培养技术

一、实验目的

能以植物叶片为外植体诱导出愈伤组织。

二、实验内容

1.离体叶的组织培养方案设计。

2.离体叶的培养。

三、器材与试剂

1. 仪器与用具

实验服、口罩、脱脂棉球、喷瓶、塑料周转筐、无菌瓶、超净工作台、酒精灯、干热灭菌器、接种工具(已灭菌的解剖刀、剪刀、镊子、接种盘或无菌纸等)、废液缸、标签或记号笔等。

2. 材料与试剂

菊花叶片、2%次氯酸钠溶液、70%~75%酒精、无菌水、已灭菌的培养基(MS+6-BA 2.0mg/L+NAA 0.2mg/L)等。

四、方法及步骤

1. 外植体选择与处理

摘取生长良好、幼嫩的菊花叶片。用洗衣粉液浸泡5min,流水冲洗30min,70%~75%酒精浸泡30s,无菌水冲洗2~3次,再用2%次氯酸钠溶液浸泡5~10min,用无菌水冲洗3~5次。置于无菌纸上备用。

2. 接种

用解剖刀或手术剪去除叶缘和叶尖后,将叶片、叶柄分别切或剪成1cm见方的小叶块,接种到培养基中,一般要求叶背面朝下平放在培养基上。

3. 培养

接种后培养瓶置于23~25℃、光照度2000~3000lx、光照时间12h/d的培养室内培养。

4. 观察记载及结果统计

定期观察菊花叶片愈伤组织形成情况,并做好记录。

五、注意事项

1. 注意叶片的分切部位与分切方法。
2. 根据叶片的幼嫩程度合理选择消毒剂和确定适宜的灭菌时间,防止消毒过度。
3. 接种时,接种工具灼烧灭菌后要充分冷凉再接种,防止造成叶片烫伤。

六、实验报告

1. 将本次实验结果填入表3-3。

表3-3 叶片培养观察记载表

培养材料名称:_____
培养基编号及配方:_____
接种时间:_____
接种情况:_____

观察日期	接种材料数	诱导率/%	污染率/%	愈伤组织生长情况

记载人:

2. 将本次实验内容写成实验报告。

实验 3-3　花药培养技术

一、实验目的

会以植物花药为外植体进行组培快繁。

二、实验内容

1. 花药的组织培养方案设计。
2. 花药的培养。

三、器材与试剂

1. 仪器与用具

实验服、口罩、脱脂棉球、喷瓶、塑料周转筐、无菌瓶、超净工作台、酒精灯、干热灭菌器、接种工具(已灭菌的解剖刀、剪刀、镊子、接种盘或无菌纸等)、废液缸、标签或记号笔等。

2. 材料与试剂

水稻孕穗期植株、2%次氯酸钠溶液、70%~75%酒精、无菌水、已灭菌的培养基(N_6 + 2,4-D 2.0mg/L + NAA 1.5mg/L + 5%蔗糖 + 0.7%琼脂)等。

四、方法及步骤

1. 外植体选择

在水稻中,以单核靠边期的花粉来诱导单倍体植株较为适宜,此时其颖片颜色黄绿,面对光源透视颖壳,花药顶部长到颖壳长度的1/2~2/3,花药淡黄绿色。实际操作中不可能对每一穗都进行剥苞观察或镜检,可以稻苞抽出的叶枕距作为取穗标准。不同组合(类型)的最适叶枕距有明显差异,一般密穗型品种为5cm左右,半矮生型品种为10cm左右,早熟或特早熟类型品种为3cm左右。

2. 预处理

将稻穗用70%酒精进行表面消毒,再用湿纱布包好,套在塑料袋内,置于7~10℃冰箱中,低温预处理10~15d。在取穗前先将叶鞘用70%酒精擦洗一遍。在超净工作台内剥去内鞘,取出幼穗,把幼穗浸在70%酒精中消毒5~10s。

3. 接种

消毒后,用剪刀剪下带颖花的幼穗枝梗,再剪下颖花;剪去颖壳的下半部,然后用镊子夹住颖花顶部,在培养瓶口敲打,使花药从颖壳剪口处直接进入培养瓶。

4. 培养

接种后将材料置于27℃下暗培养。

五、注意事项

1. 取材时要把握好花药发育时期,取处于单核期的花药培养较容易诱导分化成苗。
2. 取穗时间一般选择在晴天早晨露水未干时或傍晚,以尽量减少幼穗水分的散失,这对保持花药的生理活性和提高培养力有一定的作用。

六、实验报告

1.1 周后观察污染情况,3~4 周后观察愈伤组织的诱导情况。将结果填入表 3-4 中,并进行分析。

表 3-4　花药培养观察记载表

培养材料名称：_____
培养基编号及配方：_____
接种时间：_____
接种情况：_____

观察日期	接种花药瓶数	污染瓶数	污染率/%	萌发花药瓶数	花药萌发率/%

记载人：

2. 根据相关数据,将该实验内容整理成实验报告。

实验 3-4　胚培养技术

一、实验目的

1. 掌握胚培养的基本技术。
2. 外植体选择与处理合理、胚剥离准确、熟练。

二、实验内容

离体胚的培养。

三、器材与试剂

1. 仪器与用具

实验服、口罩、脱脂棉球、喷瓶、塑料周转筐、无菌瓶、超净工作台、酒精灯、干热灭菌器、接种工具(已灭菌的解剖刀、剪刀、镊子、接种盘或无菌纸等)、废液缸、标签或记号笔等。

2. 材料与试剂

授粉后 15d 左右的麦粒、2%次氯酸钠溶液、70%~75%酒精、无菌水、已灭菌的培养基(N_6+NAA 0.2mg/L+KT 0.5mg/L)。

四、方法及步骤

1. 种子消毒

在超净工作台上,将幼嫩的小麦种子用 70%酒精浸泡 1min,再用 2%次氯酸钠溶液浸泡 7~10min,最后用无菌水冲洗 4~5 次。

2.剥胚接种

用左手拇指和食指捏住消毒过的种子,盾片部位向上并面向接种者,右手用尖头镊子或解剖针挑破盾片部位外皮,再剥去内皮,轻轻挤压胚,用镊子尖粘住,盾片面向下接种在培养基上(每瓶接种一个胚)。

3.培养

将培养瓶置于黑暗中培养,保持温度25℃,3~4d后转入光下培养,观察其生长情况。

4.观察、记录及结果统计。

五、注意事项

1.剥离胚时一定要细心谨慎,尽量完整无损伤。
2.注意观察胚的位置和成熟度。
3.幼胚接种到培养基上时,用镊子轻压,使之与培养基紧密接触。

六、实验报告

1.观察污染和幼胚萌发情况,将观察结果记录于表3-5中,并对结果进行分析。

表3-5 胚培养观察记载表

培养材料名称:＿＿＿＿＿＿＿＿＿＿＿＿＿＿＿＿＿＿
培养基编号及配方:＿＿＿＿＿＿＿＿＿＿＿＿＿
接种时间:＿＿＿＿＿＿＿＿＿＿
接种情况:＿＿＿＿＿＿＿＿＿＿

观察日期	接种胚数	污染胚数	污染率/%	萌发胚数	胚萌发率/%	其他

记载人:

2.根据相关数据,将该实验内容整理成实验报告。

实验3-5 试管苗的驯化与移栽

一、实验目的

1.掌握正确洗涤试管苗的方法。
2.掌握移栽基质的配制、消毒方法。
3.掌握生根试管苗的炼苗、常规移植及移栽后的养护管理技术。

二、实验内容

1.试管苗的洗涤。
2.准备移植苗床或营养钵。
3.试管苗的移栽。
4.移栽后的管理。

三、器材与试剂

1. 仪器与用具

温室或塑料大棚、育苗盘、周转筐、薄膜、镊子、基质(田园土、蛭石、陶粒、草炭和珍珠岩等)、喷壶等。

2. 材料与试剂

已生根的健壮试管苗,多菌灵、1%高锰酸钾溶液。

四、方法及步骤

1. 炼苗

将已生根需要移栽的试管苗移至温室或塑料大棚内,先不打开瓶口或封口膜,在自然光照下炼苗 3~5d,让试管苗接受强光的照射和变温处理,促使其健壮生长。但应注意防止培养瓶内温度过高,超过 30℃ 时要遮阴降温。然后再打开瓶口或封口膜炼苗 2~3d,使幼苗进一步适应自然温度、湿度的变化。

观察到幼苗茎秆增粗,颜色加深,叶片增绿,根系延长并由黄白色变为黄褐色时,即可进行下一步幼苗移栽。

2. 基质准备

根据试管苗种类来选择基质,按体积比(如田园土：珍珠岩：蛭石：草炭=1:1:1:1)混合拌匀。采用 50% 多菌灵 800 倍或 0.1%~0.2% 高锰酸钾溶液喷淋消毒,有条件的可采用高温湿热灭菌。

3. 做苗床或准备穴盘、营养钵

在温室或塑料大棚内准备好苗床或穴盘、营养钵等。采用常规方法制作苗床。如果采用穴盘或营养钵,可用 5% 高锰酸钾水溶液浸泡后刷洗,再用清水冲洗干净。

4. 基质装填、浇水

当采用苗床移苗时,先在苗床内铺上塑料布,然后填入消毒过的基质;当采用穴盘移苗时,将基质填至穴盘上,然后用木刮板刮平;当采用营养钵移苗时,将基质装至距钵口 0.5~1.0cm 处。无论采用何种移苗法,都要在基质装填后浇透水。

5. 试管苗移栽

(1) 试管苗出瓶　用镊子小心地将试管苗从培养瓶中取出,放在盛有 20~25℃ 的温水中,轻轻洗净附着在根上的培养基,并对过长的根适当修剪,再放入温水中清洗 1 次。

(2) 试管苗消毒　将去除培养基的试管苗放入 500~800 倍多菌灵水溶液中浸泡 5~10min 后,准备移栽。

(3) 试管苗移栽　苗床移栽时将基质开小沟,轻轻将小苗沿沟壁放好,然后用基质把沟填平,将苗周围基质压实;试管苗移栽到穴盘或营养钵中时,用镊子或小木棍在基质上打孔洞,然后将小苗基部放入孔内,并尽量舒展根系,再用基质填实。最后进行喷水,喷水采用细喷雾器,喷水量要适宜,以基质表面不积水为度。

6. 移栽后管理

移栽后的试管苗要注意遮光、控温、保湿、追肥和防止杂菌感染。移栽后初期(1~2 周内)应遮阴,温度一般控制在 15～25℃,空气相对湿度保持在 90%以上;后期逐渐增加光强,加强通风,降低湿度。移栽后一周应进行适量叶面追肥,可用 0.1%尿素和磷酸二氢钾或 1/2MS 大量元素的混合液喷雾,以后根据小苗生长情况,可每隔 7～10d 追一次肥,以促进幼苗生长。移栽后用 50%多菌灵 800～1000 倍液喷雾杀菌。待小苗生长健壮、根系良好,并长出 2～3 片新叶后,即可上盆定植或移栽到大田。

五、注意事项

1. 移栽时一定要将幼苗清洗干净,以防残留培养基滋生杂菌;清洗动作要轻,避免伤根。
2. 移栽时若试管苗根过长,可以适当剪掉一段,然后蘸生长素(50mg/L NAA 或 IBA)后再栽苗。
3. 移栽后浇水时应采用喷雾器,喷头出水不可太猛,以免将基质冲开,使幼苗暴露于外。
4. 由于不同植物、不同种类的试管苗其形态、生理及适应环境的能力等均有所不同,所以驯化和移栽后的管理应有针对性,综合考虑各种生态因子的动态变化及相互作用,环境调控及时到位。
5. 采用苗床移栽小苗,应间距适中,不可过密。

六、实验报告

1. 定期观察幼苗生长情况,并做好记录,填入表 3-6 中。30d 后统计移栽成活率。

$$移栽成活率 = \frac{移栽成活苗数}{移栽苗数} \times 100\%$$

表 3-6　试管苗移栽后管理及生长情况观察记载表

材料名称:_____
移栽时间:_____
移栽方法:_____
驯化情况及移栽时处理措施:_____

调查时间	植株生长情况(包括株高、出叶数等)	管理措施(包括温度、湿度、光照、追肥、杀菌等)
第　　天		
第　　天		
第　　天		

组别及记载人:

2. 探讨提高组培苗移栽成活率的措施。

知识小结

※植物根的培养

1. 培养方法:取材→消毒→接种→培养→植株再生。
2. 影响因素:基因型、培养基、植物生长调节物质、pH、光照和温度。

※植物茎尖培养

1. 培养方法:取材→消毒→接种→培养。
2. 影响因素:基因型、植株年龄、材料生理状态、芽的部位、外植体的大小、培养基和培养条件。

※植物茎段培养

1. 培养方法:取材→消毒→接种→培养。
2. 影响因素:基因型、培养基、外植体、培养条件和极性。

※植物叶的培养

1. 培养方法:取材→消毒→接种→培养→植株再生。
2. 影响因素:植物生长调节剂、叶龄、极性和损伤、叶脉。

※植物花器和种子的培养

1. 花器培养方法:取材→消毒→接种→培养。
2. 种子培养方法:种子消毒→接种→培养。

※试管苗驯化与移栽

1. 试管苗生长环境:与外界环境相比,试管苗生长环境具备四大特点,即恒温、高湿、弱光、无菌。
2. 试管苗生长特点:试管苗生长细弱,茎、叶表面角质层不发达;茎、叶虽呈绿色,但叶绿体的光合作用较差;叶片气孔数目少,活性差;根的吸收功能弱。
3. 试管苗移栽:试管苗首先经过驯化使茎长粗、叶增绿、根系延长并由黄白色变成黄褐色。移栽基质要求疏松、透水、通气,有一定的保水性,易消毒处理,不利于杂菌滋生。基质可采用高锰酸钾溶液喷淋消毒,或高温湿热灭菌。
4. 试管苗移栽后管理:控制温度;保持湿度;调节光照;防止杂菌滋生;补充营养。

复习测试题

一、名词解释(每题 2 分,共 10 分)

1. 原球茎和类原球茎
2. 花药培养和花粉培养
3. 单倍体和单倍体育种
4. 幼胚培养和成熟胚培养
5. 原生质体和原生质体融合

二、填空题(每空 1 分,共 15 分)

1. 植物生长调节物质中生长素对离体根的影响有三种(促进、依赖、抑制)情况:生长素 _____ 离体根的生长,如玉米、小麦等;有些植物,如黑麦、小麦的一些变种,离体根要

_____的作用；生长素_____樱桃、番茄等植物离体根的生长。

2. 适合根培养的培养基多为_____培养基，适合茎培养的培养基多为_____培养基。

3. 离体叶组织茎和芽的发生途径有_____、_____、_____及其他途径。

4. 单倍体加倍的途径有三条：_____、_____和_____。

5. 被子植物的发育可分为四个时期：_____、_____、_____和_____。

三、选择题（每题2分，共10分）

1. 以下植物中，最适合茎段诱导出丛生芽的是_____。
   A. 月季　　　　B. 大花蕙兰　　　C. 蝴蝶兰　　　D. 红豆杉

2. 以下植物中，最适合叶片诱导，从而再生植株的是_____。
   A. 月季　　　　B. 秋海棠　　　　C. 大蒜　　　　D. 菊花

3. 对于大多数植物来说，花粉培养的适宜时期是_____。
   A. 四分孢子期　B. 三核期　　　　C. 单核晚期　　D. 二核期

4. 花药培养中为了促进愈伤组织或胚状体的形成，提高花粉的诱导率，可以对花粉进行各种预处理，禾谷类作物常用的预处理方法是_____处理。
   A. 低温　　　　B. 高温　　　　　C. 辐射　　　　D. 化学试剂

5. 适用于禾谷类花药培养的培养基是_____。
   A. MS　　　　　B. White　　　　　C. Miller　　　　D. N_6

四、是非题（每题2分，共10分）

(　)1. 植物组织培养切取外植体时，所切取的外植体越小越好。

(　)2. 驯化时初期保持温室的湿度，后期可以直接恢复到自然条件下的湿度。

(　)3. 在植物组织培养中，植物对培养时的温度要求是一样的。

(　)4. 糖类在培养基中主要作为有机碳源起营养的作用，并调节培养基的渗透压。对于幼胚和成熟胚来说，培养时要求蔗糖的浓度在8%以上。

(　)5. 花药对离体培养的反应应存在"密度效应"，因此接种密度不宜太少，以形成一个合理的群体密度，促进诱导率的提高。

五、问答题（每题5分，共55分）

1. 简述茎段培养中茎段消毒的一般程序。
2. 变态茎培养时，在材料处理和消毒时，特别要注意哪些事项？举出一例来说明。
3. 简述叶片培养中叶片消毒的一般程序。
4. 试比较花药培养与花粉培养的异同，如何检测花粉发育期？
5. 花药培养产生的植株染色体倍性如何？其产生的原因是什么？
6. 单倍体植株有什么用途？
7. 为什么幼胚比成熟胚培养要求的培养基成分复杂？
8. 胚培养技术在育种工作中有哪些应用？
9. 试管苗与常规苗相比生长环境有哪些不同？试管苗有什么特点？
10. 对试管苗移栽所用基质有什么要求？常用的基质种类与基质消毒方法有哪些？
11. 试管苗移栽方法有哪些？移栽后的养护管理应注意哪些事项？

项目四 植物脱毒技术与种质资源的离体保存

教学素材

知识目标

- 理解植物脱毒的意义以及脱毒苗保存方法；
- 掌握植物茎尖培养脱毒的原理和方法；
- 熟悉脱毒苗鉴定和繁殖方法；
- 理解植物种质资源离体保存的意义和基本方法。

能力目标

- 能正确剥离植物茎尖进行培养；
- 能进脱毒苗的检查鉴定；
- 会保存离体植物种质资源。

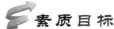
素质目标

- 通过常见脱毒方法的对比，提高学生的总结归纳能力和逻辑思维能力；
- 培养学生科学严谨的工作作风，树立守正创新的意识；
- 树立以强农兴农为己任的责任担当意识。

植物病毒病严重地影响作物的生长，造成产量降低、品质变劣，其危害仅次于真菌病害。研究发现，危害植物的病毒有几百种，而且目前生产上对病毒病的防治尚无特效药物。因此，国内外多采用组织培养脱毒方法来阻止病毒病的延续传播，以提高植物的产量和品质。植物组织培养脱毒技术在生产实践中已得到广泛应用，并且不少国家已将其纳入常规良种繁育体系，有的还专门建立了大规模的无病毒苗生产基地。

任务一 脱毒苗培育的意义

世界上受病毒危害的植物很多，像粮食作物中的水稻、马铃薯、甘薯等，经济作物中的油菜、百合、大蒜等。而园艺植物因常用无性繁殖方法繁殖苗木，故受病毒危害更为严重。目前,世界范围内已发现的植物病毒有近700种。病毒在生产上造成严重危害,最早被记录的是关于马铃薯的退化症,其症状主要表现为产量逐年降低,植株变得矮小并伴有花叶、卷叶等异常现象。每年病毒危害造成马铃薯减产10%～20%,并限制了栽培面积的进一步扩大。

很多园艺植物采用无性繁殖方法,即利用茎、根、枝、叶、芽等通过嫁接、分株、扦插、压条等途径来进行繁殖。病毒通过营养体传递给后代,使危害逐年加重,而且园艺植物产地比较集中,通常呈规模化集约栽培,易造成连作危害,加重了土壤传染病毒和线虫传染病毒的危害。如草莓病毒的危害曾使日本草莓产量严重降低,品质大大退化,草莓生产几乎受到灭顶之灾。柑橘的衰退病曾经毁灭了巴西大部分柑橘,圣巴罗州600万株甜橙死亡(约占总数的75%),至今仍威胁着全世界的柑橘产业。最近几年出现并逐步发展的苹果锈果病也是我国果树生长上亟待防治的病毒病。病毒危害与真菌和细菌病害不同,不能通过化学杀菌剂防治,使用病毒抑制剂效果也不佳,因为病毒的复制与植物正常代谢过程关系极为密切,已知的病毒抑制剂对植物都有毒,再者抑制剂不能治愈植株全身,当药效消失时病毒很快恢复到原来的浓度。用化学药剂杀死媒介昆虫,能减轻一些病毒的蔓延,但是有些病毒是机械传播,或昆虫一觅食就立即传播的,用杀虫剂不能控制这类病毒。

1952年,Morel首先证明了已感染病毒的植株可以通过茎尖分生组织培养恢复成无病毒植株。目前已有不少国家的农业生产部门将此过程作为常规良种繁育的一个重要程序。有的国家专门建立无病毒良种繁育体系和大规模无病毒苗生产基地,生产脱毒苗供国内外大规模栽培所需。我国是世界上从事植物脱毒和快繁最早、发展最快、应用最广的国家,目前已建立了马铃薯、甘薯、草莓、苹果、葡萄、香蕉、菠萝、番木瓜、甘蔗等植物的无病毒苗生产基地,每年可提供几百万株各类脱毒苗。

植物组培脱毒技术具有重大的经济价值和实用价值,对提高植物产量、质量和恢复种性都有显著作用。另外,这一技术由于减少了化学药剂防治而排除了化学药剂对环境、人、畜可能产生的污染和危害,对于保护环境、增进健康具有积极意义。

任务二 常见的脱毒方法

病毒在植物体内的分布是不均匀的,植物顶端分生组织一般来说是无毒的,因而通过顶端分生组织培养,可以获得脱毒苗。所谓脱毒苗,是指不含该种植物的主要危害病毒,即经检测主要病毒在植物体内的存在表现阴性反应的苗木。脱除植物病毒有许多种方法,主要有茎尖及其他组织培养法,以及利用物理、化学技术处理的方法。

一、茎尖培养脱毒

White(1943)首先发现在感染烟草花叶病毒的烟草植株生长点附近,病毒的浓度很低甚至没有病毒,病毒含量因植株部位及年龄而异。在这个启示下,Morel等(1952)从感染花叶病毒的大丽菊分离出茎尖分生组织进行离体培养,成功地获得植株,并嫁接到大丽菊实生砧木上,经检验为无病毒植株,从此茎尖培养就成为解决病毒病的一个有效途径。以后相继在马铃薯、菊花、兰花、百合、草莓、矮牵牛等植物中利用茎尖分生组织培养获得无病毒植株。

图片资源:
顶端分生组织、茎尖

(一)植物茎尖组织培养脱毒技术的原理

1. 植物细胞全能性学说

根据植物细胞的全能性学说,植物体任何一个细胞都携带有一套发育成完整植株的全部遗传信息,在离体培养情况下,这些信息可以表达,培育出完整植株。构成茎尖的幼嫩细胞同样含有全套遗传基因,具有形成完整植株的能力。

2. 病毒在感病植物体内的分布不均匀性

一般成熟的组织和器官病毒含量较高,而未成熟的组织和器官病毒含量较低,生长点则几乎不含或含病毒很少,主要有五个原因:一是病毒在寄主植物体内主要靠维管束传播,茎尖分生组织没有维管束,无法传播;二是病毒可以通过胞间连丝进行传播,但其传播速度远远赶不上茎尖分生组织的生长速度;三是茎尖分生组织中存在高浓度的内源生长素,抑制病毒的增殖;四是在旺盛分裂的分生细胞中,代谢活性很高,使病毒无法进行复制;五是植物体内可能存在着"病毒钝化系统",它在分生组织中的活性比其他组织中高,因而分生组织不易受病毒侵染。

(二)茎尖培养脱毒的方法

1. 取材

对接种的外植体要严格选择,首先供试母株应生长发育正常、健壮并已达到一定的生育期,其次要挑选杂菌污染少、刚生长不久的茎尖,这样不易污染且分生能力强。

图片资源:
苹果茎尖培养
脱毒流程

为了获得无菌的茎尖,应把供试植株种在无菌的盆土中,放在温室栽培。浇水要浇在土中,不要浇在叶片上。如材料取自田间,可切取插条,在实验室内进行液体培养。由这些插条的腋芽长成的枝条,其污染程度比直接从植株取来的枝条少得多。也可将欲脱毒的材料先进行1~2个月的热处理,以减少带病毒量。

另外,还可以在茎尖生长期预先喷洒内吸杀菌剂(如0.1%多菌灵和0.1%链霉素),以提高灭菌效果。

所用的外植体可以是茎尖,也可以是茎的顶端分生组织。顶端分生组织是指茎的最幼龄叶原基上方的一部分,茎尖则是由顶端分生组织及其下方的1~3个幼叶原基一起构成的。取材可在春秋两季,摘取2~3cm长的新梢,去掉较大叶片,用自来水冲洗片刻即可消毒。对多年生植物,休眠的顶芽和腋芽也可作为试验材料。植物茎尖分生组织有彼此重叠的叶原基保护,是高度无菌的,但必须对芽进行表面消毒。

2. 外植体灭菌

灭菌一般在超净工作台或无菌室内进行,先把材料浸入75%酒精,30s后用10%漂白粉上清液或0.1%升汞消毒10~15min,消毒时可上下摇动,使药液与材料表面充分接触,最后再用无菌水冲洗3~5次,然后放入无菌的容器内待用。

3. 茎尖剥离与接种

在超净工作台上,把消毒过的材料置于双筒解剖镜下的无菌培养皿中,一手用细镊子将茎芽按住,另一手用解剖针仔细将幼叶剥去,直至露出圆滑的生长点。然后,用刀尖仔细地切取带有1~2个叶原基的生长点(约0.2~0.5mm),随即将其接种到培养基上(顶部向上)。操作要干净利落,动作迅速,茎尖暴露时间越短越好,避免茎尖变干。另外,茎尖切下时,应确保不要与芽的较老部分或解剖镜台或持芽的镊子接触。

4. 培养

茎尖培养脱毒常使用的基本培养基是 MS 培养基或 White 培养基,MS 培养基含有较高浓度的无机盐,对促进组织分化和愈伤组织生长有利。在培养基中可适当添加 5%~10%椰乳,0.1~1.0mg/L 的 IAA、NAA、6-BA 等激素,有的还需要添加活性炭。

茎尖分化增殖所需时间因外植体大小而异,一般需培养 3~4 个月,中间要转换 3~4 次新鲜的培养基,由茎尖长出的新芽,常常能在原来的培养基上生根,也有些植物不能生根,需要经过生根诱导。

(三)影响脱毒效果的因素

1. 母体材料受病毒侵染的程度

茎尖培养脱毒应选感病轻、带毒量少的健康植株作为脱毒的外植体材料,这样更容易获得脱毒苗。研究表明,只被单一病毒侵染的植株脱毒较容易,而复合侵染的植株脱毒较难。

2. 茎尖大小

茎尖培养时所剥离的茎尖大小直接影响脱毒效果,不带叶原基的生长点脱毒效果最好。茎尖大小与茎尖培养的成活率和茎叶分化生长的能力呈正相关,而与脱毒效果呈负相关。因为茎尖分生组织不能合成自身需要的生长素,而分生组织以下的叶原基可合成并向分生组织提供生长素、细胞分裂素,所以带叶原基的茎尖生长快,成苗率高,但茎尖过大,脱毒效果差。应用中既要考虑脱毒效果,又要提高其成活率,通常以带 1~2 个叶原基的茎尖(0.2~0.5mm)作为外植体。

3. 外植体的生理状态

一般顶芽的脱毒效果比侧芽好,生长旺季的芽比休眠芽或快进入休眠的芽的脱毒效果好。

二、热处理脱毒

1889 年,印度尼西亚爪哇甘蔗种植主发现,将患有甘蔗枯萎病(现已知为病毒病)的甘蔗梢在 50~52℃的热水中处理 30min 后,甘蔗再生长时枯萎病症状消失,甘蔗生长良好。Kunkel(1936)首次报道将感染桃黄萎病毒的植株,在 34~36℃温度下处理 2 周,可减轻甚至排除病毒的危害作用。热处理脱毒的原理是病毒对热不稳定,而寄主植物耐高温。当植物组织处于高于正常温度(35~40℃)的环境中时,组织内部的病毒部分或全部钝化,而植物基本不受影响。

高温之所以会造成病毒的侵染力丧失是由于部分病毒有高温下不稳定的特性,将病株抽提液放在一定温度下 10min 即能使病毒失去侵染力,此时的温度就称为该病毒的钝化温度。不同的病毒常常具有不同的钝化温度,这代表了病毒衣壳蛋白分子结构的差异,从而表现出了抗热能力的差异。热处理脱毒正是利用病毒受热处理后衣壳蛋白变性,病毒活性丧失的原理而进行的。

不同病毒的抗热能力不同,除了其衣壳蛋白分子结构的差异外,有许多外部因素也可以影响这种能力的高低,其中最主要的是病毒的浓度、寄主体内正常蛋白质的含量以及处理的时间。一般寄主体内病毒的浓度越大,寄主体内正常蛋白质含量越多,处理的时间越短,则所需的钝化热能越大,也就是需要更高的温度。在处理某些果树作物时,由于过高的温度同时对植物会造成损伤,所以多以不损伤植物或轻微损伤植物的温度较长时间处理病毒侵染植物而达到脱毒的目的。

(一)热处理脱毒的方法

1. 热水处理

热水处理就是在50℃左右的热水中将外植体浸渍数分钟至数小时。此方法虽简便易行,但易伤材料,水温到55℃时大多数植物会被杀死,所以此方法一般适用于木本植物和休眠芽及接穗的处理。另外,此方法由于温度难以掌握,脱毒效果相对较差,很难达到彻底排除病毒的作用。

2. 热空气处理

热空气处理是让温室盆栽植物在35~40℃的高温条件下生长发育,切取其处理后所长出的枝条或茎尖进行培养,从而达到脱去病毒的效果。热空气处理对活跃生长的茎尖效果较好,既能消除病毒,又能使寄主植物有较高的存活机会,目前热处理脱毒大多采用这种方法。

热空气处理脱毒的处理温度和时间因植物种类和器官生理状态而异,一般为35~40℃,短的几十分钟,长则数月。如Brierley(1962)报道康乃馨斑驳病毒在38℃条件下经2个月可以除去。每一种植物有不同的高温处理临界温度,超出这个温度,或温度虽在此范围内但处理时间过长,组织就容易受伤。因此,可以采用变温处理方法,即每天40℃处理4h,16~20℃处理20h,这样既可以保持芽眼的活力,又可以清除芽眼中幼叶的病毒。

热处理脱毒技术简单,且不需要耗费太多人力、物力,经济方便,但此法的缺点是高温处理不当可能会影响植物生长,甚至使植物枯死。另外,并非所有病毒都对热处理敏感,热处理只对那些球状病毒(如葡萄扇叶病毒、苹果花叶病毒)或线状病毒(如马铃薯X病毒、Y病毒、康乃馨病毒)有效,而对杆状病毒(如牛蒡斑驳病毒、千日红病毒)就不起作用。因此,热处理并不能使所有植物都除去病毒,就目前的发展趋势而言,热处理脱毒仅仅用在木本类果树和林木部分病毒病的病毒处理上,草本植物包括大部分的蔬菜、粮食作物和花卉,主要应用茎尖的分生组织培养脱毒或其他器官、细胞培养脱毒。一般将热处理脱毒作为茎尖培养脱毒的辅助手段,以此来提高茎尖培养脱毒的效果。

三、热处理结合茎尖培养脱毒

将热处理与茎尖分生组织培养结合起来,可以取稍大的茎尖进行培养,大大提高了茎尖的成活率和脱毒率。

尽管茎尖分生组织常常不带病毒,但某些病毒实际上也能侵染正在生长的茎尖分生区域。如在菊花中,由0.3~0.6mm长茎尖的愈伤组织形成的全部植株都带有病毒。已知能侵染茎尖分生组织的病毒有烟草花叶病毒、马铃薯X病毒以及黄瓜花叶病毒。Quak(1957,1961)将康乃馨用40℃高温处理6~8周,然后再分离1mm长的茎尖培养,成功去除了病毒。

热处理可以在切取茎尖之前的母株上进行,也可以先进行茎尖培养,然后再用试管苗进行热处理。热处理结合茎尖培养脱毒方法的不足之处是脱毒时间相对延长。

四、其他脱毒方法

(一)愈伤组织培养脱毒

植物各部位器官和组织通过去分化培养诱导产生愈伤组织,经过几次继代培养,愈伤组织再分化形成小植株,有可能获得无病毒苗,这在马铃薯、天竺葵、大蒜、草莓等植物上已获得成功。

拓展阅读:
速生湿地松良种胚性愈伤组织诱导与增殖

愈伤组织培养脱毒的原理是感染病毒的外植体通过组织培养产生的愈伤组织细胞并非全部都含有病毒。病毒在植物体内不同器官或同一器官不同组织中分布不均匀,由那些无病毒细胞产生的愈伤组织是获得无病毒苗的基础。另外,愈伤组织中细胞分裂旺盛,增殖速度比病毒复制速度快,可能抑制病毒复制,使部分细胞不含病毒,或者细胞产生变异,获得对病毒感染的抗性,最终表现出脱毒现象。

愈伤组织在长期继代培养的过程中,由于培养基中激素、生长素类物质的刺激影响,通常会发生体细胞无性系变异,这种变异的范围和方向都是不定的。因此,对于无性繁殖作物而言,为了保持其优良种性,在病毒脱毒上一般不采用此法。

(二)离体微型嫁接法脱毒

离体微型嫁接法脱毒是茎尖培养与嫁接方法相结合,用以获得无病毒苗的一种新技术。它将 0.1~0.2mm 的接穗茎尖嫁接到试管中培养出来的无菌实生砧木上,继续进行试管培养,愈合后成为完整植株。接穗在砧木上容易成活,且去除病毒概率大,故有可能获得无病毒苗。

拓展阅读:
大岩桐等 7 种园艺植物远缘试管嫁接成活因素研究

离体微型嫁接法主要用在果树脱毒方面,在苹果和柑橘脱毒上已经发展成一套完整技术,并在生产上广泛应用。Navarro 等(1983)利用试管培养 10~14d 产生的梨树新梢,切取长为 0.5~1.0mm、带 3~4 个叶原基的小段进行离体微型嫁接,成活率达到 40%~70%,最后获得无洋李环斑病毒(PRV)株系、洋李矮缩病毒(PDV)和褪绿叶斑病毒(CISV)的无病毒苗。

离体微型嫁接技术难度较大,不易掌握,与实际应用还有一定距离。但随着新技术的发展与完善,离体微型嫁接技术也会有很大的发展。

(三)珠心胚培养脱毒

珠心胚培养脱毒大多应用在果树作物上,且常用在柑橘类果树上。普通作物受精产生的种子绝大多数只形成一个胚,而柑橘的种子常形成多胚。多胚中只有一个胚是受精后产生的有性胚,而其余是珠心细胞形成的无性胚,一般称珠心胚。通过珠心胚培养可以得到无病毒的珠心胚苗。

Rangan 等(1968)首次利用该方法在柑橘类较多品种病毒脱毒上获得成功,其原因可能是病毒的转移通常是经维管束的韧皮组织传播的,细胞间转移很慢,而珠心与维管束系统无直接联系,因此,由珠心组织诱导产生的植株就可以免除病毒的危害。

(四)花药或花粉培养脱毒

花粉是高等植物的雄性孢子,是通过小孢子形成的过程发生的。花药或花粉粒培养的一般程序是去分化诱导愈伤组织形成,再分化诱导根芽器官的分化形成小植株。由于经过愈伤组织生长阶段,加之形成雄性配子的小孢子母细胞在植株体内属于高度活跃、不断分化生长的细胞,所以从理论上讲其含病毒很少或几乎没有。

图片资源:
苹果花药培养不定胚及愈伤组织的形成
(来源:聂园军等发表《苹果花药培养
不定胚形成的细胞学观察》)

1974年,大泽胜次等利用草莓花药培养获得大量草莓无病毒植株,从实践上证明花药或花粉培养可以获得无病毒苗。我国学者王国平等(1990)利用花药培养获得大批无病毒草莓植株,在17个省(市)示范栽培获得增产7.8%~45.1%的效果,并经过比较试验,指出草莓病毒脱毒采用花药培养较茎尖培养和热处理脱毒获得无病毒株的概率高得多。

(五)抗病毒药剂脱毒

常用的抗病毒化学药物有利巴韦林(病毒唑)、5-二氢尿嘧啶(DHT)和双乙酰二氢-5-氮尿嘧啶(DA-DHT)。这些药物常常被直接注射到带病毒的植株上,或者加入植株生长的培养基上。

抗病毒药剂脱毒方法一般要与茎尖培养结合使用。经过抗病毒药剂处理的嫩茎,切取茎尖,再进行组织培养,能提高脱毒率和成活率。罗晓芳等(1996)在培养基中加入利巴韦林,脱除了两种苹果潜隐病毒。张明涛等(2005)对墨兰原球茎顶端分生组织培养结合化学处理脱除建兰花叶病毒(CyMV)的效果进行了研究,发现原球茎顶端分生组织通过20mg/L利巴韦林处理,可以获得100%的无病毒苗。采用病毒抑制剂与茎尖培养相结合的脱毒方法,可以较容易地脱除多种病毒,而且这种方法对取材要求不高,接种茎尖大于1mm,易于分化出苗,提高成活率。

在茎尖培养和原生质体培养中,在培养基中加入抗病毒醚(ribavirin)能抑制病毒复制。抗病毒醚是一种对DNA或RNA具有广谱作用的人工合成核苷物质。山家弘士(1986)为了探讨抗病毒醚对脱除苹果茎沟病毒的效果,用加有抗病毒醚的培养基,对感染苹果茎沟病毒的试管苗进行培养。结果表明,用加有抗病毒醚的培养基继代培养80d以上的试管苗,不论抗病毒醚浓度高低都脱除了病毒。抗病毒醚对苹果褪绿叶斑病(ACLSV)和苹果茎沟病毒(ASGV)都有抑制效果。

对于抗病毒药剂的应用效果,因病毒种类不同而有差异。目前此法也不可能脱除所有病毒,如果使用不当,药害现象比较严重。此种脱毒处理还处于探索阶段。

任务三 脱毒苗的鉴定

在植物脱毒技术中,无论利用哪一种技术手段进行脱毒,最终都必须经过严格的鉴定以证明植物体内无病毒存在,是真正的无病毒苗,才可以扩大繁殖,推广到生产上作为无毒苗应用。通过各种脱毒方法得到的脱毒苗,通常只有轻微的病症表现,或根本不表现病症,通过单纯的症状观察已经无法确认其是否已经脱除病毒,此时就必须利用病毒检测技术鉴定后才能确定是否脱毒成功。目前国内外常用的检测技术主要有直接检测法、指示植物法、抗血清鉴定法、酶联免疫法、电子显微镜鉴定法和分子生物学鉴定法。

值得注意的是,由于在培养的植株中许多病毒具有延迟的恢复期,所以在最初18个月中每隔一定时间仍需进行鉴定。只有对待定病毒显示持续阴性反应,才能确认其为无毒植株。

一、直接检测法

直接检测法是直接观察待测植株生长状况是否异常,茎叶上有无特定病毒引起的可见症状,从而判断病毒是否存在。脱毒苗一般叶色浓绿,均匀一致,长势好。带毒株长势弱,叶片表现褪绿条斑,扭曲,植株矮化,花或叶坏死等,如花叶病毒引起寄主植物叶片脉间褪绿。简便、直接、直观、准确是直接检测法的优点。

直接检测法要注意区分病毒症状与植物的机械损伤、虫害及药害等表现,如果难于分辨,需结合其他诊断、鉴定方法进行综合分析、判断。由于某些植物感染病毒后需要较长时间才表现出症状,有的并不能使寄主植物表现出可见症状,所以无法快速检测。

二、指示植物法

指示植物法最早是由美国病毒学家Holmes在1929年发现的。他用感染烟草花叶病毒的普通烟叶的粗汁液和少许金刚砂相混合,在心叶烟叶上摩擦,2~3d后叶片出现了局部坏死斑。由于在一定范围内,枯斑数与侵染病毒的浓度呈正比,且这种方法比较简单,操作方便,故一直沿用至今,仍作为一种经济、有效的鉴定方法被广泛使用。

拓展阅读:
指示植物检测甘薯病毒技术的改进研究

所谓指示植物,是指对某种或几种病毒及类似病原物或株系具有敏感反应并表现明显症状的植物。指示植物法是以对某种病毒十分敏感的植物作为指示物,根据病毒侵染指示植物后的症状,对病毒的存在与否及种类做出鉴别。指示植物法具有灵敏、准确、可靠、操作简便等优点。

病毒的寄主范围不同,应根据不同的病毒选择合适的指示植物。理想的指示植物应该一年四季都容易栽培并生长迅速,在较长的时期内保持对病毒的敏感性,容易接种,并在较大的范围内具有同样的反应。指示植物有两种类型:一种是接种后产生系统性症状,其出现在病毒扩展到的植物非接种部位,通常没有局部病斑表现;另一种是只产生局部病斑,常由坏死、褪绿或环斑构成。

生产上常用的木本指示植物有弗吉尼亚小苹果(Virginia crab)、斯派227(Spy227)、光辉(Radiant)和苏俄苹果(*Malus sylvestris* cv. R12740~7A),草本指示植物有昆诺藜和心叶烟等。在弗吉尼亚小苹果上可检测到茎痘病毒和茎沟病毒;斯派227和光辉可检测出茎痘病毒;苏俄苹果可用于检测褪绿叶斑病毒;昆诺藜和心叶烟可检测褪绿叶斑病毒和茎沟病毒。2003年,吴凌娟等用千日红、指尖椒、灰条藜、苋色藜鉴定马铃薯X病毒,并确定千日红是很好的指示植物。

指示植物法不能测出病毒总的核蛋白浓度,但可以检测被鉴定植物体内是否含有病毒质粒以及病毒的相对感染力大小。指示植物鉴定法对依靠汁液传播的病毒,可采用摩擦损伤汁液传播鉴定法;对不能依靠汁液传播的病毒,则采用指示植物嫁接法。

(一)摩擦损伤汁液传播鉴定法

接种时从被鉴定植物上取 1~3g 幼叶放于研钵中,在研钵中加入 10mL 水及少量磷酸盐缓冲液(pH7.0)研磨,研碎后用双层纱布过滤,滤汁中加入少量 500~600 目金刚砂作为指示植物叶片的摩擦剂,使叶片表面造成小的伤口,而不破坏表层细胞。加入金刚砂的滤汁用棉花球蘸取少许,在叶面上轻轻涂抹 2~3 次进行接种,然后用清水冲洗叶面。接种后温室应注意保持在 15~25℃,2~6d 后即可表现症状。如无症状出现,则初步判断为无病毒植物,但必须进行多次反复鉴定,经重复鉴定确未发现病毒的植株才能进一步扩大繁殖,以供生产上应用。

(二)指示植物嫁接法

木本多年生果树植物及草莓等无性繁殖的草本植物,采用汁液接种法比较困难,通常采用嫁接接种的方法,以指示植物作砧木,被鉴定植物作接穗。可采用劈接、靠接、芽接等方法嫁接,以劈接法居多。先从待检植株上剪取成熟叶片,去掉两边小叶,留中间小叶带叶柄 1.0~1.5cm,用锐利刀片把叶柄削成楔形作为接穗;然后选取生长健壮的指示植物,剪去中间小叶作为砧木;再把待检接穗接于指示植物上,用 Parafilm 薄膜包扎,整株套上塑料袋保温保湿。成活后去掉塑料袋,逐步剪除未接种的老叶,观察新叶上的症状反应。

三、抗血清鉴定法

植物病毒是由蛋白质和核酸组成的核蛋白,因而是一种较好的抗原,给动物注射后会产生抗体,这种抗原和抗体所引起的凝集或沉淀反应叫作血清反应。抗体是动物在外来抗原的刺激下产生的一种免疫球蛋白,抗体主要存在于血清中,故含有抗体的血清即成为抗血清。由于不同病毒产生的抗血清都有各自的特异性,所以用已知病毒的抗血清可以鉴定未知病毒的种类。这种抗血清在病毒的鉴定中成为一种高度专化性的试剂,且其特异性高,检测速度快,一般几小时甚至几分钟就可以完成。血清反应还可以用来鉴定同一病毒的不同株系以及测定病毒浓度的大小。

由于植物病毒抗血清具有高度的专化性,感病植株无论是显症还是隐症,无论是动物还是植物的传播病毒介体,均可以通过血清学的方法准确地判断植物病毒的存在与否、存在的部位和存在的数量等。抗血清鉴定法对植物病毒的定性、定量,植物病毒侵染过程中的定位、增殖与转移等,均能起到快速诊断的作用,因此在植物病毒学中得到广泛应用。同时由于其特异性高,测定速度快,抗血清法也成为植物脱毒技术中病毒检测最有用的方法之一。

抗血清鉴定法要进行抗原的制备,包括病毒的繁殖、病叶研磨和粗汁液澄清、病毒悬浮液的提纯以及病毒的沉淀等过程;同时要进行抗血清的制备,包括动物的选择和饲养、抗原的注射和采血、抗血清的分离和吸收等过程。血清可以分装在小玻璃瓶中,贮存在 -25~$-15℃$ 的冰箱中,有条件的可以冻制成干粉,密封冷冻后长期保存。测定时,把稀释的抗血清与未知病毒植物在小试管内混合,这一反应导致形成可见的沉淀,然后根据沉淀反应来鉴定病毒。

四、电子显微镜鉴定法

普通光学显微镜可看到小至 200nm 的微粒,而现代电子显微镜则将分辨能力增大至 0.2~0.5nm。电子显微镜可直接观察有无病毒的存在,并可获知病毒颗粒的大小、形状和结构。

主要方法是直接用病株粗汁液或用经纯化的病毒悬浮液和电子密度高的负染色剂混合,然后点在电镜铜网支持膜上观察,也可将材料制作成超薄切片,然后分别在 1500 倍、2000 倍、3000 倍显微镜下观察,能够清楚地看到细胞内的各种细胞器中有无病毒粒子存在,并可得知有关病毒粒体的大小、形状和结构。对不表现可见症状的潜伏病毒来说,血清法和电镜法是可行的鉴定方法。在实践中也往往将几种方法联用,以提高检测的可信度。

这种方法比指示植物法直观,速度快,但也有其不足和缺陷,如病毒粒子的形状易与细胞器和其他成分(如蛋白纤维)的形状混淆,病毒浓度低时不易观察到。另外,电子显微镜是一种较为昂贵的、先进的复杂技术设备,投入较高。

五、酶联免疫吸附测定法

酶联免疫吸附测定法(enzyme linked immunosorbent assay,ELISA)是近年来发展应用于植物病毒检测的新方法,是把抗原-抗体的免疫反应与酶的催化反应相结合而发展起来的一种综合性技术,具有灵敏度高、特异性强、安全快速和容易观察结果的优点。

其原理是以酶标记的特异性抗体来指示抗原-抗体的结合,从而检出样品中的抗原。具体操作程序是:将待检植物汁液(抗原)注入酶联板中,使抗原吸附于它的孔壁,然后加入酶标记的特异抗体,待抗原与抗体充分反应后,洗去未与抗原结合的多余酶标记抗体,留在固相载体酶联板表面的是以酶标记的抗原-抗体复合物。酶催化无色的底物,将底物降解生成有色产物或沉淀物,有色产物可用比色法定量测定,沉淀物可肉眼观察或通过光学显微镜识别。

ELISA 方法的最低检测限为 0.1~10ng/mL,由于其具有特异性强、仪器简单、自动化程度高等优点,这一技术现已成为植物病毒病诊断的标准方法,被广泛应用于植物病毒的检测、病毒病的普查、口岸和产地检疫等。

六、分子生物学检测法

分子生物学检测法是通过检测病毒核酸来证实病毒的存在的方法,此法比血清学方法的灵敏度高,能检测到 10^{-9} mg 水平的病毒,特异性强,检测速度快,操作简单,可用于大量样品的检测。另外,该方法适用范围广,其应用对象既可以是 DNA 病毒和 RNA 病毒,也可以是类病毒。目前,在植物病毒检测与鉴定方面应用的分子生物学技术包括核酸分子杂交技术、双链 RNA(dsRNA)电泳技术、聚合酶链反应技术(PCR)等。

(一)核酸分子杂交技术

核酸分子杂交技术(nucleic acid hybridization)是 20 世纪 70 年代发展起来的一种新的分子生物学技术,是基于互补的核苷酸单链可以相互结合的原理,将一段病毒核酸单链以放射性同位素或地高辛、生物素、荧光素等非放射性元素加以标记,制成特异性的 DNA 或 RNA 探针,与待测样品核酸杂交,地高辛、生物素标记探针的杂交产物通过酶联免疫吸附反应产生有色物质,而荧光素、光放射性元素通过显影的方法产生杂交信号,从而指示病毒核酸的存在。

核酸杂交技术操作简便、灵敏度高,如 SekManE 采用地高辛标记探针分别检测出 50pg 建兰花叶病毒(CyMV)和 250pg 齿兰环斑病毒(ORSV)。Pilar 等采用地高辛标记探针检测天竺葵碎花病毒(PFBV)及天竺葵线条纹病毒(PLPV)。但是此法的灵敏度和特异性与 RT-PCR 相比要差一些。

(二)双链 RNA(dsRNA)电泳技术

植物 RNA 病毒、类病毒等在寄主体内形成 ssRNA 的特异复制中间型,即 dsRNA。大约 90%的植物病毒基因组为单链 RNA,当病毒侵染植物后利用寄主成分进行复制时,首先产生与基因组 RNA 互补的链,互补链的长度与基因组 RNA 相同。这种双链 RNA 结构称为复制型分子(RF),可在植物组织中积累起来。而一般情况下,植物体内不存在 dsRNA,因此,该技术可用于判断 RNA 病毒及类病毒是否存在,尤其适合于复合病毒侵染的检测。

目前,dsRNA 技术已用于隐蔽病毒组(Cryptoviruses)和呼肠孤病毒科(Reoviruses)等 19 个病毒组的多种病毒的检测,对于一些潜隐病毒如草莓轻型黄边病毒的检测也非常有效。

(三)聚合酶链反应(PCR)技术

该技术包括反转录聚合酶链反应(RT-PCR)、免疫捕获 RT-PCR(IC-RT-PCR)、杂交诱捕反转录 PCR 酶联免疫法(HC-RT-PCR-ELISA)、巢式 PCR(Nest PCR)、简并引物 PCR 技术、多重 PCR 技术、实时荧光定量 PCR 技术、竞争荧光 RT-PCR 检测技术、PCR 微量板杂交法等,其中尤以反转录聚合酶链反应(RT-PCR)应用最为广泛。

RT-PCR 的基本原理是以所需检测的病毒 RNA 为模板,反转录合成 cDNA,从而使极微量的病毒核酸扩增上万倍,以便于分析检测。RT-PCR 的基本步骤是:首先提取病毒 RNA,根据病毒基因序列设计合成引物,反转录合成 cDNA,然后进行 cDNA 扩增,利用琼脂糖凝胶电泳进行检测。

RT-PCR 技术与免疫学方法相比,不需要制备抗体,而且检测所需的病毒量少,具有灵敏、快速、特异性强等优点,近年来已在病毒检测和分子生物学研究等许多领域被迅速而广泛地应用。

任务四 脱毒苗的保存与繁殖

经过复杂的分离培养程序以及严格的病毒检测获得的脱毒苗是十分不易的,所以一旦培养出来,就应很好地隔离保存。脱毒苗的保存方法有隔离保存和离体保存两种。

一、隔离保存

植物病毒的传播媒介主要是昆虫,如蚜虫、叶蝉等,土壤线虫也可传播部分病毒。因此,脱毒苗应种植于防虫网室或栽种在盆钵中保存。防虫网室种植保存采用 300 目纱网,网眼边长为 0.4~0.5mm,防止昆虫侵入,种植圃的土壤也应该进行消毒,保证原种是在与病毒严密隔离的条件下栽培,并采用最优良的栽培技术措施。最好将脱毒苗隔离种植在隔离区,如海岛、山地、新区等利用自然环境进行隔离种植保存。

脱毒苗原种即使在隔离区内种植,仍有重新感染的可能性,因此还要定期进行病毒测定。当发现有感病植株时,应及时采用措施,排除病毒植株,防止再度传播,或重新脱毒。

二、离体保存

选择无病毒原种株系,回接于试管内进行低温保存或将脱毒苗在超低温(-196℃)下进行保存,长期保存无病毒原种,是最理想的保存方法。

(一)低温保存

将茎尖或小植株接种至培养基上,放在低温(0~9℃)下保存。此法结合改变培养基成分,如在培养基中加入生长延缓剂 B9 和矮壮剂,并结合控制光照等措施,以减缓保存材料的生长速度,延长继代培养时间,又称最小生长法。培养基通常半年到一年更换一次。

图片资源:
菊花冷冻前后的茎尖脱毒比较

(二)超低温保存

试管苗在液氮中进行超低温(-196℃)保存,细胞的生命活动处于停滞状态,只要及时补充液氮,可以达到长期保存的目的。超低温保存的程序包括培养材料的准备、预处理、冰冻及保存、化冻处理、细胞活力和变异的评价及植株再生。传统的超低温保存是利用保护性脱水来进行保存的。

视频资源:
超低温保存技术

20 世纪 80 年代末到 90 年代初,玻璃化法和包埋技术开始应用于植物材料的超低温保存。玻璃化法更适合于茎尖、合子胚等复杂器官。玻璃化超低温保存方法包括玻璃化法和包埋玻璃化法。

玻璃化法是将生物材料经极高浓度的玻璃化溶液快速脱水后直接投入液氮,使生物材料连同玻璃化溶液发生玻璃化转变,进入玻璃态。此时水分子没有发生重排,不形成冰晶,也不产生结构和体积的改变,因而不会对材料造成伤害。保存终止后,复温时要快速化冻,防止去玻璃化的发生。Langis 等(1989)最先报道,玻璃化法可用于细胞悬浮系、顶端分生组织、胚状体和原生质体等多种外植体的超低温保存。玻璃化法存在的问题是玻璃化溶液处理的时间短、要求非常精确,很难控制。

包埋玻璃化法是包埋-脱水法和玻璃化法的结合。Tannoury(1991)首次报道了保存香石竹顶端分生组织。保存材料先用藻酸钙包埋,然后经高浓度蔗糖溶液脱水和玻璃化溶液处理后直接浸入液氮保存,其材料存活率比用包埋脱水法要高,可能是因为藻酸钙包埋后减轻了玻璃化溶液的毒性。

脱毒试管苗出瓶移栽后的苗木被称作原原种,一般多在科研单位的隔离网室内保存;原原种繁殖的苗木称作原种,多在县级以上良种繁育基地保存;由原种繁殖的苗木作为脱毒苗提供给生产单位栽培。这些原原种或原种材料,保管得好可以保存利用 5~10 年,在生产上可以经济有效地发挥作用。

任务五　种质资源离体保存

拓展阅读：
珍稀濒危药用植物资源离体保存研究进展

种质资源又称为遗传资源，是物种进化、遗传学研究及植物育种的物质基础。植物种质资源传统的保存方法有原境保存和异境保存两类。前者包括建立自然保护区、天然公园等，后者包括各种基因库，如种子园、种植园等田间基因库以及种质库、花粉库等离体基因库。原境保存和田间种植保存都需要大量的土地和人力资源，成本高，且易遭受各种自然灾害的侵袭。1975年，Henshaw和Morel首次提出植物种质离体保存的概念，它是指对离体培养的小植株、器官、组织、细胞或原生质体等种质材料，采用限制、延缓或停止生长的处理使之保存，在需要时重新恢复其生长，并再生植株的方法。迄今为止，离体保存已应用于许多植物，取得了很好的效果。

应用植物组织培养技术进行种质保存具有独特的优点：保存无性系繁殖材料占用空间小，保存数量大；材料保存在无害虫或病原体的环境中，减少了受病虫害侵袭的可能性；避免了自然环境灾害的威胁；跨国界运输活体植物的法定检疫过程最大限度地缩短；以植物细胞、组织、器官等形式保存的种质具有很强的再生能力，在适合的条件下，短期内便可得到大量的无性系植株。目前，植物种质资源常用的离体保存方法主要有常温保存、低温保存和超低温保存。

一、常温保存

常温保存即在一定的条件下，间隔一定时间，将植物细胞或组织进行新一轮的继代培养，以达到保存种质的目的。常温保存的温度通常是组织培养的常用温度（25℃左右），也可以是自然温度，所以又称为继代培养保存。

（一）常温下试管保存

可利用试管苗继代培养保存，但需要经常更换培养基。

（二）常温抑制生长保存

为了延长继代时间，可以采用控制培养基中的营养物质供应，添加生长抑制剂，提高培养基渗透压，改变培养物生长环境中的氧含量等措施，抑制培养物的生长，仅允许它们以极慢的速度生长，从而延长种质资源的保存。

1. 调控培养基营养供应水平

植物生长发育状况依赖于外界营养的供应，如果营养供应不足，植物生长缓慢，植株矮小。通过有效控制培养基的营养水平，可以限制培养物的生长。降低培养基中的无机盐含量不但可以保存种质，还能提高种质保存效果。如葡萄愈伤组织在降低硝酸盐的MS培养基上常温下保存8~10个月，比低温下常规MS培养基上的培养保存效果好；菠萝细胞在1/4MS无机盐培养基上可保存1年，仍长势良好，而全量无机盐MS培养基上的苗长势弱，成活率低。

2. 添加生长抑制剂

生长抑制剂是一类天然的或人工合成的外源激素,具有很强的抑制细胞生长的生理活性的作用。研究表明,调整培养基中的生长调节剂配比,特别是添加生长抑制剂,不仅能延长培养物在试管中的保存时间,而且能提高试管苗质量和移植成活率。目前,常用的生长抑制剂有多效唑、矮壮素、高效唑、脱落酸、三碘苯酸、膦甘酸、甲基丁二酸等。这些生长抑制剂可单独使用,也可与其他激素混合使用,如马铃薯茎尖培养物在含有ABA培养基上保存1年后,生长健壮,转移到MS培养基上生长正常。高效唑能显著抑制葡萄试管苗茎叶的生长,适宜试管苗的中长期保存。多效唑与6-BA、NAA等配合使用,也能明显抑制水稻试管苗上部生长,促进根系发育,延长常温保存时间。

3. 提高渗透压

在培养基中添加一些高渗化合物,如蔗糖、甘露醇、山梨醇等,可达到抑制培养物生长速度的效果。如在马铃薯茎尖培养研究中,培养物在含有脱落酸和甘露醇或山梨醇的培养基上保存1年后,转移至MS培养基上可正常生长。高渗化合物提高了培养基的渗透势负值,造成水分逆境,降低细胞膨压,使细胞吸水困难,新陈代谢减弱,细胞生长延缓,达到限制培养物生长的目的。大量研究表明,虽然保存不同的植物培养物所需的适宜渗透物质含量不同,但试管苗保存时间、存活率、恢复生长率受培养基中高渗物质含量影响的变化趋势基本相同,呈抛物线形。因此,适宜浓度的高渗物质对特定植物培养物提高质量、长时间的保存是必要的。

4. 降低氧分压

Caplin首先提出用低氧分压保存植物组织培养物,其原理是通过降低培养容器中氧分压,改变培养环境的气体情况,能抑制培养物细胞的生理活性,延缓衰老,从而达到离体保存种质的目的。

利用限制生长方法进行植物无性系的离体保存,简便易行,材料恢复生长快。但值得注意的是由于不同植物、不同基因型或同一品种的不同材料其特性有差异,适宜的保存方法也有所不同。因此,在植物离体种质资源保存的实际操作中,通常是把两种或两种以上的保存方法结合使用,更有助于延长保存年限。

二、低温保存

植物组织培养物在低温的条件下,其生长速度缓慢,从而能够保存更长时间。这种通过降低温度而进行保存的方法称为低温保存。低温保存是种质离体保存的最简单有效的方法。低温保存通常可以分为冷藏(0~10℃)保存和冷冻(-80~0℃)保存两种类型。

拓展阅读:
华北落叶松胚性组织
超低温保存技术研究

植物对低温的耐受性不仅取决于基因型,也与其生长习性有关。多数植物的培养体最佳生长温度为20~25℃,当温度降低至0~12℃时生长速度明显下降。低温保存与光照条件密切相关,适当缩短光照时间,降低光照度,能减缓培养物的生长速度,延长保存时间。但要防止光照过弱使培养物生长不良,导致后期不能维持自身生长,不利于培养物的保存。草莓茎培养物在4℃的黑暗条件能保持其生活力长达6年之久,期间只需每3个月加入几滴新鲜的培养液;芋头茎培养物在9℃、黑暗条件下保存3年,仍有100%的存活率。葡萄和草莓茎尖培养物分别在9℃和4℃条件下连续保存多年,每年仅需继代一次。少数热带种类最佳生长温度为30℃，一般可在15～20℃条件下进行保存。

在低温保存时，为了更有效地延缓培养物的生长速度可将低温保存同控制培养基中的营养物质供应、添加生长抑制剂、提高培养基渗透压以及改变培养物生长环境中的氧含量等措施结合使用。

三、超低温保存

超低温保存是指在-80℃（干冰温度）到-196℃（液氮温度）甚至更低温度下保存植物种质的方法。其优点在于能有效避免种质在贮藏期间发生遗传变异的可能性。1973年Nag和Street首次使保存在液氮中的胡萝卜悬浮培养细胞恢复生长，促进了植物种质超低温保存的研究和应用。迄今为止，用超低温保存成功的植物已超过100种，涉及保存的种质材料有原生质体、悬浮细胞、愈伤组织、体细胞胚、胚、花粉胚、花粉、茎尖（根尖）分生组织、芽、茎段、种子等。

（一）超低温保存的原理

植物的正常生长、发育是一系列酶反应活动的结果。植物细胞处于超低温环境中，细胞内自由水被固化，仅剩下不能被利用的液态束缚水，酶促反应停止，新陈代谢活动被抑制，植物材料将处于"假死"状态。如果在对植物离体材料进行降温和升温处理过程中，没有改变化学成分，而物理结构变化是可逆的，那么，经超低温保存的植物细胞能保持正常的活性和形态发生潜力，且不发生任何遗传变异。

植物离体材料在低温冷冻过程中，如果细胞内水分结冰，细胞结构就会遭到不可逆的破坏，导致细胞和组织死亡。在冷冻过程中应避免细胞内水分结冰，并且在解冻过程中要防止细胞内水分的次生结冰。但是，植物细胞内含水量高，在冷冻过程中可能会有冰晶形成和过度脱水，在解冻过程中也可能会重新形成冰晶和遭受温度冲击，导致损伤。因此，植物种质资源离体保存应注意以下几点：选择细胞内自由水少、抗冻能力强的植物材料；采取一些预处理措施，提高植物材料的抗冻能力；在冷冻过程中尽量减少冰晶的形成，避免组织细胞过度脱水；在解冻过程中避免冰晶的重新形成以及温度变化导致的渗透冲击等。

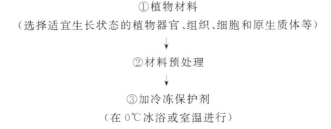

图4-1 植物离体材料超低温保存的基本程序

（二）超低温保存的基本程序

超低温保存的基本程序包括植物材料或培养物的选取、预处理、冷冻处理、冷冻贮存、解冻与洗涤、再培养与鉴定评价等（图4-1）。

(三)超低温保存的方法

1. 植物材料的选择

用于离体保存的植物材料很多,有培养的植物细胞、分生组织、植物器官、体细胞胚、幼小植株等。一般来说,细胞分裂旺盛、细胞体积小、原生质稠密、液泡化程度低的分生组织比细胞体积大、高度液泡化的细胞存活力更强。因为此种生理状态的细胞冻结时结冰小且少,并且在进行解冻时再结冰的可能性小,故有利于超低温保存。

愈伤组织分为胚性愈伤组织和非胚性愈伤组织。选择最适生长阶段的材料,对玻璃化超低温保存成功非常重要。通常选择10～20d愈伤组织作为材料,这种材料正处于分生阶段或对数生长的早期。处于这种生理状态的愈伤组织,抗冻能力强。愈伤组织用于超低温保存时,首先要转接至新鲜培养基上继代培养,使其进行快速增殖。植物组织培养的细胞不是超低温保存得最好的体系,而有组织结构的分生组织、植物器官、体细胞胚或幼小植株则是理想的保存材料。其中,植物分生组织是超低温保存的最常用的材料。

2. 低温预处理

低温预处理是将要进行保存的植物材料置于一定的低温环境中,使其接受低温锻炼的过程。其目的是在最短时间内有效提高植物组织细胞的抗冻能力。植物材料经过低温锻炼后其超低温保存成活率大大提高。通常是将保存的材料置于0℃左右的温度下处理数天至数周,也有使用温度梯度进行逐步降温处理的。

3. 添加冷冻防护剂

在细胞冷冻的过程中,冰晶产生会导致细胞器和细胞本身的伤害。若在植物保存材料预培养时添加冷冻防护剂就能有效地防止冰晶带来的伤害。其原理是冷冻防护剂在溶液中能产生强烈的水和作用,提高溶液的黏滞性,降低水的冰点和冷点(即均一冰核形成的温度),从而阻止了冰晶的形成,使细胞免遭冻害。

最常用的冷冻防护剂为二甲基亚砜(DMSO)、蔗糖和甘油等。其中,在培养基中添加高浓度的蔗糖应用最多,一般采用含0.3～0.7mol/L蔗糖的MS培养基。如在含8%蔗糖的改良MS液体培养基中振荡预培养6d,红豆杉愈伤组织在超低温保存后细胞活力可保持最高。冷冻防护剂既可以单独使用,又可结合使用,并且实验证明,几种防护剂结合使用的效果更理想。冷冻防护剂使用含量一般为5%～10%,在0℃低温下与样品混合,静置0.5h后再进行冷冻操作。

4. 冷冻处理

冷冻处理常用方法有慢冻法、快冻法、分步冷冻法、干冻法等。

(1)慢冻法 先以1～5℃/min的速度降温至-40～-30℃或-100℃,平衡1h左右,此时细胞内的水分减少到最低限度,再将样品放入液氮中(-196℃)保存。慢冻法可以使细胞内的自由水充分扩散到细胞外,避免在细胞内部形成冰晶。此法适合于大多数植物离体种质资源保存,对茎尖和悬浮培养物尤其适用。

(2)快冻法 对预处理过的材料以100～1000℃/min的速度降温,直至-196℃冷冻保存。快速冷冻使冰晶增大的临界温度很快过去,细胞内形成的冰晶体达不到使细胞致死的程度。该方法对高度脱水的植物材料,如种子、花粉及抗寒力强的木本植物枝条或冬芽较适宜,但对含水量较高的细胞培养物一般不适合。

玻璃化冷冻保存法也属于快冻法,是将经预处理、有较高含量的复合保护剂的材料直接投入液氮中快速冷冻,降温速度约1000℃/min,使植物细胞进入玻璃化状态,避免在冷冻过程中冰晶形成造成的细胞损伤。

(3) 分步冷冻法　将植物材料放入液氮前,先经几个阶段的预冻处理,如-20℃、-30℃、-40℃、-50℃、-70℃,然后再转入-196℃液氮中。

(4) 干冻法　将样品在高含量渗透性化合物(甘油、糖类物质)培养基上培养数小时至数天后,经硅胶、无菌空气干燥脱水数小时,再用藻酸盐包埋样品进一步干燥,然后投入液氮中;或者用冷冻保护剂处理后吸去表面水分,密封于锡箔纸中进行慢冻。这种方法适合于某些不易产生脱水损伤的植物材料。

5. 解冻与洗涤

解冻是将液氮中保存的材料取出,使其融化,以便恢复培养。解冻的速度是解冻技术的关键。解冻可分为快速解冻和慢速解冻两种方法。

(1) 快速解冻法　将冷冻的材料从液氮中取出后,放入30~40℃(该温度下解冻速度一般为500~700℃/min)温水浴中解冻。快速解冻能使材料迅速通过冰熔点的危险温度区,从而防止降温过程中所形成的晶核生长对细胞造成损伤。通常做法是待冰完全融化后立即移出样品,以防热损伤和高温下保护剂的毒害。

(2) 慢速解冻法　将冷冻的材料从液氮中取出后,置于0℃或2~3℃的低温下缓慢融化。对应采用干冻处理和慢速冷冻处理的材料,如木本植物的冬眠芽,因其经受了脱水和低温锻炼过程,细胞内的水分已最大限度地渗透到细胞外,若解冻速度太快,则细胞吸水过猛,细胞膜易破裂,进而导致材料死亡。

解冻速度的选择应参考冷冻速度。另外,不同植物及不同类型材料所适宜的化冻时间也有所差异,应通过反复试验,摸索最佳解冻方法。

除了干冻处理的生物样品外,解冻后的材料一般都需要洗涤,以清除细胞内的冷冻保护剂,一般是在25℃下,用含10%蔗糖的基础培养基大量元素溶液洗涤2次,每次间隔不宜超过10min。对于玻璃化冻存材料,化冻后的洗涤不仅可除去高含量保护剂对细胞的毒性,而且以此来进行温度变化过渡,有利于防止渗透损伤。但在某些材料研究中发现,解冻材料不经洗涤直接投入固体培养基中培养,数天后即可恢复生长,洗涤反而有害,如玉米冷冻细胞不宜洗涤,将融化后的材料直接置于培养基中培养,1~2周后培养物即可正常生长。

6. 再培养与鉴定评价

化冻和洗涤后应立即将保存的材料转移到新鲜培养基上进行再培养。

通过超低温保存可能有一部分材料被冻死,因而需要测定培养物的活力,以剔除没有生活力的材料。测定方法有TTC还原法、FDA染色法、伊文思蓝(Evans blue)染色法等,还可直接检测花粉发芽率及授粉结实率,种子萌发率及小苗生长发育状态,离体繁殖器官、组织形态发生能力,愈伤组织的鲜重增加、颜色变化及植株分化率,细胞数目、体积、鲜重、干重增加,有丝分裂系数等生长和分裂指标,生理活性维持、次生代谢能力的恢复情况,原生质体形成能力等。其中存活率是检测保存效果的最好指标。存活率的计算公式如下:

$$存活率 = \frac{重新生长细胞(或器官)数目}{解冻细胞(或器官)数目} \times 100\%$$

要进一步评价超低温保存后材料的恢复效果,包括细胞物理结构和生化反应变化以及遗传特性的保持等,可进行冷冻细胞的超微结构观察,气相层析法分析保存后材料释放的烃产量，红外分光光度计检测细胞的生活力，PCR技术检测保存后再生植株特定基因的存在，核糖体DNA分子探针研究保存后再生植株的限制性片段多态性，用细胞流量计数器检测细胞倍性等。

实验4-1　植物茎尖剥离与培养

思政园地：
如何拯救濒危植物

一、实验目的

1. 掌握植物脱毒的茎尖剥离技术。
2. 掌握茎尖培养脱毒基本操作流程。

二、实验内容

1. 大蒜茎尖剥离操作。
2. 大蒜茎尖脱毒培养。

三、器材与试剂

1. 仪器与用具

实验服、口罩、脱脂棉球、喷瓶、塑料周转筐、无菌瓶、超净工作台、酒精灯、干热灭菌器、解剖镜、解剖针、接种工具（已灭菌的解剖刀、剪刀、镊子、接种盘或无菌纸等）、废液缸、标签或记号笔等。

2. 材料与试剂

植株生长健壮、无明显病害和机械创伤的大蒜鳞茎、2%次氯酸钠溶液、70%～75%酒精、无菌水、已灭菌的培养基（MS+6-BA 0.5mg/L+NAA 0.1mg/L）。

四、方法及步骤

1. 外植体的选择与处理

选取通过春化、无病无霉变的大蒜瓣，用洗衣粉液浸泡10min，流水冲洗30min，70%～75%酒精浸泡30s，无菌水冲洗2～3次，再用2%次氯酸钠溶液浸泡10～20min，用无菌水冲洗3～5次。置于无菌纸上备用。

2. 茎尖剥离与接种

灭菌后的鳞茎置于超净工作台上，用解剖刀将在短缩茎盘外侧的木栓化部分薄薄切下0.3～0.5mm，然后由此处向芽端移2～3mm，横切取下。将切下鳞芽块的茎盘的切面向下，放在40倍显微镜下，剥去外部鳞片，剥离带1～2个叶原基的分生组织，接种到培养瓶内的芽分化培养基上。

3. 培养

剥离好的材料接种于培养基上，密封瓶口后，置于培养箱或组培室的培养架上。培养条件为：温度23±2℃，光照度2500～3000lx，光照时间13～16h/d，培养2～3周成苗。

4. 移栽

完整小植株经炼苗后移栽。

5. 无毒苗鉴定（略）

五、注意事项

1. 接种时最好使茎尖向上，不能埋入培养基内。
2. 切割茎尖要用锋利的解剖刀，并做到随切随接，防止茎尖变干。

六、实验报告

1. 观察污染、成活和脱毒情况，记下观察结果，填写表4-1，并进行分析。

表 4-1 茎尖脱毒观察记载表

材料名称：＿＿＿＿＿＿＿＿＿＿＿＿＿＿＿＿＿＿＿
培养基编号及配方：＿＿＿＿＿＿＿＿＿＿＿＿＿
接种时间：＿＿＿＿＿＿＿＿＿＿＿
接种情况：＿＿＿＿＿＿＿＿＿＿＿

观察日期	接种茎尖数	污染茎尖数	污染率/%	成活茎尖数	成活率/%	无毒鉴定株数	无毒株数	无病毒率/%

记载人：

2. 根据相关数据，将该实验内容整理成实验报告。

实验 4-2 脱毒苗的指示植物鉴定

一、实验目的

掌握用汁液涂抹法进行脱毒苗的指示植物鉴定的操作方法。

二、实验内容

采用汁液涂抹法进行香石竹组培苗脱毒鉴定。

三、器材与试剂

1. 仪器与用具
300目防虫网室、花盆、研钵、500～600目金刚砂、剪刀、纱布、棉球等。
2. 材料与试剂
经脱毒处理的香石竹待检组培苗、苋色藜等指示植物、0.1mol/L 磷酸缓冲液（pH 7.0）。

四、方法及步骤

1. 指示植物栽植
在防虫网室内提前播种石竹、苋色藜等指示植物，培育实生苗。待苗龄达 8～10 周时，即可用于鉴定。

2. 叶片研磨

取经脱毒处理的香石竹组培苗幼叶 1～3g，置于研钵中，加入 10mL 水和等量的 0.1mol/L 磷酸缓冲液（pH 7.0），研碎后加入少量 600 目金刚砂作为摩擦剂，制成匀浆。

3. 汁液涂抹

用手指或纱布或棉球蘸取匀浆液轻轻涂抹石竹、苋色藜的叶片表皮接种。两种指示植物各涂抹 2 组，每组 5 盆，每盆处理 3 片叶子。

4. 观察记录

汁液涂抹 1 周后检查新生叶是否产生病斑。若有枯斑或花叶等症状，表明所取材料脱毒效果不佳，需进一步进行脱毒处理；若无病毒病症状出现，则表明所取材料已脱去病毒。

五、注意事项

1. 指示植物选择准确。
2. 操作流程清楚，动作规范、准确、熟练、快捷。
3. 汁液涂抹法操作时，涂抹叶片力度要适当，既要使汁液浸入指示植物叶片，又不使叶片受损严重。

六、实验报告

观察记录指示植物的生长变化情况。

实验 4-3　试管苗的生长抑制剂保存

一、实验目的

学习并掌握植物试管苗的生长抑制剂保存方法。

二、实验内容

选择适宜的贮藏培养基成分和适宜的生长抑制剂，延缓葡萄试管苗生长，使其保存时间长，并且不能出现毒害现象，转接后恢复生长良好。

三、器材与试剂

1. 仪器与用具

高压灭菌锅、超净工作台、镊子、解剖刀、解剖针、酒精灯、磁力搅拌器、烧杯（500mL、100mL）、量筒（100mL）、容量瓶（500mL、1000mL）、移液管、标签纸、记号笔等。

2. 材料与试剂

MS 母液、激素母液、多效唑、蔗糖、琼脂、蒸馏水、酒精、0.1mol/L NaOH 溶液、0.1mol/L HCl 溶液等。

四、方法及步骤

1. 培养基的制备

葡萄试管苗保存培养基：1/4MS＋IBA 0.2mg/L＋多效唑 2.0mg/L＋20g/L 蔗糖＋6g/L 琼脂。对照培养基（CK）：1/4MS＋IBA 0.2mg/L＋20g/L 蔗糖＋6g/L 琼脂。培养基经高压蒸汽灭菌后置于无菌室备用。

2. 试管苗转接

在超净工作台上，取生长约 45d 的葡萄试管苗，切除基部愈伤组织部分及根，分别接种在含有多效唑的保存培养基和对照培养基上。

3. 保存培养

接好的培养物置于温度为 25±2℃，光照度为 1000lx，光照时间为 12h/d 的培养室内进行保存。

4. 观察记载及结果统计

接种 45～60d 后观察记录葡萄试管苗在保存培养基与对照培养基上的生长差异。更明显的保存效果观察可在保存半年以后进行。

五、注意事项

1. 制备培养基时对各种不同培养基应标识清楚，以免混淆。
2. 试管苗转接后应在培养瓶上注明接种时间，并测量和记录试管苗茎高、小叶数、生长情况等形态、生理指标，以便保存后比较效果。
3. 转接过程中应严格无菌操作，避免污染发生。

六、实验报告

观察记录转接苗在两种培养基中的生长情况。

知识小结

※植物脱毒的意义

恢复植物原有优良特性，增强生长势，提高产量，改善品质。

※植物脱毒的方法

1. 微茎尖脱毒：选择外植体→外植体消毒→剥离茎尖→分化培养→增殖培养。
2. 热处理脱毒：一定高温下培养的植物材料→外植体消毒→接种→初代培养→增殖培养。
3. 其他脱毒方法：化学药剂处理脱毒、愈伤组织培养脱毒、珠心胚培养、花药培养脱毒等。

※脱毒苗的鉴定与保存

1. 脱毒苗鉴定：直接检测法、指示植物法、抗血清鉴定法、电子显微镜鉴定法、酶联免疫吸附测定法（ELISA）和分子生物学检测法等。

2. 脱毒苗保存:在离体或防虫网室中保存,防止再次感染病毒。

※种质资源限制生长保存的方法

低温保存、高渗透压保存、生长抑制剂保存、降低氧分压保存等。

※种质资源超低温保存的程序

植物材料或培养物的选取→材料预处理→冷冻处理→冷冻贮存→解冻与洗涤→再培养与鉴定评价。

一、名词解释(每题 2 分,共 20 分)

1. 脱毒苗
2. 热处理脱毒
3. 直接检测法
4. 指示植物法
5. 血清反应
6. 玻璃化法
7. 种质资源
8. 离体保存
9. 无病毒原种
10. 超低温保存

二、填空题(每空 1 分,共 25 分)

1. 一般成熟的组织和器官病毒含量_____,而未成熟的组织和器官病毒含量_____,生长点(_____mm 区域)则几乎不含病毒或含病毒很少。

2. 顶端分生组织是指茎的最幼龄_____上方的一部分,茎尖则是_____及其下方的_____个幼叶原基一起构成的。

3. 一般寄主体内病毒的浓度越大,寄主体内正常蛋白质含量越_____,处理的时间越_____,则所需的钝化热能越大,也就是需要更高的温度。

4. 目前国内外常用的检测技术主要有直接检测法、_____法、抗血清鉴定法、酶联免疫法、_____法和_____鉴定法。

5. 在通过微茎尖培养脱毒时,外植体的大小应以成苗率和脱毒率综合确定,一般为_____mm,带_____个叶原基。

6. 茎尖培养脱毒时,一般顶芽的脱毒效果比侧芽_____,生长旺盛季节的芽比休眠芽或快进入休眠的芽的脱毒效果_____。

7. 在去除植物病毒时,_____结合_____可明显提高脱毒效果,但不足之处是_____。

8. 指示植物可分为_____接种法和_____接种法。草莓脱毒苗常用指示植物_____进行病毒鉴定。

9. 无病毒苗低温保存,就是将茎尖或小植物接种到培养基上,放在_____℃的低温下保存,超低温保存是将试管苗放在_____℃的液氮低温下进行保存。

10. 玻璃化超低温保存方法包括_____和_____。

三、判断题(每题1分,共10分)

(   )1. 病毒在植物体内的分布是不均匀的,植物顶端分生组织一般来说是无毒的,因而通过顶端分生组织培养,可以获得脱毒苗。

(   )2. 茎尖大小与茎尖培养的成活率和茎叶分化生长的能力呈正相关,而与脱毒效果呈负相关。

(   )3. 一般侧芽的脱毒效果比顶芽好,生长旺季的芽比休眠芽或快进入休眠的芽的脱毒效果好。

(   )4. 愈伤组织在长期继代培养的过程中,由于培养基中激素、生长素类物质的刺激影响,通常会发生体细胞无性系变异,这种变异的范围和方向都是不定的。

(   )5. 指示植物法可以测出病毒总的核蛋白浓度,也可以检测被鉴定植物体内是否含有病毒质粒以及病毒的相对感染力。

(   )6. 利用茎尖培养或其他途径得到的无毒苗不必进行病毒鉴定。

(   )7. 研究表明,通过顶端分生组织培养,能够脱除植物营养体部分的病毒,获得无病毒植株。

(   )8. 热水处理对活跃生长的茎尖效果较好,既能消除病毒,又能使寄主植物有较高的存活机会,目前热处理大多采用这种方法。

(   )9. 无病毒原种即使在隔离区内种植,也有重新感染的可能性,因此还要定期进行病毒测定。

(   )10. 利用茎尖培养或其他途径得到的无毒苗不必进行病毒鉴定。

四、选择题(每题2分,共10分)

1. 同一植株下列部位_____病毒的含量最低。
   A. 茎段   B. 根尖生长点细胞   C. 茎节细胞   D. 叶柄细胞

2. 利用植物组织培养进行脱毒,最常用的是_____。
   A. 茎尖脱毒   B. 愈伤组织脱毒   C. 离体微型嫁接脱毒 D. 花药脱毒

3. 由于在培养的植株中许多病毒具有延迟的恢复期,所以在最初_____个月中每隔一定时间仍需进行鉴定。
   A. 18   B. 12   C. 10   D. 24

4. 在脱毒苗脱毒效果检测中_____专一性最强、效果最好。
   A. 指示植物法   B. 抗血清鉴定法
   C. 电子显微镜鉴定法   D. 分子生物学检测法

5. 无病毒苗长期保存的方法是_____。
   A. 低温保存   B. 超低温保存   C. 隔离保存   D. 种植保存

五、问答题(每题 5 分,共 35 分)

1. 简述植物茎尖培养获得无病毒苗的原理。哪些因素会影响植物茎尖培养的脱毒效果?
2. 分析与比较植物脱毒各种方法的主要特点。
3. 分析与比较植物脱毒苗鉴定方法的主要特点。
4. 什么是种质?种质资源的意义和作用有哪些?
5. 种质离体保存与传统的种质资源保存方式有何不同?离体保存植物种质资源具备哪些优点?
6. 植物种质资源限制生长保存有哪些方法?
7. 什么是超低温保存?其原理是什么?请简述操作程序。

项目五　植物组培苗工厂化生产与管理

教学素材

知识目标

- 一般掌握市场调研的方法和程序；
- 掌握生计划制定方法；
- 掌握组织培养苗木工厂化生产工艺流程、技术环节及成本核算与效益分析的方法；
- 掌握组培苗木工厂化生产的经营管理方法。

能力目标

- 能够科学制定生产计划、培训计划、新技术推广方案；
- 会进行组织培养的成本核算与效益分析；
- 能够按照组织培养苗木工厂化生产工艺流程、技术环节；
- 能根据要求和市场需求，实施有效的经营管理。

素质目标

- 提高学生学以致用的能力，培养良好的创新意识；
- 提高学生独立思考能力、解决问题能力和资料整理归纳能力；
- 培养学生成本意识、提高有效经营管理的能力。

植物组培苗的工厂化生产是指在人工控制的最佳环境条件下，充分利用自然资源和社会资源，采用标准化、机械化、自动化技术，高效率地按计划批量生产优质植物苗木。组织培养工厂化育苗主要应用于植物快繁和脱毒苗生产，目前已有不少花卉、果树、蔬菜等经济作物采用组织培养技术，利用具有规模生产条件的组培苗生产线进行大规模的工厂化生产。

进行植物组培苗工厂化生产需要一定的基础设施和设备，在生产过程中应优化设计生产工艺流程，根据市场需求安排生产计划，并加强生产和销售过程中的科学管理，最大限度地降低生产成本，才能获得良好的经济效益。

任务一　组培苗生产计划的制订与实施

一、生产计划的制订

(一)生产计划制订的原则

生产计划的制订是进行组培苗商业化生产的关键和重要依据,生产量不足或生产量过剩都会造成直接的经济损失。生产计划制订的原则一般是根据市场需求状况与趋势、自身生产条件与规模实力,先确定全年的销售目标,然后综合考虑组培苗生产过程中各个环节的损耗,制订出相应的生产计划。

(二)生产计划制订的依据

1. 市场调研结论

市场调研结论是在市场调查的基础上,通过科学的统计分析与预测得出的,它是市场经济条件下任何企业制订生产计划、实施科学有效的经营管理的重要的决策依据。因此,组培苗商业化生产同样也需要认真做好市场调研工作。某些组培育苗工厂之所以有组培苗销路不畅而大量积压,造成很大的经济损失和浪费,就是因为没有搞好市场调研,脱离市场行情和需求,盲目生产。

组培苗市场调研的内容主要包括市场需求的调查、市场占有率的调查及对其科学的分析与预测。一般根据区域种植结构、自然气候、种植的植物种类及市场发展趋势等预测市场需求。如马铃薯在华北地区、东北地区、华东地区北部种植面积大,种苗市场需求量大;草本花卉种苗在昆明、上海、山东等鲜切花生产基地就有相当大的需求市场;南方草本花卉、观赏树木种苗繁育优势明显,北方球根、球茎类花卉种苗繁育异军突起,占国内市场份额越来越大。所谓市场占有率,是指一家企业的某种产品的销售量或销售额与市场上同类产品的全部销售量或销售额之间的比。通过对某种组培植物的品种、种苗质量、种苗价格、种苗的生产量、销售渠道、包装、保鲜程度、运输方式和广告宣传等多方面调查来分析预测这种植物组培苗的市场占有率。一般来说,企业生产的种苗在质量、价格、供应时间、包装等方面处于优势地位,则销售量大,市场占有率就高,反之则低。

通过组培苗的市场调查、分析预测,进而得出科学的结论,并以此结论为指导制订出组培苗的生产计划。只有这样,才能使组培苗的生产做到有的放矢,避免生产的盲目性。

2. 供货数量与供货时间

有稳定的订单就可以按照订货量组织生产,按期交货。如果供苗时间比较长,从秋季到春季分期、分批出苗,则可以在继代增殖4~5代后开始边增殖边诱导生根出苗,因为一般组培苗在第4至第10次继代时增殖最正常,效果最好;如果供苗时间集中,但又有足够长的时间可供继代增殖,则可以连续增殖,待存苗达到一定数量后,再一次性壮苗、生根,集中出苗;如果接到订单较晚,离供苗时间很短,往往需要增加种苗基数,在前期加大增殖系数(可用激素调节,尤其是提高细胞分裂素比例,并控制最适宜的温度、光照时间等)。在无大量订购苗的订单之前,一定要限制增殖的瓶苗数,并有意识地控制瓶内幼苗的增殖和生长速度。通常可通过适当降温或在培养基中添加生长抑制剂和降低激素水平等方法控制,或将原种材料进行低温或超低温保存。一旦根据市场预测确定组培苗生产数量后,尤其是直接销售组培瓶苗或正处于驯化的组培幼苗,必须明确上市时间。由于受大田育苗季节性限制,一般供货时间主要集中在秋季和春季。尽量避免高温与寒冷季节大批量供货,这样可以降低育苗成本。

(三)生产计划制订需考虑的问题

1. 对各种植物的增殖率应做出切合实际的估算

试管苗的增殖率是指植物快速繁殖中间繁殖体的繁殖率。估算试管苗的繁殖量,以苗、芽或未生根嫩茎为单位,一般以苗或瓶为计算单位。年生产量(Y)决定于每瓶苗数(m)、每周期增殖倍数(X)和年增殖周期数(n),其公式为:$Y=mX^n$。

如果每年增殖 8 次($n=8$),每次增殖 4 倍($X=4$),每瓶 8 株苗($m=8$),全年可繁殖的苗是:$Y=8×4^8≈52$(万株)。此计算为理论数字,在实际生产过程中还有其他因素如污染、培养条件发生异常等的影响,会造成一些损失。另外,还受到设备容量和人力的限制,如培养瓶不可能成几何级数增加,接种、做培养基的员工也不可能如此增加。因此,实际生产的数量应比估算的数字低。

2. 要有植物组织培养全过程的技术储备

这些技术包括外植体诱导技术、中间繁殖体增殖技术、生根技术、炼苗技术等。

3. 要掌握或熟悉各种组培苗的定植时间和生长环节

4. 要掌握组培苗可能产生的后期效应

(四)生产计划的安排

虽然各种植物都有一定的市场需求量,但是用苗的时间和用苗量却不统一,外植体来源季节也不同。所以,为了保证全年生产,周年供应,全年销售总目标和年生产计划必然分解成各月的销售计划和相应的月生产计划。在分解全年生产计划时,要充分考虑全年组培苗生产的旺季和淡季,实行不均衡分解,并且要优先安排有订单的生产计划。同时要注意品种的合理搭配,以用户为中心,以市场为导向编制生产计划。在确定生产规模后,按照增殖率计算培养周期及相应的时间,来安排具体的生产工艺流程。生产日期应参照销售计划和销售时期拟定。原则上组培苗的出瓶日期应根据生产品种的不同,较销售日期提前 40~60d;生产数量应考虑污染损耗、变异畸形苗淘汰、移栽成活率等因素,一般应比计划销售量加大 20%~30%。组培苗生产数量的计算公式如下:

年(月)销售计划量=年(月)实际生产数量×(1-损耗)×移栽成活率

上式中,损耗一般为 5%~10%。

例如,某种植物组培平均 30d 为一个增殖周期,一部超净工作台每人每天转苗量 1200 株,增殖与生根的苗量比例 3∶7,各种损耗 5%,移栽成活率 85%,就可按每月 25 个工作日计算出每月平均生产量和全年的生产量。

每月平均生产量=1200(株)×70%×25×(1-5%)×85%≈16958(株)

全年生产量＝16958(株)×12＝203496(株)

下面以非洲菊组培苗为例，说明全年销售计划量及生产计划量的制订方法（表5-1、表5-2）。从表中可以清楚看出非洲菊全年中生产的旺季和淡季，便于生产安排。但生产计划是根据市场需求情况制订的，有一定的预见性，不一定完全准确，在生产过程中还应根据市场需求的变化，及时进行适度调整，以此更好地促进组培苗的适时生产和有效销售。

表5-1 不同品种非洲菊组培苗的全年销售计划量

单位：万株/年

品种	月份												总计
	1	2	3	4	5	6	7	8	9	10	11	12	
总量	3.0	3.0	13.0	20.0	20.0	10.0	2.0	2.0	10.0	12.0	3.0	2.0	100.0
品种1	1.5	1.2	5.0	10.0	6.0	2.0	1.0	0.6	4.0	5.0	0.8	1.0	38.1
品种2	1.0	1.0	3.0	5.0	5.0	5.0	0.5	0.3	3.0	3.0	1.2	0.3	28.3
品种3	0.5	0.8	5.0	5.0	9.0	3.0	0.5	1.1	3.0	4.0	1.0	0.7	33.6

表5-2 不同品种非洲菊组培苗的全年生产计划量

单位：万株/年

品种	月份												总计
	1	2	3	4	5	6	7	8	9	10	11	12	
总量	3.60	3.60	15.60	24.00	24.00	12.00	2.40	2.40	12.00	14.40	3.60	2.40	120.00
品种1	1.80	1.44	6.00	12.00	7.20	2.40	1.20	0.72	4.80	6.00	0.96	1.20	45.72
品种2	1.20	1.20	3.60	6.00	6.00	6.00	0.60	0.36	3.60	3.60	1.44	0.36	33.96
品种3	0.60	0.96	6.00	6.00	10.80	3.60	0.60	1.32	3.60	4.80	1.20	0.84	40.32

二、生产计划的实施

（一）建立无性繁殖系

实施生产计划的第一步是准备繁殖材料，并使其达到需要的增殖基数。首先要确保接种材料是优良单株或群体，要求品种来源清楚，无病虫害，无肉眼可见病毒症状，具有典型的品种特征。如在开始取材时失误，将会给生产造成难以挽回的损失。其次是经初代诱导培养形成多个繁殖芽后，必须及时进行相关品种的脱病毒鉴定，并淘汰带病毒的材料。对特殊的稀有珍贵品种脱除病毒后，才能将其继续作为繁殖材料使用。最后通过各个培养阶段的试验研究，建立无性繁殖系。可以说繁殖材料和组培技术两大方面为商品组培苗的生产奠定了基础。

（二）控制存架增殖总瓶数

当合格的培养材料经过增殖达到所需的基数后，存架增殖总瓶数的控制就成为关键。其数量不应过多或过少，如盲目增殖，一定时间后就会因人力或设备不足，处理不了后续工作，造成增殖材料积压，部分培养苗老化，超过最佳转接继代时期，使用于生根的小苗长势不良、瘦弱细长，严重降低出瓶苗质量和过渡苗成活率，也使留用的繁殖苗生长势减弱、增殖倍率下降等，既增加生产成本又严重影响种苗质量；反之，若存架增殖瓶数准备不足，又会造成繁殖母株不够,导致不能按时完成生产计划,延误产苗时期,造成较大的经济损失。存架增殖总瓶数的计算可综合考虑生产计划的数量、每个生产品种的生根比率及操作人员的工作效率等因素,它们之间存在以下关系:

存架增殖总瓶数＝月计划生产苗数/每个增殖瓶月可产苗数

月计划生产苗数＝每个操作员工每天可出苗数×月工作日×员工数

每个增殖瓶月可产苗数,即在1个月内可生根的苗数,与植株的组培生长周期、增殖率等因素有关。生长周期长的,在1个月内转接的次数少,可用于生根的苗数少,即产苗数便少;反之则产苗数多。增殖倍率高,生根比率大,每个工作日需用的母株瓶数较少,产苗数较多;反之增殖倍率低,因维持原增殖瓶数,需要占有最好的材料用于繁殖,以致不可能有较多的小苗用于生根,产苗数就少。由此可见,在组培生产中,根据具体生产品种的实际增殖情况,及时调整培养基中植物激素的种类及用量,适当调整培养条件,有效提高其增殖倍率是极为重要的,因为这些因素关系到组培苗的生产效率。

按以上公式,控制组培苗生产过程中的增殖总瓶数,可以使处于增殖阶段的繁殖苗,在1个周期内全部更新1次培养基,使种苗处于不同生长阶段的最佳状态,有利于提高种苗的质量;根据增殖总瓶数及操作员工的工作效率,可计算出生产过程中需要的人力投入,在生产初期便可安排好合适数量的员工,以保证组培生产的顺利进行。例如,在一个进行规模化组培生产的单位,根据市场的需求,在一年中要生产好几个种类的组培种苗,其中满天星在3月份需要生产12万株。根据满天星组培苗的增殖能力,每瓶增殖苗一次继代可生根成品苗20株,并保持1瓶增殖苗。满天星组培苗的增殖周期为15～20d,可在1个月内继代1.5次,那么就可计算出3月份需准备好4000瓶增殖苗以供生产之需。满天星的接种操作相对简单,1名操作工人1d可处理60瓶左右的增殖苗,1个增殖周期内可处理1000瓶增殖苗。因此,4名员工便可以完成满天星组培苗的生产。

因为植物组培快繁的产品是具有生命力的种苗,在生产过程中可能会发生增殖苗长势不好、玻璃化、黄化、污染等常见的问题,而且各月的生产计划也不同,所以按公式计算得到的数据只供参考,实际生产时应根据具体情况对增殖苗瓶数进行适时调整,并进行操作人员数量的调动安排。

任务二　生产工艺流程与技术环节

在组织培养苗木工厂化生产的过程中,只有按照生产计划的要求,制订并严格执行生产工艺流程,严格管理,规范操作行为,保证前后技术环节衔接的顺畅,才能适时定量生产出优质组培苗,满足市场需求。组培苗木生产工艺流程见图5-1。组培工厂化生产主要有五大技术环节:种源选择、离体快繁、组培苗移栽驯化、苗木质量检测、组培苗木包装与运输。

视频资源:
蓝莓组培快繁技术

视频资源:
培养基自动分装

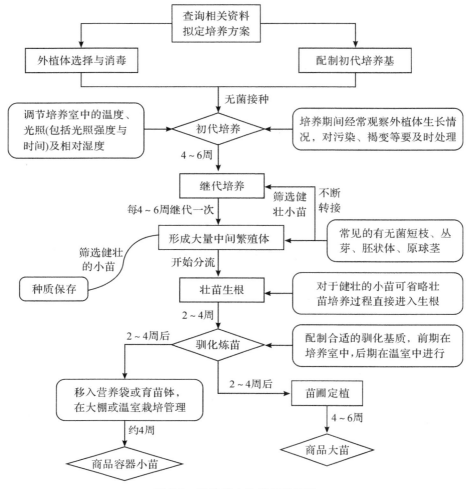

图 5-1 组培苗木生产工艺流程

一、种源选择

种源是组培苗木工厂化生产的必要条件和首先要考虑的问题。选择的植物品种既要适应市场的需求,又要考虑适应当地的环境条件,以便简化生产条件,降低生产成本。获得种源主要有两条途径:一是通过外购、技术转让或种苗交换等方式获得无菌原种苗。外购的原种苗一般是大众化或市场潜力不大的试管苗;种苗交换则以较强的技术实力做后盾;对于有技术力量的组培单位,还是以技术转让的好。这条途径方便、快捷、省时、缩短快繁进程,如果市场需求量大,要求在短时间内形成生产规模,宜采用此法。二是自主研发,从初代培养外植体开始获得无菌原种苗。根据培养目的和植物种类的不同,选择外植体(一般选择顶芽和腋芽),并做好外植体消毒工作是获得无菌瓶苗的两个技术环节(见项目三内容),而建立种质资源圃,加强品种选育和母株培育,则是确保种源纯正、方便采集接种材料、及时更新组培无性繁殖系所采取的必要措施。

二、离体快繁

经初代培养获得无菌材料、继代快繁增殖、生根等技术环节和工序,获得健壮生根苗。

此技术环节又涉及培养基制备、接种与培养等技术环节。参阅项目三内容。

三、组培苗的驯化移栽

组培苗的驯化移栽技术主要是针对组培苗应用无土栽培技术进行组培苗定植前的培育，以提高组培苗对自然环境的适应性，这是决定组培成败和能否及时满足种苗市场需求的关键技术环节。组培苗的驯化移栽操作流程见图 5-2。

图片资源：
蝴蝶兰组培苗
工厂化生产

```
驯化移栽 ┬ ①选择育苗容器，一般选择穴盘
前的准备 │ ②选配基质，一般有机基质与无机基质混配
         │ ③确定营养液配方，外购消毒剂、杀菌剂、杀虫剂和配制营养液所需的肥料等
         │ ④工具、穴盘、基质消毒、基质装盘
         └ ⑤配制营养液，检查供液系统是否正常
              ↓
组培苗的 ┬ ①组培瓶苗室温下自然适应一段时间
驯化移栽 │ ②起苗、洗苗和分级
         └ ③组培苗移栽至穴盘
              ↓
幼苗驯化 ┬ ①穴盘苗送入驯化室：驯化室一般为防虫温室或塑料大棚
管理     │ ②弱光、高湿、适当低温、低剂量营养液供给
         └ ③加强病虫害防治
              ↓
幼苗"绿 ┬ ①穴盘苗在温室或塑料大棚内见光"绿化"
化"炼苗 │ ②延长光照时间，光强由弱至强，循序渐进
         │ ③营养液正常供应，加强通风
         └ ④加强病虫害防治
              ↓
无性扩繁 ┬ ①选择适宜的无性繁殖方法
组培苗   └ ②加强环境调控和病虫害防治
              ↓
成苗管理 ┬ ①营养液供应充分
         │ ②温湿度管理要适宜，光照充足
         │ ③加强病虫害防治
         └ ④组培苗生长正常
```

图 5-2　组培苗驯化移栽操作流程

四、组培苗的质量鉴定

（一）组培苗质量鉴定的项目

苗木质量鉴定是保证苗木质量和保护种植者利益的重要环节，也是确定苗木价格的重要依据。随着组培技术的推广应用，越来越多的组培苗进入商业化生产和流通。由于其生产方式的创新性和产品的先进性，质量检验尤其严格。我国组培苗的质量检测标准尚不完善，而美国新建立了不少专门检测组培快繁苗质量的公司和机构。质量鉴定的项目主要有以下几个方面：

拓展阅读：
蝴蝶兰组培苗工厂化
生产技术规程

1. 商品性状

①苗龄相对较大,早熟性较好,质量较高,鉴定级别高,依次排列;②叶片长、株高、茎粗、植株展幅、根系状况等农艺性状要根据不同作物要求定级。

2. 健康状况

①是否携带真菌、细菌;②是否携带病毒。

3. 遗传稳定性

①是否具备品种的典型性状;②是否整齐一致;③采用 RAPD 或 AFLP 法对快繁材料进行"指纹"鉴定,以确定其遗传稳定性。

(二)组培苗木的质量标准

原种组培苗的质量标准是不携带病毒和病原物,保持品种纯正。对于生产性组培瓶苗的质量标准要根据根系状况、整体感、出瓶苗高和叶片数 4 项指标判定。各项指标的重要程度依次是:根系状况＞整体＞出瓶苗高＞叶片数。对于无根、长势不好、色黑的苗,一票否决,定为质量不合格。只有在根系状况达到要求后,才能进行其他指标的综合评定。几种常见花卉组培苗的出瓶质量标准见表 5-3。

表 5-3　几种常见花卉组培苗的出瓶质量标准

名称	等级	根系状况	整体感	出瓶苗高/cm	叶片数
满天星	1 级	有根	苗粗壮硬直,叶色深绿	2～3	4～8 片
	2 级	有根原基或无根		1.5～3	4～8 片
非洲菊	1 级	有根	苗直立单生,叶色绿,有心苗	2～4	3 片以上
	2 级	有根	较 1 级苗小,部分苗叶形不周正,有心	1～3	3 片以上
勿忘我	1 级	有根	苗单生,叶色绿,有心	2～3	3 片以上
	2 级	有根		2～4	3 片以上
情人草	1 级	有根	苗单生,叶色正常	2～4	3 片以上
草原龙胆	1 级	有根	苗单生,叶色绿,无莲座化	2～4	6 片以上
	2 级	有根		1.5～3	4～6 片
菊花	1 级	有根	苗粗壮硬直,叶色灰绿	2～4	4 片以上
	2 级	有根		1～2	
孔雀草	1 级	有根	苗粗壮挺直,叶色绿	3～4	5 片以上
	2 级	有根		1～3	3 片以上

组培苗驯化成活后要出圃种植。出圃种苗的质量影响到种植后的成活率、长势、产量和病虫害防治。出圃种苗的质量标准主要根据茎的粗度、苗高、根系状况、叶片数、整体感、整齐度和病虫害损伤等指标来判定。出圃种苗的公共质量标准见表 5-4,几种常见切花的出圃规格标准见表 5-5。

表 5-4　出圃种苗的公共质量标准

	评价项目	等级		
		1 级	2 级	3 级
1	根系状况	根系生长均匀、完整,无缺损	根系生长较均匀、完整,无或稍有缺损	根系完整,生长一般,稍有缺损
2	整体感	生长旺盛,形态完整、均匀和新鲜;粗壮、挺拔,匀称;叶色油绿、有光泽	生长正常,形态完整、均匀和新鲜;较粗壮、挺拔,匀称;叶色油绿、光泽稍差	生长一般,形态完整、均匀,新鲜程度稍差,一般或稍有徒长现象;叶色绿,光泽稍差
3	整齐度	同一级别中 90% 以上的地径、苗高在同批次种苗平均地径、平均苗高的±10%范围内	同一级别中 85% 以上的地径、苗高在同批次种苗平均地径、平均苗高的±10%范围内	同一级别中 80% 以上的地径、苗高在同批次种苗平均地径、平均苗高的±10%范围内
4	病虫害损伤	无检疫性病虫害,无病虫害危害斑点	无检疫性病虫害,无病虫害危害斑点	无检疫性病虫害,无病虫害危害斑点

表 5-5　几种出圃种苗的规格标准

序号	名称	1 级			2 级			3 级		
		地径/cm	苗高/cm	叶片数/片	地径/cm	苗高/cm	叶片数/片	地径/cm	苗高/cm	叶片数/片
1	满天星	≥0.6	6～8	≥14	0.4～0.6	5～6	11～12	0.2～0.4	4～5	10～11
2	非洲菊	≥0.5	10～12	≥10	0.4～0.5	8～10	4～7	0.3～0.4	6～8	3～4
3	补血草	≥0.5	12～14	≥14	0.4～0.5	10～12	8～10	0.2～0.3	8～10	6～8
4	情人草	≥0.5	11～13	≥12	0.3～0.5	9～11	6～12	0.2～0.3	6～9	4～6
5	草原龙胆	≥0.4	6～8	≥10	0.3～0.4	4～6	6～8	0.2～0.3	3～4	4～6
6	菊花	≥0.6	8～12	≥12	0.5～0.6	6～8	10～12	0.4～0.5	3～5	8～10
7	孔雀草	≥0.5	8～12	≥14	0.4～0.5	5～6	10～14	0.2～0.4	3～5	6～10

五、组培苗的包装与运输

(一)对包装箱的要求

包装箱的质量可因苗木种类、运输距离不同而异。近距离运输,可用简易的纸箱或木条箱,以降低包装成本;远距离运输,要多层摆放,为充分利用空间,应考虑箱的容量、箱体强度,以便经受压力和颠簸。包装箱应印有本公司商标,以利于公司宣传及组培苗木的销售。

(二)对组培苗的要求

组织培养苗木驯化移栽成活后一般采用水培和基质培育苗,但起苗后根系全部裸露,根系须采取保湿等措施,否则经长途运输后成活率会受到影响。采用岩棉、草炭作为基质,其质轻、保湿并有利于护根,效果较好。目前推广应用的穴盘育苗法基质使用量少,护根效果好,便于装箱运输,适合苗木运输。一般远距离运输应以小苗为宜,尤其是带土的秧苗。小苗龄植株苗小,叶片少,运输过程中不易受损,单株运输成本低。但是,在早期产量显著影响产值的情况下,保护地及春季露地早熟栽培培育的秧苗需达到足够大的苗龄才能满足用户的要求。

(三)对运输工具的要求

根据运输距离的远近选择运输工具。近距离运输可用一般汽车运输;远距离运输则需要依靠火车或大容量汽车,最好具有调温、调湿装置。组培苗最好直接运至定植场所,避免多次搬动,以减少秧苗受损。对于珍贵苗木或有紧急要求者也可空运。

(四)对运输适温的要求

一般组培苗木运输需要低温条件($9\sim18℃$)。果菜秧苗的运输适温为$10\sim21℃$,低于$4℃$或高于$25℃$均不适宜;结球甘蓝等耐寒叶菜秧苗的运输适温为$5\sim6℃$。

(五)做好运输工作

1. 运输前的准备

(1)确定具体启程日期,并及时通知育苗场及用户注意天气预报,做好运前的防护准备,特别在冬春季,应做好秧苗防寒防冻准备。起苗前几天应进行秧苗锻炼,逐渐降温,适当少浇或不浇营养液,以增强秧苗抗逆性。

(2)运输前秧苗的包装工作应加速进行,尽量缩短时间,减少秧苗的搬运次数,将苗损伤减少到最低程度。

(3)为了保证和提高运输组培苗的成活率,应注意根系保护及根系处理。一般的水培苗或基质培苗,取苗后基本不带基质,可将数十株至百株(据苗大小而定)扎成一捆,用水苔或其他保湿包装材料将根部裹好再装箱。穴盘苗的运输带基质,应先振动秧苗使穴内苗根系与穴盘分离,然后将苗取出带基质摆放于箱内;也可将苗基部蘸上用营养液拌和的泥浆护根,再用塑料膜覆盖保湿,以提高定植后的成活率及缓苗速度。

2. 运输中的事项

运输应快速、准时,远距离运输中途不宜过长时间停留。运到地点后应尽早交给用户,及时定植。如用带有温湿度调节的运输车运苗,应注意调节温湿度,防止过高、过低的温湿度危害秧苗。

任务三 组培苗生产成本核算与效益分析

一、成本核算

组培苗木工厂化生产是商业行为,只有生产出质优价廉的苗木,才能在市场竞争中取胜,才能获得较好的经济效益。因此,必须进行生产成本的核算。一个组培工厂的成本指标,既是反映其经营管理水平和工作质量的综合指标,也是了解生产中各种消耗,改进工艺流程,改善薄弱环节的依据,还是提高效益,节省投资的必要措施。组培育苗的成本核算比较复杂,既有工业生产的特点,可周年在室内生产,也有农业生产的特点,需要在温室或田间种植,受气候和季节的影响,需要较长时间的管理,才能出圃成为商品。加之不同种类、不同品种之间的繁殖系数、生长速度均有较大差异,很难逐项精确核算。一般做法是认真记录年产一定数量组培苗的各项支出。组培苗木工厂化生产成本划分见表5-6。国内外组培苗的生产成本见表

拓展阅读:
台农16号菠萝工厂化育苗效益分析

5-7 和表 5-8。

表 5-6 组培苗工厂化生产的成本划分

名称	具体项目		备注
销售成本	直接成本	培养基的制备费、水电费、员工工资等仪器设备的折旧与维护费、生产物资费用等	直接用于组培苗生产的费用可按比例计入组培苗生产成本
	间接成本		
间接费用	管理费、销售费、财务费等		组织管理生产经营而产生的费用,不能计入组培苗生产成本

表 5-7 年产 100 万株试管苗的组培室内成本核算表

生产流程	基建费/元	设备折旧费/元	试剂费/元	水费/元	电费(取暖费)/元	员工工资费/元	合计/元
洗涤	7150	16700		2000	200	4500	
培养基配制			2306		10607.6	6918	
接种					1844.6	28825	
培养					31737.6		
总计	7150	16700	2306	2000	44390	40243	112789
占总开支比例/%	6.34	14.81	2.04	1.77	39.36	35.68	

表 5-8 试管繁殖成本一览表

植物种类	商品类型	成本/(人民币或美元/株)	年份
草莓	苗	¥0.05	1986
百合	鳞茎	¥0.041	1978
花椰菜	小苗	$0.0154	1978
蕨	苗	$0.01~0.14	1978
无花果	苗	$0.04~0.22	1978
铁树	苗	$0.05~0.14	1978
非洲香堇菜	苗	$0.10~0.14	1978
胶皮糖香树	苗	$0.123	1978
辐射松	苗	$0.5	1995
除虫菊	苗	$0.15	1981
槭树	苗	$0.123	1981
洋槐	苗	$0.123	1981
桉树	苗	$0.45	1981
康乃馨	苗	¥0.05	1982
葡萄	定植苗	¥0.546~0.640	1984
葡萄	脱毒苗	¥1.60~1.80	1998
大枣	苗	¥1.20~1.60	1998
黑穗醋栗	苗	¥0.038	1986
君子兰	苗	¥0.15	1987
非洲菊	苗	¥0.20	1987
珠美海棠	定植苗	¥0.223	1990
兰花	苗	$0.463	1993
非洲菊	苗	$0.63	1993
灯台花	苗	$0.63	1993

二、提高组培经济效益的措施

组培苗木工厂化生产能否获得良好的经济效益,主要受市场因素和自身经营管理水平两大因素限制。根据市场需求,以销定产,应时生产出名、特、新、优组培种苗,并批量投放市场,可减少成本投入,有效提高经济效益。另外,加强自身经营管理水平,降低生产成本,或使组培苗增殖,则是提高组培苗经济效益的重要措施。

(一)降低生产成本

组培苗木生产成本受许多因素的影响,但主要取决于设备条件、管理水平及操作工人的熟练程度。在实际生产中,应根据自身条件最大限度地降低成本。降低生产成本可从以下几方面入手:

(1)降低污染率,适当提高繁殖系数和继代次数,提高生根率和移栽成活率。
(2)提高接种人员的操作水平和生产效率,减少劳务开支。
(3)减少设备投资,正确使用仪器设备,以延长使用寿命,减少维修费支出。
(4)最大限度降低能耗,充分利用培养室空间。
(5)实施简化组培,简化组培程序,节约生产材料,方便操作,提高移栽成活率。
(6)适度规模生产,提高利润。
(7)加强横向联合,组培种类多样化。

(二)组培苗增殖

(1)培养珍稀、名特优植物和脱毒种苗,抢占市场。
(2)培养有自主产权的组培苗,采取品牌经营策略。
(3)销售筛盘苗或营养钵苗。
(4)利用驯化成活的组培苗分株、扦插增殖苗木。
(5)种苗销售与药用成分提取并举。

任务四 组培苗工厂化生产管理与经营

拓展阅读:
植物组培工厂
生产调研分析

一、经营管理思想

经营管理思想是企业根据市场需求及其变化,协调企业内外部活动,确定与实现企业的方针、目标,以求得企业生存与发展的思想,它贯穿经营的全过程。在经营管理思想指导下形成经营管理理论,用于指导生产经营实践,不断促进企业的生产力发展。

组培苗工厂化生产是实行培育、生产、销售一条龙,采取农工贸一体化经营、企业化管理的一种产业。在市场经济大环境下,组培苗工厂化生产应该树立市场观念,具有市场经营思想,以市场需求为导向,以销定产,并加强技术创新,提高组培苗质量,从而提高组培苗的市场竞争力,不断开拓市场;以人为本,健全内部管理体制和机制,实施科学规范管理,注重成本核算,实施优质种苗的规模化、标准化生产,实现经济效益最大化;坚持用户至上,做好市场调研和组培苗售后服务工作,把握市场需求变化,做到科学合理安排生产,不断满足经销商和用户的需求,从而在市场中立于不败之地。

二、经营管理措施

组培苗工厂化生产的经营管理措施包括机构设置、生产计划制订与组织实施、人员管理、生产过程管理、产品管理和销售管理等方面。

(一)机构设置

组培苗木工厂化生产需要制订科学的生产计划,并有效组织实施,需要发挥人才和技术优势,不断提高生产效率,而这些都受到机构设置、管理体制和管理制度的直接影响。因此,要合理设置组培苗木工厂化生产的组织机构,健全管理体制,明确各部门岗位职责。组培苗木工厂化生产的组织机构设置和主要部门岗位职责分别见图5-3和表5-9。

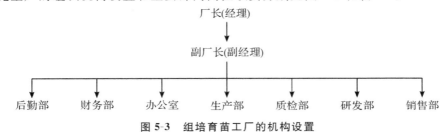

图 5-3　组培育苗工厂的机构设置

表 5-9　组培育苗工厂的主要部门岗位职责

部门名称	工种	岗位职责
生产部	勤杂、清洁工	1. 负责洗涤器皿、用具 2. 保持生产区公共环境卫生 3. 负责组培苗包装与原材料和成品苗的装卸
	培养基制备工	1. 负责生产所用的培养基的配制 2. 负责药品保管、仪器设备维护保养
	接种工	1. 负责培养材料的切割、转移等接种工作 2. 保持缓冲间、接种车间的整洁 3. 定期对接种车间进行灭菌
	培养工	1. 负责培养车间的培养条件设置与调控 2. 做好培养材料的出入库登记和日常记录 3. 及时清除污染及生长分化异常苗(瓶) 4. 保持培养车间的整洁,并定期消毒
	驯化移栽工	1. 精心做好组培苗驯化炼苗 2. 细心移栽和管理幼苗,做好移栽记录 3. 做好出入库苗木登记 4. 做好驯化移栽棚室的日常管理与安全卫生
质检部	质检工	1. 制定组培苗木出厂质量标准 2. 负责组培苗木质量检验
研发部	技术研发工	1. 负责组培无性繁殖系的建立 2. 负责最佳培养基配方和培养条件的研究 3. 负责解决生产上出现的问题 4. 做好种源和技术储备 5. 建立技术档案,并做到技术保密

续表

部门名称	工种	岗位职责
销售部	销售工	1. 做好广告宣传 2. 负责市场调研与市场预测 3. 负责销售谈判,完成销售目标 4. 做好组培苗的售后服务
后勤部	物资采购供应工	1. 负责仪器设备和生产用品的采购 2. 保证水电正常供应 3. 负责仪器设备的维修

(二)生产计划制订与组织实施

通过市场调查与分析预测,结合自身生产条件和能力,科学制订生产计划,并有效组织实施,使生产目标制订合理,生产针对性强,生产效率高。

(三)人员管理

人员管理是组培苗木工厂化生产管理内容中的重要一环。人员管理好,生产效率、产品质量就有了保障,经济效益也会随之提高。管理理念应以人为本,各尽所能;在员工管理上,要加强员工技术培训,使之达到操作熟练、快速、准确、污染率低等要求;对员工应实行生产责任制,生产分段承包,责任到人,定额管理;实行员工工资与企业效益挂钩,采取计件工资、奖优罚劣的办法,这是提高劳动生产率的有力措施。这样,既能够提高劳动生产效率,又能够提高员工生产、创新的积极性,有利于企业的蓬勃发展。对于管理人员本身,要求应有较强的责任心、较好的管理能力和较高的素质,通过参与企业竞争,用 ISO 9000 标准来衡量其管理工作是否高效。

(四)生产过程管理

组培苗木工厂化生产工艺流程比较复杂,涉及许多方面的工作,通过制定合理的规章制度,实施科学化、规范化、标准化的管理,才能使生产按计划有条不紊地进行,保证产品质量,并能避免因人为失误而造成人身及财产的损失,保证产品质量。制定的主要规章制度有采种扩繁登记制度、无菌操作技术规程、培养基配制技术规程、高压锅操作规程、组培苗驯化移栽管理制度、母本及商品种苗检验检疫制度、用工管理制度、奖惩制度、岗位责任制和生产定额管理制度等。另外,各部门需建立"作业指导书",工作人员严格按照"作业指导书"的要求完成工作任务;不同技术职能部门之间的交接设立"产品放行准则",不符合要求的成品或半成品均不予放行至下一生产环节,确保放行的产品符合规定的标准,每一个过程完成后都要有文字记录,有责任人。生产的全过程可实行计算机管理。

(五)产品管理

每一种组培苗的产品均建立完整的档案,其内容包括母株性状和种植(采样)地点、接种日期、继代代数、生产数量、销售地点、种植地点、生长状况等。每一产品用一个编号,便于查询和生产过程中的分辨、区别,以确保产品质量和售后跟踪服务。

(六)销售管理

经营者做好市场调研与分析预测,确定产品宣传和促销策略;详细了解用户需求,做好订单保存与执行工作;根据企业自身条件、产品类型、数量、市场供求状况和价格等因素,确定合理的销售范围,选择合适的销售渠道与销售方式(表 5-10);尽己所能推销产品,尽快收回资金,降低经营风险;本着用户至上原则,尽量为客户提供方便;做好产品销售统计、售后服务和跟踪调查工作。

(七)技术交流与推广

通过组织安排技术人员参加各种学术会议和进修提高班,与高校、科研单位及企业同行开展横向联合或举办联谊活动等措施,加强技术学习与交流,及时吸纳先进技术经验,使技术得到及时更新和提升。另外,企业凭借自身在人才和技术上的优势,对外积极开展技术培训和技术推广,一方面扩大企业的社会知名度和影响力,另一方面在获得一定经济效益的同时,为今后开展项目和技术合作创造条件,同时也利于产品的销售。经营者要做好技术交流与推广计划的制订与实施工作,做到有目的、有组织、有效果、有总结。

表 5-10 组培苗销售方式的选择依据

主要销售方式	选择销售方式的依据
人员推销	1. 种苗市场集中 2. 企业规模小,产量少,资金不足 3. 本地产品种苗供应集中,运输距离短,销售时效性强
广告宣传	1. 种苗市场分散 2. 企业规模大,产量多,资金实力雄厚 3. 珍稀品种,种苗用量少 4. 组培苗试销期内 5. 展览会现场

实验 5-1 植物组培苗育苗工厂规划设计

思政园地:
谈谈园林植物良种
繁育的策略

一、实验目的

1. 熟悉植物组培苗生产工厂设计过程,能提出正确的厂址选择和厂区规划方案。
2. 熟悉植物组培苗生产工厂主要设备、仪器配置及安装。

二、实验内容

1. 规划布局和生产工艺流程设计体现科学性、合理性,符合技术要求,并且能因地制宜,经济实用。设计图符合制图规范,美观大方、比例协调。
2. 能根据生产规模合理配置设备、仪器。

三、实验准备

联系组培苗生产企业或准备组培苗工厂化生产实例光盘或视频、皮尺等测量工具、照相机、绘图纸、绘图笔、计算机等。

四、方法及步骤

1. 集体参观组培苗生产企业，根据生产工艺流程绘制厂区和车间布局草图。
2. 集体观看组培苗工厂化生产实例光盘或视频，组织讨论，比较和分析现有组培苗生产工厂设计特点，尤其对不足之处应提出切实可行的改进方案。
3. 完成设计方案，包括厂区平面设计图、工艺流程设计图，并附设计说明。
4. 编制组培苗生产企业设备投资预算书。

五、注意事项

1. 参观组培苗生产企业，应自觉遵守企业规章制度，在允许范围内进行调查，切不可影响企业生产和违反规定。
2. 现场参观时及时绘制草图，对大型仪器设备的安装位置也要做好标注，以便设计时参考。
3. 厂区平面设计图、工艺流程设计图绘制符合制图规范。
4. 编制设备投资预算书时应考虑市场需求、企业生产规模，力求有效利用、节省投资、降低成本。

六、实验报告

绘制一幅组培苗生产工厂的设计方案图。

实验 5-2　植物组培苗生产成本核算与效益分析

一、实验目的

1. 掌握组培苗生产成本核算的方法。
2. 熟悉提高组培苗生产效益的措施。

二、实验内容

1. 生产成本核算项目准确、方法正确。
2. 能有针对性地对具体生产企业提出合理化建议，以提高其生产效益。

三、实验准备

联系组培苗生产企业或准备组培苗工厂化生产案例、照相机、计算器等。

四、方法及步骤

1. 集体参观组培苗生产企业，了解企业产品种类、生产规范、设备投资、劳务用工、材料消耗以及经营管理开支等情况。
2. 根据直接生产成本、固定资产折旧、市场营销和经营管理费用等项目进行生产成本核算。

3. 组织讨论，比较和分析企业生产工艺流程设计、仪器设备配置、器皿用具选择、生产组织管理及营销等环境是否合理，总结经验，对不足之处应提出切实可行的改进措施。

4. 完成企业生产成本核算与效益分析报告。

五、注意事项

1. 参观组培苗生产企业，应自觉遵守企业规章制度，在允许范围内进行调查，切不可影响企业生产和违反规定。

2. 效益分析时应进行市场调查，切不可随意编造。

六、实验报告

制订一个年产 20 万株组培苗的生产计划，并进行效益分析。

知识小结

※植物组培苗工厂化生产技术

1. 厂址选择要求：远离污染源，交通便利，水电系统通畅，排水方便。
2. 工厂化生产技术：种源选择、离体快繁、炼苗与移栽、苗木质量鉴定、苗木包装与运输。

※生产计划制订与实施

1. 生产计划制订：繁殖品种、计划数量和出苗时间。
2. 生产计划实施：控制适当的存架增殖总瓶数和适宜的增殖与生根比例，正确估算全年实际生产量。

※生产成本核算与提高效益的措施

1. 生产成本核算：人工费、设备折旧费、原料费、水电费等。
2. 提高效益措施：提高劳动生产率；减少设备投资，延长使用寿命；节约水电开支；降低器皿消耗，使用廉价的代用品；降低污染率；提高繁殖系数和移栽成活率；发展多种经营，开展横向联合。

※生产的管理与经营

1. 生产管理：实施生产时要实行生产管理责任制，出苗时间、定植时间和生长季节相吻合。
2. 经营策略：做好市场经营预测；以销定产，产销结合；树立企业信誉，赢得效益。

一、名词解释（每题 2 分，共 2 分）

试管苗的增殖率

二、填空题（每空2分，共16分）

1. 植物快繁程序一般可以分为4个阶段：_____、_____、_____、_____。
2. 组培育苗工厂化生产车间一般由以下5个部分组成：_____、_____、_____、_____和移栽车间（包括温室和苗圃）。

三、是非题（每题2分，共6分）

（ ）1. 植物快繁时，培养周期愈长，每次增殖的倍数愈高，年增殖率就愈高。
（ ）2. 用于接种增殖与生根的瓶苗比例取决于增殖率，增殖倍率高的，生根的比例大，每个工作日需要的母株瓶数较少，产苗数较多。
（ ）3. 快速繁殖过程中繁殖系数、生根率和移栽成活率高，增殖、生根周期短，生产成本就低。

四、选择题（每题2分，共6分）

1. _____ 阶段的主要目标是维持培养物稳定增殖，达到需要数量。
   A. 启动和建立稳定的无菌培养系　　B. 芽苗的增殖
   C. 生根与壮苗　　　　　　　　　　D. 试管苗的驯化移栽
2. 一植物从12瓶试管苗开始，每瓶有6株苗，每周期增殖3倍，一年可增殖8次，理论上全年可繁殖的苗约是_____。
   A. 47.24万株　　B. 17.28万株　　C. 4.724万株　　D. 1728株
3. 某植物扩繁工厂每天有5人接种，每人每天按接种100瓶计算，如一个月为一个增殖周期，按每个月工作20天计算，则存架增殖总瓶数为_____。
   A. 12000　　　　B. 120000　　　　C. 1000　　　　D. 10000

五、简答题（每题10分，共70分）

1. 如何进行组培苗生产工厂的设计？
2. 以葡萄为例，说明组培苗工厂化生产工艺流程？
3. 如何计算组培苗的繁殖增殖率？
4. 组培苗质量鉴定的标准有哪些？
5. 你认为应如何进行组培工厂的经济效益分析？
6. 在试管苗生产中，哪些主要措施可以降低成本、提高经济效益？
7. 简述植物组织培养的经营管理措施。

项目六　植物组织培养技术的应用

知识目标

- 了解植物组织培养技术在观赏花卉、园林树木、果树及药用植物生产中的应用情况；
- 了解常见植物的脱毒与快繁方法。

能力目标

- 能够有针对性的合理设计各种植物的离体快繁及脱毒苗生产方案；
- 能对主要植物进行快繁技术。

素质目标

- 提高学生学以致用的能力；
- 使学生树立"绿水青山就是金山银山"的生态观；
- 帮助学生厚植科技创新情怀，弘扬科学家精神。

植物组织培养研究不仅丰富了生物科学的基础理论，还表现出了巨大的实际运用价值。目前，广泛运用的植物离体快繁技术和脱毒苗培育技术，在观赏花卉、园林树木、果树、蔬菜及药用植物等生产上发挥了极大的作用，产生了良好的经济效益。

任务一　花卉的组培快繁技术

一、蝴蝶兰的组织培养

蝴蝶兰属于单茎性气生兰，植株上极少发育侧芽，常规无性繁殖系数低。20 世纪 60 年代蝴蝶兰的组培技术开始被大量研究，主要是利用茎尖、茎节、叶片等外植体诱导原球茎来进行快繁。

1. 初代培养

蝴蝶兰的种子、花梗侧芽、花梗节间、茎尖、茎段、叶片、根尖等部位均有培养成功的报道，方法各异，难度各有高低。

（1）无菌播种　将生长 120d 以上、未开裂的蝴蝶兰蒴果剪下，在无菌条件下用 70% 酒精浸泡 20s，以 0.1% 氯化汞溶液处理 5min 后，用无菌水冲洗 5 次，在培养皿中以解剖刀切开果皮使种子散出,直接用解剖刀刮去种子,均匀播在 MS+6-BA 0.5mg/L+NAA 0.1mg/L 种子萌发培养基或 MS 培养基中培养。

(2) 花梗培养　剪下花梗,冲洗干净,以节为单位切成 1.5cm 长的小段,除去花梗上苞叶,用 0.1% 氯化汞浸泡 8~10min,再用无菌水冲洗 5~8 次,接种到 MS+6-BA 3.0~5.0mg/L+NAA 1.0mg/L+CM 15% 培养基上。培养温度 24~26℃,光照度 1500lx,光照时间 10~16h/d。

(3) 茎尖培养　将茎去叶,用流水冲洗干净,用 10% 漂白粉溶液浸泡 15min,切下叶原基,再用 5% 漂白粉溶液消毒 10min,用无菌水冲洗干净,置于解剖镜下,切取大小 2~3mm 茎尖或叶基部腋芽。

2. 继代培养

(1) 丛生芽继代　花梗腋芽培养生成的丛生芽,经 55~60d 的培养,花梗基部和培养基逐渐变黑,这时将丛生芽切下转接到 MS+6-BA 3.0~5.0mg/L 的培养基继代培养,约 50d 后可以生成新的丛生芽,增殖倍数为 3~4。如出现褐变现象,可事先在培养基中加入 200mg/L 谷胱甘肽。

(2) 原球茎继代　当采用茎尖、叶片或根尖等外植体诱导的原球茎达到一定大小并长满瓶时,需及时继代增殖,即在无菌条件下切成小块,接种到新鲜的培养基中,切块大小应在 2mm 以上,继代培养基以 MS+6-BA 5~10mg/L+NAA 1mg/L+CM 10% 为好。

3. 生根培养

当原球茎继代增殖到一定数量后,在继代培养基中或转移到生根培养基中培养,均可以分化出芽,并逐渐发育成丛生小植株。切下丛生小植株,将增殖的健壮芽接种到 1/2MS+IBA 1.5mg/L+蔗糖 2% 的生根培养基上,不久植株即可生根。

4. 驯化移栽

移栽前 5d 左右,在室内将封口膜打开 1/3 左右,使幼苗与空气有一定接触。2d 后,移入驯化温室内,使幼苗完全暴露在空气中,适当遮阳,3d 后即可移栽。苔藓等栽培基质要经过高温消毒。小心取出幼苗,放在 1000 倍多菌灵水溶液中洗去培养基,用镊子夹住幼苗根部,插入栽培基质至第 1 轮小叶,用手小心压紧。

蝴蝶兰为热带气生兰,喜温,生长适温 18~28℃,当温度低于 10℃ 时,生长速度降低,容易烂根死亡;当温度高于 35℃、通风不良时,会对植株有伤害。只要控制好水分和温度,移栽成活率可达 90% 以上。当长出新叶和新根时,每周用 0.3%~0.5% 磷酸二氢钾溶液进行叶面施肥 1 次。

二、大花蕙兰的组织培养

大花蕙兰又名西姆比兰,为兰科兰属植物,是世界上五大重要商品兰花之一。大花蕙兰多为杂交种,种子繁殖无法保持其品质特性;结实率低,分株能力弱,因而繁殖系数低,繁殖速度慢,远远不能满足商品化生产的需求。应用植物组织培养技术进行大花蕙兰的快速繁殖可以在较短时间内获得大量成株。

图片资源:
大花蕙兰组培快繁

1. 外植体的选择与消毒

大花蕙兰的种子、茎尖和侧芽都可以作为外植体。

取假鳞茎上新生侧芽,用肥皂粉刷洗表面后用流水冲洗干净。在无菌条件下,剥去外层苞片,露出芽体,用70%酒精擦洗3～4s,然后放入0.1%氯化汞或8%漂白粉溶液中消毒20min,再用无菌水冲洗干净。在无菌条件下切下1～2mm的茎尖接种到初代培养基上。

2. 初代培养

采用MS+6-BA 4.0mg/L+NAA 2.0mg/L培养基,培养温度25～27℃,光照时间12～16h/d,光照度1000～1500lx。

3. 继代培养

经过一段时间的培养,每个茎尖分化出4～5个原球茎,可将原球茎切割转至继代培养基MS+6-BA 0.5～2.0mg/L+NAA 0.2～1.0mg/L上进行培养。原球茎接入培养基中15d后开始增殖,25d后形成许多原球茎,35d后就可以转接。原球茎及时转接可以避免幼苗分化,分化的幼苗可进行生根培养,也可切去芽继续当原球茎使用。

4. 壮苗生根培养

将高于2cm的幼苗转移到1/2MS+IBA 2.0mg/L+肌醇100mg/L的壮苗生根培养基中培养,温度为24～26℃,光照时间12～14h/d,光照度1000～1800lx。

5. 驯化移栽

当试管苗生长至6～7cm高、有2～4片叶和2～3条根时,将植株与培养瓶一起放在驯化温室进行驯化炼苗,3～4d后打开瓶盖,然后再放置3～4d后移栽。移栽时用清水洗净根部的培养基,栽植于灭菌的苔藓、树皮等基质中,栽后要浇透水,注意保湿、保温等管理。

三、卡特兰的组织培养

卡特兰又名阿开木、嘉德利亚兰、加多利旺兰、卡特利亚兰等。卡特兰花大、雍容华丽,花色娇艳多变,花朵芳香馥郁,在国际上有"洋兰之王""兰之王后"的美称,是目前世界上栽培最多、最受人们喜爱的洋兰之一。

1. 外植体选择与灭菌

以卡特兰根蘖为外植体,先用自来水冲洗,再用洗衣粉上清液浸泡10min,并用软刷轻轻刷去表面污垢(不将包叶除去),然后用自来水冲洗1h后灭菌。灭菌程序为用70%的酒精浸泡30s、无菌水冲洗3次,用0.2%氯化汞溶液浸泡10min、无菌水冲洗5次(每次5min)。

2. 初代培养

用无菌滤纸将材料吸干,除去包叶后立即接种到培养基KC+6-BA 5.0mg/L+NAA 0.05mg/L+香蕉泥100g/L+活性炭1.0g/L+蔗糖3%+琼脂0.8%(pH值为5.5)上进行培养,白天温度23～27℃,夜间温度21～25℃,光照度1000～2000lx,光照时间12h/d,培养20d左右后开始有侧芽形成。

3. 继代培养

将形成的小芽自基部分离,接种到继代培养基KC+6-BA 0.5mg/L+NAA 0.2mg/L+香蕉泥100g/L+活性炭1.0g/L+蔗糖3%+琼脂0.4%(pH值为5)上,20d左右基部开始膨大,继续培养10d左右陆续长出不定芽。

4. 壮苗生根培养

卡特兰组培苗比较容易生根,将其接种到生根培养基KC+6-BA 0.1mg/L+NAA 0.2mg/L+GA 0.2mg/L+活性炭1.0g/L+蔗糖3%+琼脂0.8%(pH值为5.5)上,20d

左右叶开始伸长,并陆续长根。60d 左右可以长成 2.5cm 高的完整植株。

5. 驯化移栽

一般设施大棚移栽适期为 4—6 月和 8—10 月。待培养到符合移栽标准时,将瓶苗在室温下放置 5~8d,然后揭开瓶盖进行炼苗 1~2d。驯化后将小苗从瓶中取出,用自来水冲洗苗根上的培养基,用浸透水后沥掉水分的水苔包住根部栽入穴盘上,置于通风阴湿处。一周后每隔一周施一次营养液并间以喷淋防菌剂。此后,只要注意保持水苔湿度,维护适宜光温,植株就能正常生长,移栽成活率达 95% 以上。

四、石斛兰的组织培养

石斛兰为兰科多年生附生草本,总状花序,具花 1~4 朵,花托大、半垂、白色或粉红色,花被顶端带有紫色,唇瓣具短爪,唇盘有一紫色斑块,十分美丽。野生石斛是国家二级重点保护的珍稀濒危植物,禁止采集和销售,常规分株繁殖能力低,多采用组织培养技术繁殖。

1. 外植体选择与灭苗

选取当年生、生长健壮的石斛兰新生芽作为供试材料,先用自来水冲洗 30min,再用洗衣粉液浸泡 20min,流水冲洗干净,置于超净工作台上,用 70% 酒精浸泡 15s,再用 0.1% 氯化汞溶液灭菌 15min、无菌水冲洗 5 次,无菌吸水纸吸干。

2. 初代培养

剥取茎尖或侧茎为外植体,接种在 MS+6-BA 0.5mg/L+NAA 2mg/L+椰汁 100g/L+水解酪蛋白 1g/L+蔗糖 3%+琼脂 0.7% 培养基上,培养温度 25±2℃、光照度 2000lx、光照时间为 10~12h/d,28d 后原球茎诱导率达到 85%。

3. 继代培养

将原球茎用手术刀切割成大小合适的小块,接种到增殖继代培养基 MS+6-BA 4mg/L+KT 1mg/L+NAA 1mg/L+蔗糖 3%+琼脂 0.7%,每瓶接种 10 个。原球茎接入培养基中 28d 后,增殖率可达 89%。如已分化的幼苗,切去芽可以继续当原球茎增殖,或者可进行生根培养。

4. 壮苗生根培养

将大小达 3~4cm 的无根苗切割成单苗,接种到生根培养基 1/2MS+6-BA 2mg/L+香蕉汁 10%+蔗糖 3%+琼脂 0.7%,培养 28d,生根率达到 95%,每株苗平均有 4~5 条根,苗壮根粗。

5. 驯化移栽

驯化移栽最佳时间为 4—6 月,气温在 12~25℃,且空气相对湿度较大。出瓶苗的最佳状态是苗高 4cm 左右,具 4~5 片叶,叶色正常,根 4~5 条,长 1~2cm。在出瓶前 1 周,将瓶口盖子打开,让瓶苗逐步适应外界的光照和湿度。用清水洗净根部的培养基,然后用 $KMnO_4$ 1500 倍液或多菌灵 1000 倍液浸根 3~5min,稍晾干,用水苔定植于穴盘中。定植后以喷雾的方式提供叶面蒸发所需水分,晴天需喷雾 5~6 次,以叶面保持鲜活不皱缩为准,并保持通风透气。两周后新根长出,应适时浇水与叶面施肥,可喷花宝 1 号一次,1 个月后喷花多多(N:P:K 为 9:45:15 的 30 倍稀释液)一次。

五、文心兰的组织培养

文心兰又名舞女兰、金蝶兰、瘤瓣兰等,是兰科中的文心兰属植物的总称。文心兰植株轻巧、潇洒,花茎轻盈下垂,花朵奇异可爱,形似飞翔的金蝶,极富动感,是世界重要的盆花和切花种类之一。文心兰一般采用分株繁殖,但繁殖率低,采用无菌种子萌发发芽率较低,而采用组织培养技术则可在短时间内获得大量的优质苗。

1. 外植体选择与灭菌

从母株上切取叶片尚未展开的幼苗,除去外层叶片,暴露侧芽,用自来水冲洗30min,剥去最外面的一层叶鞘,在70%酒精中浸2～3s后立即置入1.5%次氯酸钠溶液中浸泡15min,期间不时用手轻轻摇动容器,取出后剥去多余的组织,再置于5%次氯酸钠溶液中浸5～10min。取出后用无菌水冲洗3～5次,备用。

2. 初代培养

在无菌条件下剥取顶芽或侧芽作为外植体,切下0.5～1mm的茎尖。将其接种在培养基1/2MS+6-BA 2.0mg/L+NAA 0.5mg/L+蔗糖3%,黑暗静止培养20d(每天摇动2～3次),然后置于光下培养,待外植体转绿后,移至诱导培养基上培养。培养温度25℃,光照度为1000lx,光照时间12h/d,大约30d后,外植体膨大并形成原球茎。

3. 继代培养

将生长健壮的原球茎转入继代培养基1/2MS+6-BA 2.0mg/L+NAA 0.1mg/L+蔗糖3%+琼脂0.7%,进行不定芽诱导,30d后开始分化,逐步诱导出丛生芽,继续培养30d左右可发育成不具根的幼芽。

4. 壮苗生根培养

当不定芽长至1.5～2.5cm,且具有3～4片叶时自底部切下,转入生根培养基1/2MS+NAA 0.25mg/L+蔗糖3%+琼脂0.7%诱导生根。每瓶8～10个小苗,20d后小苗基部可分化出1cm左右长的根。

5. 驯化移栽

移栽前把瓶苗从培养室移往所要栽培的温室中,打开瓶口,放置2d左右。用20℃左右的温水清洗小苗2～3遍,将培养基等物质冲洗干净,洗净后晾干。文心兰的栽培基质以水苔为最佳,将基质洗净后,用洁净温水浸泡1d,使其充分吸水膨胀,柔软舒展,移苗前先要挤出水苔中的部分水分,以颜色发白为度。文心兰生长的最适温度为15～20℃,不可受霜冻。对于文心兰,只要水温适宜,浇灌得法,白天和黄昏浇水都是可以的。浇水以能湿润根为宜,不可积水,即使是水苔失水发白,也不应急于浇水。总之,要适合兰花既怕久旱又忌积水、喜润、干而不燥的特性。文心兰的根能从空气中吸取养分,所以不断更换空气对兰花生长是十分重要的。可每天通风1～2次,但时间不宜过长,以免引起棚内温度和湿度骤变。换气后,待气温回升稳定,用喷雾器喷洒$KMnO_4$溶液消毒,注意不要使药液滴在叶片上。此外,苗期管理还应注意对苗的施肥、保洁、消毒及病虫害防治。

六、墨兰的组织培养

墨兰,又名中国兰、报岁兰,原产中国、越南和缅甸。墨兰由于叶幅宽阔,线艺、图艺的各种艺态都可在其叶片上得到最充分、最完美的表现;墨兰轩昂典伟,充满大丈夫气概。墨兰在中国兰花这个大家族中,可称得上是最具特色的重要一种,占有显著地位。墨兰主要靠分株繁殖。这种繁殖方式很慢,不利于名贵品种的普及和新品种的选育与推广,同时长期分株繁殖使植株带有病毒,用组织培养技术可以加快墨兰的繁殖。

1. 外植体选择与灭菌

切取健康饱满长 6~13cm 的芽,除去基质、根、外包叶 2~3 片,剥去外部的叶片,用自来水冲洗干净,在无菌条件下用 0.1%氯化汞溶液消毒 10min,无菌水冲洗 3~5 次,0.1%次氯酸钠溶液消毒 3~5min,无菌水冲洗 5 次。

2. 初代培养

显微镜下切取 1~5mm 茎尖接种到 MS+6-BA 0.5mg/L+NAA 0.5mg/L+椰汁 10%+蔗糖 3%+琼脂 0.7%的培养基上。培养温度 25℃,几天室内黑暗培养,然后转入光照度 1000~2000lx,光照时数 12~16h/d 环境。

3. 继代与分化培养

将生长健壮的原球茎转入继代培养基 MS+6-BA 2.0mg/L+IBA 1.0mg/L+活性炭 0.5%+蔗糖 3%+琼脂 0.7%,培养温度 23~25℃,光照度 1000~2000lx,光照时数 10h/d。当增殖到一定数量时,将原球茎接种到分化培养基 1/2MS+6-BA 5mg/L+NAA 0.5mg/L+椰汁 5%+蔗糖 3%+琼脂 0.7%,诱导芽形成。

4. 壮苗生根培养

当不定芽长至 2~3cm,转入生根培养基 1/2MS+6-BA 2.0mg/L+NAA 1.0mg/L+活性炭 0.5%+蔗糖 3%+琼脂 0.7%,诱导生根,20~40d 后小苗基部可分化出 3~4 条根。

5. 驯化移栽

当小苗具有 6~7 片叶、4~5 条根时可进行移栽。在出瓶前一周,将瓶口盖子打开 2~3d,移入苔藓:腐殖土为 1:1 的混合基质中,移栽后保温保湿,置于散射光下,1 个月后移到较强的光下。

七、君子兰的组织培养

君子兰为石蒜科多年生草本植物,其植株文雅俊秀,有君子风姿,花如兰而得名。花、叶均美观大方,植株又耐阴,宜盆栽室内摆设,也是布置会场、装饰宾馆环境的理想盆花,同时还有净化空气和药用价值等。

1. 外植体选择与灭菌

以成熟胚或花蕾做外植体。取外植体,用流水冲洗约 30min,放入 70%酒精中浸泡 30s,而后用 0.1%氯化汞溶液消毒 8~10min,最后用无菌水浸洗 5 次备用。

2. 初代培养

在无菌条件下将外植体接种到初代诱导培养基 MS+2,4-D 2.5mg/L+水解乳蛋白 500mg/L+蔗糖 3%+琼脂 0.7%,20d 后逐渐形成黄色愈伤组织。

3. 继代培养

及时将愈伤组织转移到分化培养基 MS+6-BA 20mg/L+NAA 0.1mg/L+蔗糖 3%+琼脂 0.7%,经 6~8 周后,部分愈伤组织转为淡绿色,可用放大镜观察到小幼叶,之后可见许多小幼芽不断长出来。进一步将材料转接到新鲜培养基上增殖,可得到更多的愈伤组织和小幼苗。

4. 壮苗生根培养

把较大的苗接种到培养基 1/2MS+KT 0.5mg/L+NAA 0.1mg/L+蔗糖 3%+琼脂 0.7%上进行壮苗生根培养。

5.驯化移栽

君子兰组培小苗可按一般操作进行移栽,即先洗净根部黏附的培养基,栽植于灭菌的基质中,基质可选择苔藓、树皮、珍珠岩或混合基质等。栽后要浇透水,初期应该注意保持湿度。

八、菊花的组织培养

菊花属多年生草本植物,又叫黄花、寿客、金英、黄华、秋菊、陶菊、艺菊等,是中国十大名花之一,是太原市花,在中国有3000多年的栽培历史。随着人们对菊花的需求量越来越大,常规繁殖方法已无法满足市场需要,同时为保持母本的优良特性,采用植物组织培养技术可获得大量的植株。

1.外植体选择与灭菌

选取侧芽作为外植体。先用饱和的洗洁精溶液浸泡4~5min,自来水冲洗30min,再用0.1%硝酸银溶液消毒10min,无菌水冲洗4~5次,备用。

2.初代培养

用解剖刀切取0.3~0.5cm的侧芽,接种到培养基MS+6-BA 2.0mg/L+NAA 0.1mg/L+蔗糖3%+琼脂0.7%,置于温度25℃、光照度2000~3000lx、光照时数12h/d条件下进行培养。9d后形成愈伤组织,55d形成浅绿色的不定芽。

3.继代培养

将丛生芽切成带有芽的茎段接种到培养基MS+6-BA 1.0mg/L+NAA 0.1mg/L+蔗糖3%+琼脂0.7%,培养21d左右,小苗高达1.0~1.5cm。

4.壮苗生根培养

将继代繁殖的小苗切成1.0~1.5cm带芽小段,转入培养基1/2MS+蔗糖3%+琼脂0.7%,进行壮苗生根培养,15d生根率可达100%以上,根3~7条,根长可达0.5~3cm。

5.驯化移栽

把长有健壮根系的植株连瓶不开盖放在温室3~4d,然后打开瓶盖再放置3~4d进行驯化炼苗,驯化期间注意温度和湿度的控制,并且尽量让试管苗接受自然光照。取出小苗,洗去黏附的培养基,并用0.1%多菌灵洗根,移栽于小苗床上,密度为3cm×5cm,移栽完毕,再浇适量水。用消过毒的珍珠岩或蛭石或按两者1∶1的比例做基质,消毒可用开水浸泡,也可用1%多菌灵浇透。用塑料薄膜覆盖保湿,有条件时可用自动喷雾装置,不必盖塑料薄膜。如果使用塑料覆盖,则要注意通风和温度,避免温度过高。菊花2周即可长根成活,长根成活的植株可做第二次移植,移于营养杯中,每杯一苗。再逐渐上盆,换盆或地植,并按常规栽培要求进行管理。

九、非洲菊的组织培养

非洲菊又名扶郎花,菊科大丁草属,多年生草本植物,是现代切花中的重要材料。非洲菊花朵硕大,花色丰富,管理省工,在温暖地区能常年供应鲜切花。主要类型可分现代切花型和矮生栽培型,有白、粉、红、黄等各种花色。

图片资源:
非洲菊组培快繁

1.外植体选择与灭菌

花托培养可直接成苗,可保持种性,是首选的外植体。选择无病虫害、生长健壮、花色纯正的优良品种单株,一旦选出优株后,应进行挂牌标记,并一直在其上采取花蕾。选取直径 1cm 左右未露心的小花蕾,剥去外层萼片,用自来水冲洗干净,无菌条件下放入 0.1% 氯化汞溶液中浸泡 15min,取出后剥去外部所有萼片,在 1% 次氯酸钠溶液中消毒 10min,用无菌水洗 3 次,备用。

2. 初代培养

在超净台上用镊子轻轻夹取灭菌后的外植体,置入培养基 MS＋6-BA 1.0mg/L＋NAA 1.0mg/L＋蔗糖 3%＋琼脂 0.7%。培养温度 25～27℃,光照时间 12～14h/d,光照度 2000lx。

3. 继代培养

培养 6～7 周后,愈伤组织上有小芽分化,可采用芽丛分割法将带有小芽的愈伤组织切成 2～4 个小块,分别移到继代培养基 MS＋6-BA 1.0mg/L＋NAA 0.1mg/L＋蔗糖 3%＋琼脂 0.7%,培养一段时间后,又会有小芽陆续分化,芽丛的发生力可保持半年左右。

4. 壮苗生根培养

当组培苗长到一定高度时,切下转入生根培养基 1/2MS＋NAA 0.1mg/L＋蔗糖 3%＋琼脂 0.7%,进行壮苗生根培养。

5. 驯化移栽

把长有健壮根系的植株连瓶不开盖放在驯化温室 3～4d,然后打开瓶盖放置 3～4d,也可往瓶里喷些自来水,让小苗更快地适应温度的变化和有菌的环境。当经过驯化的试管苗在瓶里有新叶长出时,可以进行试管苗的移栽,移栽可采用常规方法进行。基质可选择细河沙、珍珠岩、蛭石按照 1∶1∶1 的比例灭菌后使用。移栽后要从温度、湿度、光照和虫害几个方面做好管理。

十、香石竹的组织培养

香石竹,又名康乃馨、麝香石竹、大花百竹、荷兰石竹等,为石竹科石竹属植物,是目前世界上应用最普遍的花卉之一。1907 年起,开始以粉红色康乃馨作为母亲节的象征,被作为献给母亲的花。香石竹常规的繁殖方法为扦插,长期的营养繁殖使得香石竹的病毒危害严重,切花质量变劣,产量降低。

1. 外植体选择与灭菌

取香石竹的茎段为外植体。灭菌过程为,先用洗衣粉浸泡 10min,再在 0.15% 氯化汞溶液中加 1～2 滴吐温消毒 20min,然后用 2% 次氯酸钠溶液消毒 20min,最后用无菌水冲洗 3～5 次。

2. 初代培养

在超净工作台上将带芽茎段接种到培养基 MS＋6-BA 1.0mg/L＋NAA 0.1mg/L＋蔗糖 3%＋琼脂 0.7% 上,培养温度 21～28℃,光照时间 18h/d,光照度 2000lx,培养 2 周左右即可进行继代繁殖。

3. 继代培养

将芽切断接到继代培养基 MS＋6-BA 0.3mg/L＋NAA 0.1mg/L＋蔗糖 3%＋琼脂 0.7%,经 25～30d,即可进行生根培养。

4. 壮苗生根培养

当分化苗的不定芽长达 2～3cm 时,将芽切下转接到生根培养基 1/2MS＋NAA 0.3mg/L＋IAA 0.2mg/L＋活性炭 10g/L＋蔗糖 3%＋琼脂 0.7%,培养 15d 左右,开始长根,培养 40d 左右,形成不定根,平均根长 1～3cm,生根率达 80%以上。

5. 驯化移栽

生根后的试管苗与瓶一起放置在无直射光的地方 4～5d,然后打开瓶盖继续炼苗 2～3d,驯化后的试管苗可移至温室内。基质采用无菌的 2/3 珍珠岩＋1/3 砻糠灰。移苗后即覆盖薄膜保湿,1 周后逐步揭开薄膜通风并每天定时喷水保湿,在育苗期内,每月喷洒营养液 3～4 次,促进小苗叶片长宽,茎粗壮,叶色转深,可提高植到大田的成活率。

十一、红掌的组织培养

红掌又名安祖花、花烛、火鹤花等,天南星科花烛属植物。原产于南美洲的热带雨林地区,现欧洲、亚洲、非洲皆有广泛栽培。其花朵独特,有佛焰花序,色泽鲜艳华丽,色彩丰富,叶形苞片,常见的苞片颜色有红色、粉红、白色等,有极大的观赏价值。由于红掌采用常规分株繁殖难以扩大生产,而播种繁殖要经人工授粉才能获得种子,耗费人力,所以采用植物组织培养是红掌快速繁殖的有效途径。

1. 外植体选择与灭菌

选择红掌展开后 2 周的幼嫩叶片,流水冲洗 10min 左右,移至超净工作台上用 10%次氯酸钠溶液浸泡 10min,70%酒精浸泡 25～30s,无菌水冲洗 2 次,再用 0.1%氯化汞溶液消毒 8～10min,无菌水漂洗 5 次。

2. 初代培养

把叶片切片成 1cm 见方的小叶块,叶背朝下,接种到初代培养基 MS＋6-BA 2.0mg/L＋2,4-D 0.2mg/L＋蔗糖 3%＋琼脂 0.7%,然后置于 24～28℃下,暗培养 3～5d,然后给予光照。一般 40～60d 便可出现淡黄色的愈伤组织,将愈伤组织转接到不定芽分化诱导培养基中,继续培养 20～30d,愈伤组织会由黄色转为黄绿色,随后愈伤组织表面出现许多不规则的小突点,再继续培养 30～40d,部分突点由黄绿色变为绿色,然后形成丛生状不定芽。

3. 继代培养

将红掌带愈伤组织的单芽转接到继代增殖培养基 MS＋6-BA 2.0mg/L＋KT 0.1mg/L＋NAA 0.5mg/L＋蔗糖 3%＋琼脂 0.7%,进行不定芽的继代和增殖培养,培养条件与丛生芽诱导培养相同。芽增殖系数可达 8.6,有效苗可达 75%。

4. 壮苗生根培养

将 2.5cm 以上的有效不定芽转接到生根诱导培养基 1/2MS＋NAA 0.5mg/L＋蔗糖 3%＋琼脂 0.7%,进行生根培养。15d 左右开始生根,35d 左右试管苗不定根数可达 3～5 条,生根率可达 95%左右。

5. 驯化移栽

当红掌苗高 4cm 左右、有 3 条以上根、不定根长 2cm 以上时,方可进行移栽。移栽前先将瓶苗移至温室中炼苗 5d 左右,再开瓶炼苗 2d,将苗轻轻取出并洗去所有培养基,然后栽植于灭过菌的混合基质中,基质采用泥炭∶珍珠岩∶河沙,比例为 1∶2∶1。浇透水,用 0.1%多菌灵喷雾至叶滴液,覆膜控温保湿,温度 25～30℃,相对湿度 80%～90%,遮光

75%。待长出新叶后开始通风,逐渐拆膜,薄膜全揭开后,进行常规管理,待小苗长出3片以上新叶后,即可进行上盆或定植。

十二、仙客来的组织培养

仙客来别名萝卜海棠、兔耳花、兔子花、一品冠、翻瓣莲,报春花科仙客来属,多年生草本植物。仙客来是一种种植普遍的鲜花,适合种植于室内,冬季则需温室种植。仙客来的某些栽培种有浓郁的香气。

1. 外植体选择与灭菌

取嫩叶的叶片用毛笔蘸洗洁精刷洗,然后把叶片放入玻璃瓶内用纱布包扎瓶口,流水冲洗 10min 左右,移至超净工作台上用无菌水冲洗 2~3 次,70%酒精浸泡 10s,无菌水冲洗 3 次,再用 0.1%氯化汞溶液消毒 5min,无菌水漂洗 5~6 次。

2. 初代培养

将嫩叶切取 5mm×5mm 大小接种在诱导培养基 MS+6-BA 1.0mg/L+NAA 0.1mg/L+腺嘌呤 50mg/L+蔗糖 3%+琼脂 0.7%,培养 6~8 周后产生愈伤组织,继代培养 2 次,每次周期 6~8 周,愈伤处才分化成苗。

3. 继代培养

将单芽剪切成段,转接到继代增殖培养基 MS+6-BA 1.5mg/L+NAA 1.0mg/L+蔗糖 3%+琼脂 0.7%,进行不定芽的继代和增殖培养。

4. 壮苗生根培养

截取 15cm 带 3 个叶片的苗,移入生根培养基 MS+IBA 0.5mg/L+NAA 0.1mg/L+蔗糖 3%+琼脂 0.7%中。

5. 驯化移栽

当苗上有 3~4 条 2cm 左右长的新根时,打开瓶盖,等其充分进行瓶内外空气互换之后盖上,但不要将盖拧紧,散射光下放置 3~5d,去掉瓶盖,加少许静置 1h 后的自来水,逐天增加光照至全光照,一般 4~5d。取出小苗用清水洗净苗基培养基,放入 1000 倍百菌清中泡 10~15min,移栽至泥炭:蛭石:珍珠岩为 5:3:2 的基质中,遮阴 7~10d 并保持空气湿润。

十三、观赏凤梨的组织培养

观赏凤梨是冬令四大高档花卉品种之一,原产南美热带雨林地区,多数附生于热带丛林之中,共 60 属 1400 原生种。由于其美观、花期长、抗寒性好,深受人们欢迎。目前,市场上销售的观赏凤梨中大多数为杂交种或选育出来的品种,不能使用播种法繁殖,而扦插繁殖速度慢,采用组培法进行快速繁殖是最有效的方法。

图片资源:
观赏凤梨组培快繁

1. 外植体选择与灭菌

取凤梨的侧芽,剪去叶片展开部分,用自来水冲洗干净,用 70%酒精消毒 30s,无菌水清洗 2~3 次,然后用 0.1%氯化汞溶液消毒,无菌水漂洗 5~6 次,在无菌条件下,去除外层叶鞘,即可接种。

2. 初代培养

将外植体接种在芽诱导培养基 MS+6-BA 2.0mg/L+NAA 0.5mg/L+活性炭 0.2g/L+蔗糖 3%+琼脂 0.7%,先暗培养 7d,以减少褐化,然后在正常光照下培养。经过 30d 培养,外植体上产生不定芽。

3. 继代培养

待诱导出的丛生芽长至 0.5~1cm 时,将其切分,接种到增殖培养基 MS+6-BA 0.5mg/L+NAA 0.1mg/L+蔗糖 3%+琼脂 0.7%,进行继代增殖。在增殖过程中用固态和液态培养基交替培养,增殖效果更佳,10d 继代培养一次,增殖系数可达 4.0。

4. 壮苗生根培养

将长至 1cm 左右的丛生芽切成单株,接种到生根培养基 1/2MS+NAA 0.5mg/L+活性炭 1.0g/L+蔗糖 3%+琼脂 0.7%,15d 后开始生根,培养 30d 后,根系生长粗壮,每株平均长根 3 条,根长 0.5~1cm。

5. 驯化移栽

当小苗高 3~4cm、有 3~4 条新根时即可打开瓶盖,散射光下培养 3~4d,取出小苗用清水洗净培养基,放入 1000 倍百菌清中泡 10~15min。移栽至泥炭:珍珠岩为 4:1 的基质中,栽前浇水,栽后遮阴保持空气湿度。

十四、彩色马蹄莲的组织培养

彩色马蹄莲是天南星科马蹄莲属的多年生草本植物,其花型为肉穗花序,包于红、黄、粉红、橘红、橙黄或红黄色佛焰苞内,形如马蹄。由于花叶皆佳,彩色马蹄莲是世界流行的名花品种之一,在国际花卉市场上占有越来越重要的地位,被公认为 21 世纪的"花卉之星"。

彩色马蹄用传统的块茎分生繁殖方法繁殖系数低,且后代易感染软腐病,种苗质量差,常规生产受到限制,而应用组织培养技术对具有优良品种特性的彩色马蹄莲进行快速繁殖,在短期内可以生产出大量整齐、均匀的健壮种苗。

1. 外植体选择与灭菌

晴天取彩色马蹄莲块茎进行消毒,用自来水冲洗 12h,5%洗衣粉水溶液漂洗 5min,自来水冲洗 30min,70%酒精擦洗表面,0.1%氯化汞溶液中消毒 5min,2%次氯酸钠溶液中消毒 15min,无菌水冲洗 8~10 次。

2. 初代培养

在无菌条件下挖取 0.5cm 左右的芽眼接种于诱导培养基 MS+6-BA 3.0mg/L+NAA 0.1mg/L+蔗糖 3%+琼脂 0.7%,20d 后诱导出愈伤组织,30d 后产生的愈伤组织大而致密,且有绿色芽点产生,培养 50d 后有明显的幼芽产生。

3. 继代培养

愈伤组织接种于培养基 MS+6-BA 2.0mg/L+NAA 0.1mg/L+蔗糖 3%+琼脂 0.7%,置于 25±1℃散射光下培养,最后将形成不定芽。

4. 壮苗生根培养

当不定芽长到 2~4cm 时,将丛芽切分成单芽转至生根培养基 1/2MS+NAA 0.3mg/L+IAA 0.2mg/L+活性炭 1.0g/L+蔗糖 3%+琼脂 0.7%,生根率可达 95%以上。

5. 驯化移栽

生根培养 25～30d 后,苗壮根粗时,将瓶盖打开加入一定量的蒸馏水,置于自然光下,3d 后取出生根苗,洗净培养基后移栽到经 0.1% 甲醛溶液消毒的粗河沙中,温度 20～25℃、相对湿度 70% 培养 25d,再移入沙土中培养,待小苗长出 2～4 片新叶便可移栽至大田。

十五、花叶芋的组织培养

花叶芋是天南星科花叶芋属植物,具有色彩斑斓华丽的大叶,是极美丽的盆栽观叶植物。花叶芋常规繁殖采用块茎繁殖,年增殖率一般为 2～3 倍,基于其繁殖系数低,成本高等特点,市场上该花卉价格较高,且供不应求,而采用植物组织培养可获得大量组培苗。

1. 外植体选择与灭菌

选取刚抽出的尚未展开、卷成筒状的幼嫩叶片及叶柄,先用自来水冲洗 15min,再用洗衣粉溶液清洗 10min。在无菌条件下,用 0.1% 氯化汞溶液加 10 滴吐温-80 浸泡 8min,并不断振荡消毒液,再用无菌水反复冲洗 5～10 次,每次 1～2min。

2. 初代培养

将处理好的嫩叶、叶柄切成 5～8mm 的小段接种到培养基 MS＋6-BA 3.0mg/L＋NAA 1mg/L＋蔗糖 3%＋琼脂 0.7% 上,形成愈伤组织,而后形成胚状体。

3. 继代培养

将培养 7～9 周的胚状体转接到继代培养基 MS＋6-BA 1mg/L＋蔗糖 3%＋琼脂 0.7%,4～6 周后长出 3～5 片小叶及 2～6 条幼根,此时可以进行驯化移栽。

4. 驯化移栽

将长满瓶的花叶芋小苗,揭开封口,炼苗 1～2d,即可全瓶取出,清洗掉固体培养基,种植在经过消毒的栽培基质上,种植时每瓶不要分株,每瓶种植一穴,并于种植后的第 3 天、10 天、15 天分别打一次杀菌药,保持环境温度在 25～30℃,栽培基质相对湿度在 60%～70%,空气相对湿度在 90% 上,成活率可达 95% 以上。

十六、百合的组织培养

百合是百合科百合属多年生草本球根植物,百合花花姿雅致,叶片青翠娟秀,花茎亭亭玉立,是名贵的切花新秀。百合主要靠小鳞茎进行分株繁殖,一株百合每年只能得到 1～3 个鳞茎,繁殖速度非常缓慢。有些种类可用鳞片扦插,但往往容易腐烂。而采用组织培养技术有利于提高百合的繁殖速度。

1. 外植体选择与灭菌

取生长良好的百合鳞片用自来水冲洗干净后,用 70% 酒精浸 1min,再用 0.2% 氯化汞溶液消毒 10min,然后用无菌水冲洗 3～4 次。

2. 初代培养

将消毒后的百合鳞片切成约 $1cm^2$ 大小,接种于初代培养基 MS＋6-BA 1.0mg/L＋NAA 0.1mg/L＋KT 1.0mg/L＋蔗糖 3%＋琼脂 0.7%,外表面接触培养基,在光照时间 16h/d 和温度 24～26℃ 条件下,培养 20d 时,分化率达 83.3%,培养 30d 时分化率达 93.3%。

3. 继代培养

诱导出球状芽丛后切取一部分丛苗,每个带 2～3 个叶片接种到继代培养基 MS＋6-BA 1.0mg/L＋NAA 0.01mg/L＋KT 0.5mg/L＋蔗糖 3%＋琼脂 0.7% 上,在光照时间 16h/d 和温度 24～26℃ 条件下培养 35d 后,增殖率达 118%,而且芽苗生长健壮。

4. 壮苗生根培养

将在诱导培养基上生长的小芽,从其基部切下,接种到生根培养基 MS＋IBA 0.1mg/L＋蔗糖 3%＋琼脂 0.7%,光照时间 12h/d,温度 24～26℃ 条件下培养 15d 后,生根率达 83.3%,每株生根数最多达 7 条,根长最大达 6cm。

5. 驯化移栽

当根长到 1～2cm 时,将试管苗放于驯化温室进行驯化炼苗。不开盖放置 2～3d,再打开瓶盖,炼苗 2～3d。驯化后的小苗可进行移栽。取出小苗,洗去根部的培养基,栽入灭过菌的腐殖土与沙土比为 1∶1 的基质中,保持温度 20～25℃,相对湿度 70% 以上,50% 的自然光照,成活率可达 90% 以上。

十七、玫瑰的组织培养

玫瑰是世界上著名的花卉植物,在世界鲜切花市场上占有重要地位。玫瑰常规以分株、压条、扦插等方法繁殖,繁殖率较低。采用植物组织培养为玫瑰的快速繁殖提供了有效的途径。

1. 外植体选择与灭菌

取玫瑰新生枝条在自来水下冲洗干净,用 70% 酒精浸泡 20～30s,无菌水冲洗 1 次,再置于 0.1% 氯化汞溶液中浸泡 20min,无菌水清洗 3～5 次。

2. 初代培养

剪取茎尖和带腋芽茎段,接种于初代培养基 MS＋6-BA 1mg/L＋NAA 0.1mg/L＋蔗糖 3%＋琼脂 0.7%,培养温度为 25℃,光照时间 12h/d,光照度约 1500lx,培养 20d 后,将腋芽长出的无根苗剪成单芽茎段。

3. 继代培养

将不定芽块切割成小芽块转至增殖培养基 MS＋6-BA 0.3mg/L＋NAA 0.05mg/L＋蔗糖 3%＋琼脂 0.7% 中,增殖率为 3.77。

4. 壮苗生根培养

将较矮、长势弱的无效苗剪下转到 1/2MS 壮苗培养基上,培养 20d 左右,芽苗明显长高、健壮,叶片舒展,叶色浓绿,可用于生根。

将增殖和壮苗培养的高度在 3cm 左右的芽剪下,插入生根培养基 MS＋IAA 0.5mg/L＋IBA 0.5mg/L＋NAA 0.2mg/L＋蔗糖 3%＋琼脂 0.7% 中诱导,生根率最高达 76.3%,产生的根粗壮、数量多,便于移栽成活。

5. 驯化移栽

将生根的组培苗在室内打开瓶盖炼苗 2～3d 后,洗净根部培养基,移入珍珠岩苗床,搭小拱棚,光照度在 5000～10000lx,温度在 15～35℃,相对湿度在 85% 以上,每周喷 1 次 10% 的 MS 大量元素营养液。2 周后逐渐打开小拱棚,增加光照,4 周后,便可进行常规管理,成活率可达 94.3%。

十八、大岩桐的组织培养

大岩桐又名落雪泥,是苦苣苔科大岩桐属多年生肉质草本植物,花大而美丽,一般花茎6~7cm,有单瓣、重瓣之分,是很好的温室观赏花卉。由于单、重瓣大岩桐具有白花不亲和与自交不结实现象,所以有在自然状况下不结实、人工授粉结实率低、采种成本高、易造成生物学混杂等问题。采用植物组织培养可以短时间内获得大量的组培苗。

1. 外植体选择与灭菌

从田间采取带蕾的花柱,用清水冲洗3~5次,去掉花蕾,置超净工作台上用0.1%氯化汞溶液消毒溶液7min,用无菌水冲洗5次。

2. 初代培养

将花柄切成0.5~1cm长的小段,横放于培养基MS+6-BA 0.5mg/L+NAA 0.1mg/L+蔗糖3%+琼脂0.7%上。30d左右,花柄两端均可形成肉眼可见的浅绿色愈伤组织。

3. 分化与继代培养

将愈伤组织转接到分化培养基MS+6-BA 1.0mg/L+NAA 0.1mg/L+蔗糖3%+琼脂0.7%上,2周后部分愈伤组织上出现芽点,3周后绿色芽点长出肉眼可见的小苗。将分化出的小苗及相随的芽点转移到继代培养基MS+6-BA 0.5mg/L+IBA 0.1mg/L+蔗糖3%+琼脂0.7%上进行增殖培养,1个月后增殖率达6~7,一般40d左右可继代1次。

4. 壮苗生根培养

将继代苗切成单苗或3~5个芽丛,转移到壮苗培养基MS+蔗糖3%+琼脂0.7%上,30d左右大多数苗长成4cm以上的大苗,基本无丛芽。经壮苗培养的大苗选取4cm以上的健壮大苗接到生根培养基MS+IBA 0.1mg/L+蔗糖3%+琼脂0.7%上,培养15d能见到根产生,30d生根率在95%。

5. 驯化移栽

大岩桐移栽的最好时间为4月,当大岩桐试管苗长到3cm左右时,打开培养瓶瓶盖放在室温下,向瓶内加适量水,放置3d左右,用自来水洗净基部的培养基,移栽到珍珠岩中。将移栽后的塑料盆放入水中吸水,使试管苗基部与基质接触,吸水后用支起的塑料地膜将盆盖住以保湿、增温,相对湿度保持在85%~90%,温度保持在20~25℃,成活率达到96.7%。

十九、杜鹃的组织培养

杜鹃为杜鹃花科杜鹃花属多年生木本植物,中国十大名花之一,也是我国闻名于世的三大名花之一。在所有观赏花木之中,称得上花、叶兼美,地栽、盆栽皆宜,用途很广泛。主要繁殖方式为扦插,而扦插繁殖受母株材料和繁殖季节的影响,往往无法满足市场的需要。因此,应用组织培养技术对于优良品种的引进和推广意义重大。

1. 外植体选择与灭菌

切取幼嫩叶片,先用洗洁精溶液漂洗一下叶片,然后用自来水冲洗30min,再用70%酒精表面消毒3s,再用10%次氯酸钠溶液附加0.005%洗涤剂灭菌15min,无菌水冲洗3次,备用。

2. 初代培养

将消毒的叶片切除叶缘,切割成 3mm×3mm 左右的小片,叶背面向下接种于固体培养基 WPM+TDZ(苯基噻二唑基脲)0.2mg/L+NAA 0.5mg/L+蔗糖 3%+琼脂 0.7%。20d 后,叶的边缘形成愈伤组织,继续培养 30d 左右,即可分化出丛生芽,但分化率较低。

3. 继代培养

将愈伤组织接种到培养基 WPM+TDZ(噻二唑苯基脲)0.5mg/L+蔗糖 3%+琼脂 0.7%上,30d 后可分化出较多的小芽,增殖率可达 10~15。

4. 生根培养

将 2~3cm 高的小芽切下,接种在生根培养基 WPM+IAA 1.75mg/L+活性炭 0.25%+蔗糖 3%+琼脂 0.7%上,进行生根培养,培养 30d,生根率为 80%。

5. 驯化移栽

将生根的组培苗在室内打开瓶盖炼苗 7~10d 后,洗净根部培养基,移入珍珠岩:土壤为 1:2 混合基质的花盆中,搭小拱棚,2 周后逐渐打开小拱棚,增加光照,移入温室,成活率可达 70%。

二十、一品红的组织培养

一品红,大戟科大戟属植物,又名圣诞花,原产于墨西哥塔斯科地区,在我国各地广泛栽培。一品红颜色鲜艳,花期长,是圣诞节、元旦、春节等主要的红色花卉。一品红常规繁殖主要采用扦插繁殖,而一品红的枝条少,繁殖率较低,采用植物组织培养的方式则可实现大量的繁殖。

1. 外植体选择与灭菌

一品红的嫩叶、嫩芽、嫩茎等器官均可作为外植体进行组织培养。从生长健壮的一品红植株中选择适宜的外植体,在自来水下冲洗干净,用饱和中性洗衣粉摇动洗涤 2~3 次,自来水冲洗 30min,用 70%酒精浸泡 5~10s,无菌水冲洗 1 次,再置于 0.1%氯化汞溶液中浸泡 4~9min,无菌水清洗 3~5 次。

2. 初代培养

将外植体剪成 1cm 见方的材料,接种到初代培养基 MS+6-BA 1.0mg/L+2,4-D 2.0mg/L+蔗糖 3%+琼脂 0.7%中,温度为 25℃,光照时间 12h/d,光照度 1000~1500lx。培养 1 个月后出现愈伤组织,50d 左右愈伤组织布满外植体,且致密的愈伤组织开始形成小芽。

3. 继代培养

将不定芽块切割成小芽块转至增殖培养基 MS+6-BA 1.0mg/L+IAA 0.2mg/L+蔗糖 3%+琼脂 0.7%中,增殖率为 4.5,且苗壮。

4. 生根培养

将健壮的生根苗接种到生根培养基 1/2MS+NAA 1.0mg/L+蔗糖 3%+琼脂 0.7%上,培养 30d 左右生根率达 100%,产生的根粗壮、数量多,便于移栽成活。

5. 驯化移栽

将生根的组培苗在室内打开瓶盖炼苗 2~3d 后,洗净根部培养基,移入珍珠岩营养钵中,搭小拱棚,光照度为 5000~10000lx,温度在 20~25℃,相对湿度在 90%~95%,成活率可达90.5%。

任务二　林木的组培快繁技术

一、毛白杨的组织培养

1. 外植体的选择与消毒

取当年生直径为5mm左右的毛白杨枝条,用解剖刀切成长度为1.5~2.0cm的节段,每个节带1个休眠芽。

切段先用自来水冲洗干净,再用70%酒精消毒30s,无菌水冲洗1次,然后在5%次氯酸钠溶液中消毒7~8min,最后用无菌水冲洗3~4次。用无菌滤纸吸去残留水分,在超净工作台上于解剖镜下剥取2mm左右、带有2~3个叶原基的茎尖接种到初代培养基上。

2. 初代培养

为防止外植体消毒不彻底,有效控制杂菌污染,可先将单个茎尖接种到只装有少量MS培养基的试管或三角瓶中进行预培养。培养5~6d后选择无污染的茎尖再转接到MS+6-BA 0.5mg/L+NAA 0.02mg/L+赖氨酸100mg/L+果糖20g/L的诱导培养基上。

3. 继代培养

(1) 切段繁殖法　将茎尖诱导出的幼芽从基部切下,转接到MS+IBA 0.25mg/L+蔗糖15g/L继代培养基上。

(2) 丛生芽繁殖法　截取带有2~3个展开叶的茎段,接种到MS+IBA 0.25mg/L+蔗糖15g/L培养基上。

4. 生根培养

将健壮小苗下部的各段切成带一片叶茎段,或将丛生芽切分成单株苗,转接到MS+IBA 0.25mg/L+蔗糖15g/L生根培养基上。

5. 炼苗移栽

将生根苗移至移苗室,打开瓶口炼苗3~5d。然后小心取出小苗,清洗根上附着的培养基,用多菌灵浸泡消毒后移栽到疏松通气的基质中。

二、桉树的组织培养

1. 外植体的选择与消毒

诱导腋芽和顶芽萌发的可用枝条的节段和顶芽作外植体,也可以用种子经无菌萌发获得无菌实生苗。

用种子经无菌发芽获得无菌材料,可用纱布将种子包裹好并浸于冷开水中10min,然后用70%酒精消毒30s,再用0.1%氯化汞溶液消毒10min,无菌水冲洗4~5次,接种到初代培养基上。

2. 初代培养

在MS+6-BA 0.5~1.0mg/L+IBA 0.1~0.5mg/L初代培养基上培养。

3. 继代培养

将较大的芽苗切割成 1cm 长左右的节段,或将密集的小丛芽分割为单株或丛芽小束,转接到 MS+BA 1.0～1.5mg/L+KT 0.5mg/L+IBA 0.1～0.5mg/L 继代培养基上以促进培养物的腋芽萌发。

4. 生根培养

将 3～5cm 高的试管苗转接到 1/2MS+ABT 1.5mg/L+IBA 0.1mg/L+AC 2.5g/L 生根培养基上。

三、樱花的组织培养

1. 外植体选择与消毒

在 4 月下旬至 5 月初,选择生长健壮、无病虫害的新生樱花嫩枝为材料,将枝条剪成 6～8cm 长的枝段,先用 70% 酒精浸泡 20s,然后用 0.1% 氯化汞溶液处理 4min,再用无菌水冲洗 4～6 遍,剪成带有一个腋芽的小段。

2. 初代培养

初代培养条件:温度 25±2℃,光照度 1000～1500lx,光照时间为 12h/d。在 MS+6-BA 2.0mg/L+NAA 0.2mg/L+PVP 0.02mg/L 初代培养基上培养。

3. 继代培养

将丛生芽分割转入 MS+6-BA 0.5～3.0mg/L+NAA 0.05～0.3mg/L 继代培养基中进行继代培养。

4. 生根培养

当芽苗增殖到一定数量后,可将丛生苗分割成单苗,把长 2cm 以上的小苗转入 1/2MS+NAA 1.5mg/L+IBA 0.2mg/L+AC 0.1% 生根培养基上。

四、美国红栌的组织培养

1. 外植体的选择与消毒

春季在田间选取生长健壮、无病虫害的植株,取幼嫩枝条作外植体。将外植体用毛刷蘸洗涤剂洗净,再用流水冲洗干净。在无菌条件下用 70% 酒精消毒 30s,再在 0.1% 氯化汞溶液浸泡 5min,然后用无菌水冲洗 4～5 次。将枝条切成 1～1.5cm 长的带芽茎段或茎尖,接种到初代培养基上。

2. 初代培养

在 MS+6-BA 0.2mg/L+NAA 0.05mg/L 初代培养基上培养,条件为温度 25±2℃,光照度为 2000lx,光照时间 12h/d。

3. 继代培养

剪下诱导伸长的新梢,接入 MS+BA 0.5mg/L+NAA 0.1mg/L 继代培养基上培养。

4. 生根培养

增殖到一定数量后将丛生芽转接到 MS+NAA 0.05mg/L 培养基上进行壮苗培养。经过一代壮苗的丛生芽切分后转到 1/2MS+IBA 0.2mg/L+NAA 0.1mg/L+PP$_{333}$ 2.0mg/L 培养基上进行生根培养。

五、平榛的组织培养

平榛为桦木科榛属灌木,平榛种仁营养价值高,含有丰富的蛋白质、氨基酸、脂肪、维生素、矿物质元素及生理活性物质,同时具有明显的降血脂、溶血栓、舒张血管、预防心脑血管疾病之功能,健身益寿。平榛种仁中维生素A及维生素E含量较高,对人体抗炎、抗癌、抗心血管疾病有较大的作用,有"坚果之王"美称。而常规的繁殖系数低,无法满足市场需求。

1. 外植体选择与处理

剪取萌发的榛子幼嫩枝条,留叶柄,去除叶片,剪成2cm左右带腋芽茎段,流水冲洗2h,用70%酒精处理30s,无菌水冲洗2~3次,0.1%氯化汞溶液加数滴吐温-80表面消毒7min,无菌水冲洗5~6次,吸干水分。

2. 初代培养

将茎段两端受损部分切掉,接种于配制好的培养基DKW+6-BA 5.0mg/L+IAA 0.01mg/L+蔗糖3%+琼脂粉0.7%。培养温度为23~27℃,光照时间16h/d,光照度1600~2000lx,相对湿度40%~60%。接种1周后腋芽萌发生长,3周可长到1.5cm高、带2~3片叶的单茎小苗。

3. 增殖培养

将经初代培养的试管苗剪切成带1~2片叶的茎段,接种到事先配制好的DKW+TDZ 1.5mg/L+IBA 0.01mg/L+蔗糖3%+琼脂0.7%培养基上。培养30d左右,每个茎段的腋芽又可萌发长成主茎2~3cm高、具3~4片叶的丛生苗。培养温度为23~27℃,光照时间16h/d,光照度1600~2000lx,相对湿度40%~60%。

4. 生根培养

将长2cm左右、带3~4片叶的无根苗,转入生根培养基1/2MS+NAA 0.1mg/L+蔗糖3%+琼脂粉0.7%,9~12d后,幼苗基部分化出许多白色细小的根,20~25d后,平均根长可达4cm,平均根数3~5条,呈辐射状,生根率为90%。培养温度23~27℃,光照时间12h/d,光照度1600lx,相对湿度80%左右。

5. 驯化移栽

选取2.5cm以上、长势良好、植株健壮、根系发达的组培苗,打开瓶盖,炼苗1~2d后,从瓶中取出,用水洗净根部琼脂,浸入600倍的多菌灵溶液中消毒20min,栽植于装有蛭石:草炭为1:1的灭菌基质的营养钵中,浇足定根水后覆盖聚乙烯膜小拱棚,放入培养室内,温度保持在20~28℃,移栽成活率达90%。培养1个月之后,移入温室内,带基质栽植。

六、红豆杉快繁技术

红豆杉属于红豆杉科红豆杉属,是集观赏和药用价值于一身的珍贵植物。以茎、枝、叶、根入药,从植物中提取的紫杉醇是世界公认的抗癌药,价格昂贵,并有抑制糖尿病及治疗心脏病的效用,因而红豆杉具有"生物黄金"之称,也是重要的经济树种。然而,该树种天然群体数量少,自然繁殖能力低,加之人为破坏,是世界上濒临灭绝的天然珍稀抗癌植物,属国家一级保护植物。目前,野生数量还不能满足药源开发的需求,可采取积极有效的快繁技术来解决此问题。

图片资源:红豆杉组培快繁

1. 外植体选择与消毒

可选用5~7年树龄的红豆杉的当年生嫩枝或前一年长出的未萌发叶的休眠枝作为外植体,当然,红豆杉种子也是一种较好的外植体。将当年生嫩枝上多余针叶摘除,只留2~3个幼叶的嫩枝茎尖部位(如果是休眠枝,则不留叶),将材料先用洗洁精溶液浸泡2~3min,再用自来水冲洗干净,去掉灰尘或虫子,沥干备用。在无菌操作台上,先把材料放入烧杯或培养皿中,用70%酒精浸泡30s,无菌水冲洗1次,然后用0.1%氯化汞溶液浸泡,嫩枝消毒5min左右,休眠枝消毒10min左右,后用无菌水冲洗3~4次。

2. 初代培养

将消毒后的外植体切成0.8~1cm长接种在初代培养基MS+6-BA 1.0mg/L+NAA 0.02mg/L+蔗糖3%+琼脂0.7%上,温度25℃左右,相对湿度70%~80%,光照度1500lx,光照时间10~12h/d,20~25d后芽展开,30d后新叶长出,待丛生芽长到一定数量后,就可分离转接进行增殖培养。

3. 继代培养

将丛生芽分离,接种到继代增殖培养基MS+KT 2.0mg/L+NAA 0.5mg/L+蔗糖3%+琼脂0.7%。

4. 壮苗生根培养

待小芽长到1cm左右的时候,将其切下接入生根培养基1/2MS+IBA 0.05mg/L+蔗糖3%+琼脂0.7%,进行生根培养。

5. 驯化移栽

待瓶苗的不定根长到1.5cm左右、株高5~7cm时,将瓶盖打开,放到阴凉地方2~3d。然后将其从瓶中取出,浸入浓度为1.2g/L的多菌灵水溶液中20min。移栽基质为经高温灭菌的苔藓、珍珠岩、河沙等,把组培苗移栽到盛有基质的秧盘上,并置于温度和湿度可控的地方驯化。条件为:开始3~5d温度为25℃,相对湿度为90%;后几天温度为23℃,相对湿度为80%;等到第三周时温度为20℃,相对湿度为65%。在驯化期间每周喷一次消毒液,经过3周的驯化培养后,组培苗便可以适应外界条件。

任务三 果树脱毒与快繁技术

一、苹果脱毒与快繁技术

苹果育苗的传统方式速度慢,且易受病毒危害,因此脱毒果树栽植已成为当今果树的发展方向。应用茎尖组织培养技术,可以快速繁殖和脱除病毒,对于推动苹果无病毒苗生产、引进优良品系具有重要意义。

1. 外植体选择与处理

取健壮、无病虫害的苹果茎尖或带芽的茎段,用自来水冲净,用枝剪剪成1~2cm,然后在超净工作台上将苹果茎尖或茎段放入无菌瓶中,用70%酒精处理30s左右,无菌水冲洗一次,0.1%氯化汞溶液灭菌10min,无菌水漂洗3~4次,每次30~60s。将苹果茎段放在无菌培养皿中待用。

2. 初代培养

将培养皿放到事先消好毒的解剖镜上,用解剖刀片将带有1~2个叶原基的分生组织切下来,将茎尖顶部向上接种到培养基MS+6-BA 2mg/L+蔗糖3%+琼脂0.7%上,每个接种容器上接种一个茎尖。培养条件为温度25℃,光照度1000~1500lx,光照时间12~16h/d。1周后生长,茎尖逐步增大,可分化出许多侧芽,形成丛生芽。

3. 继代培养

当培养的茎尖形成大量的丛生芽后,将其转入增殖培养基MS+6-BA 0.5~1.0mg/L+NAA 0.05mg/L+蔗糖3%+琼脂0.7%,进行扩繁,培养条件为光照度2000lx,光照时间10h/d,温度25~28℃,30~40d可继代1次。

4. 生根培养

待试管苗增殖到一定数量后,可将其转入生根培养基MS+IBA 0.5~1.0mg/L+蔗糖3%+琼脂0.7%中进行壮苗生根培养,10d左右开始在基部出现根原基,20~30d根可生长到驯化移栽所需的长度。

5. 驯化移栽

当试管苗刚刚生根或出现根原基时,打开培养瓶瓶盖或封口膜,在自然光照下炼苗2~3d,取出试管苗,洗去黏着的培养基,移栽到疏松透气的基质中。注意保持温度、湿度和避免强光照射,长出新根和新叶后移栽到温室中。

二、香蕉脱毒与快繁技术

香蕉是热带、亚热带地区的重要水果,也是华南四大名果之一。香蕉具有产量高、生产容易、风味好、营养丰富、供应期长等特点。香蕉主要采用地下吸芽繁殖,繁殖效率不高,且后代容易感染花叶心腐病、束顶病等致命病害。通过组培育苗可生产脱毒苗,且具有生长快、病虫害少、高产优质、成熟期一致、繁殖系数大等优点。

1. 外植体选择与处理

取健壮、无病虫害的香蕉茎尖或带芽的茎段,用自来水冲净,用枝剪剪成1~2cm,然后在超净工作台上将茎尖或茎段放入无菌瓶中,用70%酒精处理30s左右,无菌水冲洗一次,用0.1%氯化汞溶液灭菌10min,无菌水漂洗3~4次,每次30~60s,待用。

2. 初代培养

在超净工作台上,借助解剖镜用解剖刀片将带有1~2个叶原基的分生组织切下来,茎尖向上接种到培养基MS+6-BA 2.0~3.0mg/L+蔗糖3%+琼脂0.7%,在培养温度25℃左右,光照时间12~16h/d,光照度1000lx的环境条件下培养。继续培养10多天,生长点产生一些微小白色突起,1个月后逐渐增大形成芽苗。

3. 继代培养

当培养的茎尖形成大量的丛生芽后,将其转入增殖培养基MS+6-BA 0.5~1.0mg/L+蔗糖3%+琼脂0.7%中扩繁。光照度为2000lx,光照时间为10h/d,温度为25~28℃,30~40d可继代1次。培养1~2周,每块培养物可长出单芽苗或丛生芽苗,数量增多。

5 生根培养

待试管苗增殖到一定数量后,可将其转入生根培养基MS+6-BA 0.5~1.0mg/L+NAA 0.5~1.0mg/L+蔗糖3%+琼脂0.7%中进行壮苗生根培养,培养一段时间后,基部即可长根,形成完整植株。

6. 驯化移栽

当试管苗长到1~5cm高、有4~5片叶、根系发育良好时便可炼苗、移栽。炼苗时去除瓶盖,经过3~5d后,把试管苗移栽于草炭土与蛭石比为1:1的基质中,保温。1周后让其逐渐通风,1~1.5个月后便可以移入大田定植。

三、葡萄脱毒与快繁技术

葡萄为葡萄科葡萄属多年生浆果类藤本果树,又称草龙珠、山葫芦。葡萄营养丰富,是世界性水果,葡萄性平味甘,能滋肝肾、生津液、强筋骨、补益气血等。葡萄市场需求量非常大,但随着葡萄产业的发展,葡萄病毒也随之蔓延,由此采用植物组织培养技术培育脱毒苗,从而获得较高的经济效益成了当前葡萄苗木生产的有效途径。

1. 外植体选择与处理

剪取健壮无病的葡萄嫩枝,除去幼叶,自来水冲洗2~3h,置冰箱处理4h,将处理后的材料用自来水反复浸泡冲洗。在超净工作台上,将葡萄带芽的茎段,用70%酒精浸泡消毒15~20s,再用0.1%氯化汞溶液浸泡5~10min,无菌水冲洗4~5次,以彻底清除氯化汞。

2. 初代培养

将培养皿放到事先消好毒的解剖镜上,一手执细镊子将茎尖按住,另一手用解剖针将叶片和外围的叶原基逐层剥掉。当一个闪亮半圆球的顶端分生组织充分暴露出来之后,用解剖刀片将带有1~2个叶原基的分生组织切下来,将茎尖顶部向上接种到培养基上,每个接种容器上接种一个茎尖。剥离茎尖时,速度要快,茎尖暴露的时间越短越好,以防止茎尖失水变干。接种过程中左手握住培养瓶,用火焰烧瓶口和封口材料,用右手的拇指和小指打开瓶盖,当打开瓶子时,瓶口朝向酒精灯火焰,并拿成斜角,以免灰尘落入瓶中造成污染。注意:操作期间经常用70%酒精擦拭双手和台面,并经常进行接种台具的灭菌,避免交叉污染。

接种到预先配制的诱导愈伤组织培养基MS+蔗糖3%+琼脂0.7%,或B_5+6-BA 0.5~1mg/L+IAA 0.1~0.3mg/L+蔗糖3%+琼脂0.7%,培养条件为温度25~28℃,光照时间16h/d,光照度1800lx。2周左右可看到不定芽出现,逐渐形成丛生芽。

3. 继代培养

当培养的茎尖形成不定芽时,选取较大不定芽,接种到继代培养基MS+6-BA 0.4~0.6mg/L+蔗糖3%+琼脂0.7%,继代培养3周左右,小芽即可长成4cm左右高的无根苗。光照度为2000lx,光照时间10h/d,温度25~28℃,30~40d可继代1次。

4. 生根培养

待试管苗增殖到一定数量后,选取3~4cm高的壮苗,可将其转入生根培养基1/2MS+NAA 0.1~0.3mg/L+蔗糖3%+琼脂0.7%上进行壮苗生根培养。生长10d后,苗的基部形成白色的突起,40d后,可形成0.5cm以上的幼根,生根率90%以上。

5. 驯化移栽

当葡萄试管苗根长至1cm左右、5~7片新叶时,进行炼苗,打开瓶盖1周左右,将苗移入蛭石中,相对湿度保持在90%左右,光照度为4000~5000lx,15~20d后见幼叶变绿时,即可移植到大田,成活率达80%以上。

四、樱桃脱毒与快繁技术

樱桃属蔷薇科樱桃属典型樱桃亚属植物，是市场上紧俏的果品之一。因其售价高，经济效益好，近年来各地纷纷引种，苗木供应紧张。用常规方法繁殖苗木，速度慢、苗质差、易变异。因此，探讨樱桃茎尖组织培养快繁技术对快速提供樱桃优良种苗和接种具有重要意义。

1. 外植体选择与消毒

春季选择新生樱桃嫩枝为外植体，用自来水冲洗干净，剪去叶片，保留0.5cm的叶柄。将枝条剪成6～8cm长的枝段，用70%酒精浸泡20s，然后用0.1%氯化汞溶液处理4min，再用无菌水冲洗4～6遍，剪成带有一个腋芽的小段，放在无菌滤纸上吸干水分，备用。

2. 初代培养

在超净工作台上，借助事先消好毒的解剖镜，将带有1～2个叶原基的分生组织切下来，将茎尖顶部向上接种到培养基 MS＋6-BA 2.0mg/L＋NAA 0.2mg/L＋PVP 0.02mg/L＋蔗糖3%＋琼脂0.7%上，培养温度23～27℃，光照度1000～1500lx，光照时间为12h/d。

3. 继代培养

在初代培养基上培养2周左右腋芽萌发，4周后可形成2～3cm长丛生芽。将丛生芽分割转入继代培养基 MS＋6-BA 0.5～3.0mg/L＋NAA 0.05～0.3mg/L＋蔗糖3%＋琼脂0.7%上，28～35d继代一次，增殖率一般为3～4。培养温度23～25℃，光照度为1000～1500lx，光照时间为12h/d。

4. 生根培养

当芽苗增殖到一定的数量后，可将丛生苗分割成单苗，把长2cm以上的小苗转入生根培养基 1/2MS＋NAA 1.5mg/L＋IBA 0.2mg/L＋AC 1g/L＋蔗糖3%＋琼脂0.7%，培养温度为23～27℃，光照度为2000～2500lx，光照时间为12h/d。

5. 驯化移栽

当试管苗长高至5cm左右，并有数条根时，即可进行炼苗。将培养瓶移至炼苗室，避免阳光直射，1周后松开瓶盖透气1～2d，使瓶内外的湿度比较接近。取出试管苗，洗净根部的培养基，移栽到珍珠岩：腐殖土：河沙＝1：2：2基质中，浇足定根水后，及时盖上塑料薄膜保湿，并用75%的遮阳网遮阴1周，逐渐增加光照度并通风。7～10d后，幼苗长出新根，结束了异养阶段，此时揭去薄膜。待根系长达3～5cm时，可完全撤去遮阳网，让小苗在全光下生长。当小苗高达15cm左右，根系发达时，即可进行大田定植。

五、草莓脱毒与快繁技术

草莓是对蔷薇科草莓属植物的通称，多年生草本植物，又称红莓、洋莓、地莓等，是一种红色的水果。果实鲜美红嫩，果肉多汁，含有特殊的浓郁水果芳香。草莓营养价值高，含丰富维生素C，有帮助消化的功效，是世界公认的高档水果。草莓常规繁殖主要采用匍匐茎无性繁殖，导致病毒逐年积累，品质下降，因此可应用植物组织培养技术繁育脱毒苗。

图片资源：
草莓组培快繁

1. 外植体选择与消毒

取热处理后生长健壮的母株或匍匐茎上的顶芽作为外植体，以每年6—7月份最为适宜。如果母株没有经过热处理，则于7—8月份匍匐茎发生最旺盛的时期，在无病虫害的田块,连续晴天3~4d时选取生长健壮、新萌发且未着地的葡匐茎段3cm长作为外植体。用自来水流水冲洗2~4h,用洗涤剂水溶液洗去材料表面的油质,然后剥去外层叶片,在无菌条件下,用70%酒精浸泡数秒以去除表面的蜡质。表面消毒15~30min,并不停地搅动促进药液的渗透,然后用无菌水冲洗3~5次。

2. 初代培养

在超净工作台上,将培养皿放到事先消好毒的解剖镜上,一手执细镊子将茎尖按住,另一手用解剖针将叶片和外围的叶原基逐层剥掉。当一个闪亮半圆球的顶端分生组织充分暴露出来之后,用解剖刀片将带有1~2个叶原基的分生组织切下来,将茎尖顶部向上接种到培养基MS+6-BA 0.5mg/L+蔗糖3%+琼脂0.7%上,培养温度为22~25℃,光照时间16~18h/d,光照度3000lx。经2~3个月的培养,可生长分化出芽丛,一般每簇芽丛含20~30个小芽为适。注意:在低温和短日照下,茎尖有可能进入休眠,所以必须保证较高的温度和充足的光照时间。

3. 继代培养

把芽丛分割成芽丛小块,转入继代培养基MS+6-BA 0.5mg/L+蔗糖3%+琼脂0.7%,令其长大,以利分株,待苗长大到1~2cm时,可将芽丛小块切割成有3~4个芽的芽丛再转入继代培养基中,达到扩大繁殖的目的。培养温度23~27℃,光照度1000~1500lx,光照时间为12h/d。经过3~4周的培养可获得30~40个腋芽形成的芽丛及植株。

4. 生根培养

将芽丛切割开,单个芽转接到生根培养基MS+NAA 0.5mg/L+AC 1g/L+蔗糖3%+琼脂0.7%。培养温度23~27℃,光照度2000~2500lx,光照时间为12h/d。培养4周后,可长成高4~5cm并有5~6条根的健壮苗。

5. 驯化移栽

用镊子把草莓苗从试管瓶中取出,洗掉根系附带的培养基。事先备好8cm×8cm或6cm×6cm的塑料营养钵,内装等量的腐殖土和河沙。栽前压实,浇透水,用竹签在钵中央打一小孔,将试管苗插入其中,压实苗基部周围基质,栽后浇水,以利幼苗基部和基质密合。

栽后的试管苗要培养在湿度较大的空间内,一般加设小拱棚保湿,并经常浇水,每天叶面喷水3~4次,增加棚内湿度,以见到塑料薄膜内表面分布均匀的小水珠为宜。4~5d就能成活,展开新叶。过7~10d后,当检查确定根系生出时,可逐渐降低湿度和土壤含水量,进入正常幼苗的生长发育管理阶段,增加光照,以利于幼苗健壮生长。

六、柑橘脱毒与快繁技术

柑橘为芸香科柑橘亚科柑橘属果树。柑橘亚科各属原产于亚洲、大洋洲及非洲的热带、亚热带地区,现已成为世界主栽果树之一,主要分布在北美洲、拉丁美洲、亚洲、地中海沿岸。柑橘产量居百果之首,含有丰富的维生素和矿物质元素,同时具有清肺化痰等功效。但病毒的危害,往往导致柑橘大面积绝产,因而脱毒苗的推广为柑橘生产解决了这一难题。

1. 外植体选择与消毒

从结果母株上选择生长旺盛的新梢或从经过热处理后的新梢上切取5cm长的顶端,在室内剪至1~1.5cm长。自来水冲洗2h后,在无菌条件下用70%酒精消毒10s,0.1%氯化汞溶液消毒6~10min,无菌水漂洗4~5次。

2. 初代培养

在超净工作台上,将培养皿放到事先消好毒的解剖镜上,一手执细镊子将茎尖按住,另一手用解剖针将叶片和外围的叶原基逐层剥掉。等闪亮半圆球的顶端分生组织充分暴露出来之后,用解剖刀片将带有1~2个叶原基的分生组织切下来,将茎尖顶部向上接到培养基上,每个接种容器上接种一个茎尖。剥离茎尖时,速度要快,茎尖暴露的时间越短越好,以防止茎尖失水变干。接种过程中左手握住培养瓶,用火焰烧瓶口和封口材料,用右手的拇指和小指打开瓶盖,当打开瓶子时,瓶口朝向酒精灯火焰,并拿成斜角,以免灰尘落入瓶中造成污染。注意:操作期间经常用70%酒精擦拭双手和台面,并经常进行接种工具的灭菌,避免交叉污染。接种到预先配制的诱导愈伤组织培养基MS+KT 0.25mg/L-2,4-D 0.24mg/L+NAA 2~5mg/L+叶酸 0.1mg/L+VH(生物素)0.1mg/L+VC_1 1mg/L+核黄素 0.1mg/L+蔗糖5%+琼脂0.7%,培养温度为22~25℃,光照时间16~18h/d,光照度3000lx。接种6d后可在切口处长出淡黄色不透明的愈伤组织块,10~25d可形成大量的愈伤组织。

3. 继代培养

把芽丛分割成芽丛小块,转入继代培养基MS+6-BA 0.5mg/L+ZT 0.5mg/L+蔗糖3%+琼脂0.7%。待苗长大到1~2cm时,可将芽丛小块切割成有3~4个芽的芽丛再转入继代培养基中,达到扩大繁殖的目的。培养温度25±2℃,光照度1000~1500lx,光照时间为12h/d。经过3~4周的培养可获得30~40个腋芽形成的芽丛及植株。

4. 生根培养

增殖到一定数量后,将芽丛分割,然后转入生根培养基MS+KT 2.0mg/L+CM 100mg/L+蔗糖3%+琼脂0.7%。培养温度25±2℃,光照度1000~1500lx,光照时间为12h/d,10~14d即可形成根。

5. 驯化移栽

将长有完整根系和数片新叶的试管苗移入温室,开瓶炼苗7~10d。取出试管苗,洗去培养基,栽植于草炭土:沙土=2:1的基质内,注意保温、保湿、遮阴,幼苗长出新叶后便可移栽到大田中。

七、蓝莓的组织培养

蓝莓为杜鹃花科越橘属小浆果,又名越橘,是一种营养价值非常高的水果。果肉富含丰富的维生素、蛋白质和矿物质等营养元素,具有抗自由基、延缓衰老、增强人体免疫功能。因为其具有较高的保健价值,所以风靡世界,是世界粮农组织推荐的五大健康水果之一,被誉为"水果皇后"。常规的种子和扦插繁殖无法满足市场的需求,因而可采用植物组织培养技术进行快繁。

视频资源:
蓝莓组培快繁技术

1. 外植体选择与处理

选长势旺盛的幼嫩枝条,除去所有叶片,切取除顶芽外的第3~10节茎段作外植体。切下2~3cm带芽茎段,用自来水清洗干净,在饱和漂白粉上清液中浸泡15min,浸泡时不断搅动,浸泡后的茎段用流水冲洗干净,装入消毒的培养皿中,放在超净工作台上,打开紫外线灯,表面灭菌30min。把经过预处理的材料在无菌条件下放进70%酒精中,约30s后用无菌水冲洗2~3次,再用0.1%氯化汞溶液浸泡3~12min,灭菌过程中,要轻轻晃动三角瓶,使药液与外植体充分接触,再用无菌水冲洗 5 次。

2. 初代培养

在无菌条件下,将材料切成 1cm 左右的茎段,接种于配制好的培养基 WPM(改良)+ZT 2.0mg/L+蔗糖 2%+琼脂 0.6%,pH 值为 5.5。培养温度为 23~27℃,光照时间 12h/d,光照度为 1600lx,相对湿度为 80%。

3. 增殖培养

在无菌条件下将培养 30~40d 的蓝莓试管苗的茎段,切成带节的 1.5cm 左右的茎段,接种到增殖培养基 WPM(改良)+ZT 2.0mg/L+蔗糖 2%+琼脂 5%,每瓶接种 8 个。培养温度为 23~27℃,光照时间 12h/d,光照度为 1600lx,相对湿度为 80%。

4. 生根培养

蓝莓苗增殖到一定的数量后进行生根培养。将 3cm 左右的小苗,转接到生根培养基 WPM(改良)+IBA 2.0mg/L+蔗糖 3%+琼脂 0.5%+活性炭 0.5g/L,培养条件为温度 23~27℃,光照时间 12h/d,光照度 1600lx,相对湿度 80% 左右。

5. 驯化移栽

移栽季节在春夏季进行,此时小苗长势旺,成活率高。当小植株长至 4cm 左右、3~4 片叶、3~5 条根时,即可移栽。栽培蓝莓组培苗的土壤应是人工调配的混合营养土,要求腐殖质含量高,具较多的可溶性氮,pH 值 4.3~4.8,并进行土壤消毒。将小植株带瓶移入温室 1 周左右,然后打开瓶盖注入自来水炼苗 3~5d。移栽时小心把苗从瓶中取出,洗净附着于根部的培养基,以免杂菌污染,注意不要伤根,以免伤口腐烂。移栽后加强温湿度的管理,保持较高的空气湿度,栽后 1~5 周相对湿度保持在 80%~90%,以免苗木失水。温度保持在 25℃ 左右,栽后要适当遮阳,避免午间强光照射,以利于小苗逐渐适应外界环境条件。1 个月后,见干再浇水,一次浇透。

八、菠萝的组织培养

菠萝果实品质优良,营养丰富,可鲜食,肉色金黄,香味浓郁,甜酸适口,清脆多汁;也可加工,其制品菠萝罐头被誉为"国际性果品罐头",还可制成多种加工制品,广受消费者的欢迎。采用常规繁殖易导致病毒积累,因此可采用植物组织培养技术进行脱毒苗的繁育。

1. 外植体选择与处理

菠萝嫩芽作为外植体。剥去大部分外层叶片,以 1% 次氯酸钠溶液加 3~5 滴吐温-20,消毒 15min,并用无菌水冲洗 5~7 次。

2. 初代培养

在无菌条件下,切去外层叶片,露出芽尖和小腋芽,接种于配制好的液体培养基 MS+KT 2.5mg/L+糖 3% 上,转速为 20r/min 的培养器上振荡培养。光照时间 16h/d,光照度 1500~2000lx,经一个半月左右即可长出丛生的新芽。

3. 增殖培养

将 1.0~2.0cm 高的侧芽转接到继代培养基 MS+6-BA 0~3.0mg/L+NAA 0~2.0mg/L+蔗糖 3%+琼脂 0.7% 上,将生长点纵向对切,同样培养条件下芽分化数量显著提高,平均 1 个芽增殖 4~5 个。在继代培养过程中,调节细胞分裂素 6-BA 的浓度控制有效增殖系数和芽的质量。

4. 壮苗与生根培养

将 2.0cm 以上的侧芽转接到生根培养基 1/2MS+NAA 0.1mg/L+蔗糖 3%+琼脂 0.7% 或 1/2MS+IBA 0.3～0.5mg/L+蔗糖 3%+琼脂 0.7% 上,15d 左右诱导生根,1 个月后苗高 3～6cm,根长 2～5cm。培养温度 23～27℃,光照时间 12h/d,光照度 1600lx,相对湿度 80% 左右。

5. 驯化移栽

生根苗在炼苗室不开盖炼苗 3d,打开瓶盖炼苗 2d,经洗苗、高锰酸钾或多菌灵消毒等移栽于苗床上,以珍珠岩、草炭体积比 1∶1 混合基质或田园土、米糠、河沙、牛粪体积比 4∶1∶1∶1 混合基质栽培。移栽后适当遮阴,喷雾保湿。移栽 3 周后加强水肥管理,苗木生长迅速,约 60d 可出圃定植。

任务四　药用植物组培快繁技术

拓展阅读:
植物组织培养技术
在藏药中的应用
研究进展

一、贝母的组织培养

贝母系百合科多年生草本植物,在我国有浙贝母、川贝母、平贝母、伊贝母、甘肃贝母、新疆贝母、湖北贝母、天目贝母、华西贝母等几种,均为名贵中药,多以鳞茎药,味甘苦,性微寒,有清热、润肺、化痰之功能。贝母可以用种子或鳞茎繁殖,如用种子繁殖,不仅困难,而且周期长;如用鳞茎繁殖,则用种量大而繁殖系数低。所以,用组织培养技术快速繁殖贝母,具有较大的实用价值。

1. 外植体选择与消毒

取尚未开花的花梗及花蕾,用自来水冲洗干净,转入超净工作台,先用 70% 酒精消毒 30s,然后用饱和漂白粉溶液消毒 15min,无菌水冲洗 3～4 次,备用。如用鳞茎(或心芽)作外植体,先刮去鳞片上的外皮,用水洗净后,在 0.1% 氯化汞溶液中消毒 20min,用无菌水冲洗材料 3～4 次,备用。

2. 初代培养

将幼叶、花梗、花被及子房等取下,或将鳞茎切成方约 5mm、厚 2mm 的小块,接种于诱导培养基 MS+NAA 1.0～2.0mg/L+KT 1.0mg/L+蔗糖 4%+琼脂 0.7%,温度 18～20℃,光照时间 16h/d,15～20d 后出现愈伤组织。

3. 继代培养

把愈伤组织切成 3～4mm 见方大小,转移到继代培养基 MS+NAA 0.5mg/L+蔗糖 3%+琼脂 0.7%。愈伤组织在培养基中可以长期继代培养,并不丧失生长和分化能力。

进一步将愈伤组织转移到分化培养基 MS+IAA 2.0mg/L+6-BA 4.0～8.0mg/L+蔗糖 3%+琼脂 0.7%,则可由愈伤组织分化出白色的小鳞茎,并有根的发生。所分化出的小鳞茎在形态上与栽培得到的小鳞茎并无区别,1 个月内小鳞茎达到栽培条件下由种子繁殖所得到的 2～3 年生鳞茎的大小。由组织培养再生的小鳞茎,在高温条件下因休眠而很难发芽,所以要将这些小鳞茎置于低温(4～8℃)黑暗下放置 2～3 周之后,再转入常温光照下,则可很快由鳞茎中央长出健壮小植株。

4. 驯化移栽

幼苗在移栽前 2～3d 进行驯化炼苗，打开瓶盖，放到阴凉通风的地方，加强对环境的适应。取出瓶苗之后，洗掉粘在根部的培养基，并用多菌灵浸泡，小植株移栽入土中继续生长。

二、半夏的组织培养

半夏为天南星科药用植物，又名三叶半夏、半月莲、三步跳、地八豆等。药用部位为块茎。于夏、秋两季茎叶茂盛时采挖，除去外皮及须根，晒干或烘干，即为生半夏。其味辛，性温，有毒，归脾、胃、肺经。功能为燥湿化痰、和中健胃、降逆止呕、消痞散结，外用可消肿止痛等。

1. 外植体选择与消毒

将半夏健壮的球茎去掉外皮后，以洗衣粉水洗净，用流水冲洗 1h，然后用 70% 酒精浸泡 30s，无菌水冲洗 1 次后用饱和漂白粉溶液浸泡消毒 15～18min，无菌水冲洗 4～5 次，晾干备用。

2. 初代培养

将灭菌后的材料置于超净工作台上，切去四周破旧的部分，再分切成 4mm 厚，长宽各 2～3cm 的小薄片，接种到初代诱导培养基 1/2MS+6-BA 1.0mg/L+NAA 0.2mg/L+蔗糖 4%+琼脂 0.7%，温度控制在 25℃ 左右，光照时间 14～16h/d，光照度 1200～1500lx。

3. 继代培养

在诱导培养基上培养 28～30d 后，将愈伤组织块的四周有小块茎的部位切下，分成 3～4mm 见方大小，转接到分化培养基 MS+6-BA 2.0mg/L+NAA 2.0mg/L+蔗糖 3%+琼脂 0.7%，继续增殖培养。

4. 生根培养

继代培养完成后，转移到生根培养基 MS+6-BA 1.0mg/L+NAA 0.1mg/L+蔗糖 3%+琼脂 0.7%，半夏的根和芽可同时分化，且分化速度快，易形成丛生苗，待平均根数在 8～10 条、平均根长 5cm 左右，便可以移栽。

5. 驯化移栽

将试管苗置于阴凉处，打开瓶盖放置 2～3d，取出瓶苗洗净粘在根部的培养基，植入经消毒灭菌过的河沙和草炭土比例为 1:1 的基质中，放在有散射光、通风好的地方，每天喷水 2～3 次，以保持基质湿润，5～7d 后再生植株即可移苗，一般成活率都在 90% 以上。

三、红景天的组织培养

红景天为景天科红景天属多年生草本植物，具有保健和药用功能，用于滋补复壮、抗疲劳、抗缺氧、抗寒冷等，还用于治糖尿病、肺结核、贫血、神经衰弱和妇科病等。研究还发现，它们含有红景天苷等活性成分，被誉为"高原人参"。其种子繁殖因其结实率低，种子量少而小且多败育，萌发率仅 5%～10%，自然更新困难，只有通过组织培养方法繁殖，才能满足人们需求。

1. 外植体选择与消毒

野外采集健壮优良株苗，取其叶片，也可选幼茎、茎尖与花芽等作为外植体，冲洗干净，沥干备用。在无菌操作台上，将叶片或叶柄切段或切片，洗净，放入 70% 酒精中浸泡 30s，再放入0.1%氯化汞溶液中消毒5~10min,用无菌水冲洗3~4次,将叶片切成4~5mm见方大小,接种到配好的培养基上培养。

2. 初代培养

根据外植体不同分别接到不同的初代培养基。(1)MS+6-BA 2mg/L+IAA 0.2mg/L+蔗糖4%+琼脂0.7%(叶片、叶柄切段);(2)MS+KT 2.0mg/L+蔗糖3%+琼脂0.7%(花芽);(3)MS+6-BA 2.0mg/L+IAA 1.0mg/L+蔗糖3%+琼脂0.7%(茎尖);(4)MS+KT 2.0mg/L+IAA 2.0mg/L+蔗糖3%+琼脂0.7%(幼茎)。变温(11~22℃)培养,光照时间12h/d,光照度1500lx。

3. 继代培养

丛生芽组织块可切割分离转接到继代培养基MS+KT 2.0mg/L+IAA 2.0mg/L+蔗糖3%+琼脂0.7%,10d内增殖3倍左右。

4. 生根培养

将红景天2cm左右小苗接种在生根培养基MS+IAA 0.5mg/L+蔗糖3%+琼脂0.7%,约18d后开始生根,生根率达100%,每苗4~5条根,当根长1cm左右时可用于移栽。

5. 驯化移栽

将生根瓶苗转到1400lx光照条件下炼苗数天,然后小心取出试管苗,并清除根部黏附的培养基,移入事先已灭菌的基质中,浇透定根水,以后注意遮阴、保温和定时通风换气,等小苗长出新根或新叶,可完全去除遮阴保湿膜,小苗成活率可达90%左右。

四、枸杞的组织培养

枸杞是茄科枸杞属多分枝灌木植物,别名苟起子、枸杞红宴、甜菜子等,浆果卵圆形、红色,中医学上称"枸杞子"。枸杞全身是宝,"春采枸杞叶,名天精草;夏采花,名长生草;秋采子,名枸杞子;冬采根,名地骨皮"。其功能为养肝、滋肾、润肺、生津止渴、润肺止咳,主治肝肾亏虚、头晕目眩、膝酸软、阳痿遗精、虚劳咳嗽、消渴引饮等。

1. 外植体选择与消毒

选用优良健壮的当年生嫩枝及顶芽,剪去叶片、洗净,放入70%酒精中浸泡20~30s,再放入0.1%氯化汞溶液中消毒5~10min,在无菌操作台上用无菌水冲洗4次,备用。

2. 初代培养

在无菌条件下,将嫩茎剪切成5~8mm长段,接种到培养基MS+6-BA 0.5~1.0mg/L+蔗糖3%+琼脂0.7%。温度控制在27℃左右,光照度2500~3000lx,每天光照时间10~12h,也可用自然光照培养。7d左右芽萌动,15~20d可萌发多个绿芽,逐渐抽茎长叶,30d左右高约2cm。

3. 继代培养

每30~40d再切割成丛生芽块或芽,转入继代培养基MS+6-BA 0.5mg/L+IAA 2.0mg/L+蔗糖3%+琼脂0.7%,不断分化出芽,繁殖率为6~9。

4. 生根培养

当芽长高至1.5cm以上时,从基部剪下,接到生根培养基1/2MS+IBA 0.1mg/L+蔗糖3%+琼脂0.7%。10~15d均能生根,生根率为80%,20d后苗高5cm左右时,就可以移植。

5. 移栽

试管苗生根后即可移栽，先栽入周转箱内，成活后栽入大田。也可直接栽到温室或大田。移栽成活率受多种因素的影响，必须注意控制适宜的温度，保证充足的水分和适宜的光照。

五、薯蓣的组织培养

薯蓣，即山药，别名怀山药、淮山药、土薯、山薯、山芋等。味甘，性平，归脾、肺、肾经，补脾养胃，生津益肺，补肾添精。其根状茎中薯蓣皂苷元的含量较高，近年来对薯蓣皂苷元的需求剧增，导致野生盾叶薯蓣资源遭到严重破坏，濒临枯竭，人工栽培的盾叶薯蓣也面临品质退化、产量降低的危险。应用植物组织培养技术可快速繁殖，在短期内可获得其再生植株，恢复其优良品质，提取有效药用成分。

1. 外植体选择与消毒

所用材料采自野外，挑选优良健壮的枝条，取其幼叶、幼茎和叶柄均可，用中性洗涤剂浸泡，并用软毛刷轻轻刷洗10～15min，自来水冲洗30min；在无菌操作台上，先用70%酒精漂洗30s，再用0.1%氯化汞溶液消毒8～10min，期间不断搅动或者晃动瓶子，以充分灭菌，无菌水冲洗5～6次，用无菌滤纸吸去多余的水分备用。

2. 初代培养

把带腋芽的茎段切成长1.0～2.0cm，插入初代培养基MS+6-BA 1.0mg/L+蔗糖3%+琼脂0.7%，培养温度为23～26℃，每天光照时间14h，光照度为2000lx。3d后茎段的腋芽即开始变绿萌动，并抽出1～2个芽；10d后，在芽的下面长出小球茎，然后逐渐增大，从小球茎上面又长出另外一些新的芽；到第4周时，球茎直径可达1.5cm以上。

3. 增殖培养

将上面获得的球茎切开，保证每个小球茎上面都有丛生芽，再接种至培养基MS+6-BA 2.0mg/L+蔗糖3%+琼脂0.7%，进行增殖培养。随着时间的推移，小球茎也会不断增大，芽的数目也随之增加，增殖率为10～15。

4. 生根培养

4周后，将其切成单株，接种在生根培养基MS+NAA 0.2mg/L+蔗糖3%+琼脂0.7%。培养2周后，根长达到2～3cm时，即可驯化出瓶移栽。

5. 驯化移栽

当小苗高达4～5cm、根长达到2～3cm时，即可出瓶移栽。打开瓶盖，在组培室炼苗3～4d，然后在室内光线较强处炼苗3～4d。小心取出组培苗，洗净上面的培养基，根部用25%多菌灵800倍液浸泡3～5min，将其移植于珍珠岩和草炭土(比例为1:2)的栽培基质中，覆盖薄膜保湿，相对湿度80%～90%，2周后即可取下薄膜，1个月后观察，成活的植株都长出了新根，成活率可达85%以上，然后将其移栽到大田中。

六、丹参的组织培养

丹参又名赤参、紫丹参、红根等，唇形科植物。丹参是著名的活血化瘀药，对心血管系统、血液系统的作用十分显著。丹参还具有抗菌消炎、保肝、改善肾功能、保护胃黏膜等作用。栽培丹参的生长周期长、有效成分含量低,而野生丹参的资源有限,因此,曾经一度出现丹参供不应求的现象。利用丹参的组织培养技术可改良丹参品质,提高丹参产量,从而快速大量繁殖优良的丹参苗,并可直接大规模工业化生产。

1. 外植体选择与消毒

从生长健壮、无病虫害的丹参植株上切取 5cm 带顶芽的茎段,置烧杯中用自来水浸泡 30min 后,再冲洗,沥干备用。取出材料后,在超净工作台上先用 70% 酒精表面消毒 10s,再用 0.1% 氯化汞溶液消毒 15min,无菌水冲洗 3~5 次,备用。

2. 初代培养

在超净工作台上,小心剥取茎生长点约 1mm,接种到培养基 MS+6-BA 2.0mg/L+NAA 1.0mg/L+蔗糖 3%+琼脂 0.7%,温度控制在 23~26℃,每天光照时间为 14h,光照度为 2000lx。约 20d 茎尖生长点开始萌动,同时在芽的基部四周出现黄白色较致密的愈伤组织,继续在培养基上生长 30d 左右,即可分化出丛生芽。

3. 继代培养

把丛生芽再切割成小块转移到继代培养基 MS+6-BA 1.0mg/L+蔗糖 3%+琼脂 0.7%,20~30d 后可以获得大量丛生芽,一般 30d 可继代 1 次,增殖率达 5~8。

4. 生根培养

将小苗切下接在生根培养基 MS+NAA 0.2mg/L+蔗糖 3%+琼脂 0.7%,而基部带有部分愈伤组织的小苗仍可转接到继代培养基上继续增殖分化。小苗在生根培养基上培养 10d 左右陆续长出白根,15d 左右每株小苗基部即可长出 3~7 条 2~4cm 长的白色肉质根。

5. 驯化移栽

将已生根的瓶苗在普通房间的散射光下驯化 3~4d,打开瓶盖,加入适量的清水以软化培养基,取出小苗,轻轻地洗去根部的培养基,栽入经过消毒的营养土或合理搭配的基质中,温度控制在 25℃ 左右,每隔 3~4d 用清水喷洒 1 次,保证较高的成活率,成活的小苗生长旺盛、整齐一致。

七、罗汉果的组织培养

罗汉果是我国特有的葫芦科多年生草质藤本植物,主要成分含罗汉果苷,较蔗糖甜 300 倍,另含果糖、氨基酸、黄酮等成分。以果实入药,具有止咳祛痰、润肠通便之功效。在实际传统生产中主要是以压蔓方式进行繁殖,但是繁殖系数低,且易感染病虫害,从而导致品种退化、质量下降、产量锐减等。

1. 外植体选择与消毒

首先挑选性状优良的罗汉果,剥开果皮,取出种子,自来水冲洗,备用。在无菌操作台上,将洗净的种子放入干净的三角瓶中,加入 70% 酒精消毒 30s,不停摇动,无菌水冲洗 1 次,再加入 0.1% 氯化汞溶液浸泡消毒 5min,不断搅动,用无菌水冲洗 4~5 次,将种子取出,用消毒滤纸将水分吸干,备用。

叶片作外植体的消毒方式同上。将叶片用解剖刀在背面横划三刀,但不完全切断叶片,即不切断叶片上表皮。将叶片平放于培养基上,使背面与培养基接触,摆放密度要适中,以每片叶子间隔 1cm 左右为宜。

2. 初代培养

将外植体置于初代培养基 MS＋6-BA 1.0mg/L＋IBA 0.5mg/L＋蔗糖 3%＋琼脂 0.7%,15d 后可获得长有 5~6 片真叶的罗汉果无菌苗。若外植体是叶片,约 7d 后叶片体积可明显膨大呈凹凸不平状,20d 左右可在外植体切口处分化出许多圆形小突起,形成愈伤组织。

3. 继代培养

把无菌苗切割成小段或把愈伤组织转接到继代培养基 MS＋6-BA 2.0mg/L＋IBA 0.5mg/L＋蔗糖 3%＋琼脂 0.7%,10~15d 后小突起可分化出丛生芽。

4. 生根培养

从诱导培养基上选取 5~7cm 高的壮苗,用解剖刀从基部切去 3~5mm,将小苗转到生根培养基 1/2MS＋NAA 0.3mg/L＋蔗糖 3%－琼脂 0.7%,10d 左右小苗可长出比较发达的根系。

5. 驯化移栽

待根长至 2~3cm 时,将瓶盖打开,将试管苗转到稍低于培养室温度、有散射光的地方,约 5d 即可以移栽。移栽用的介质是经消毒灭菌处理的中性土壤,保持合适的湿度,温室 25℃左右,光线不要太强,前几天遮阴,应经常喷洒杀虫剂、杀菌剂等。

八、甘草的组织培养

甘草属于豆科植物,别名美草、密甘、密草、国老、粉草、甜草、甜根子等,是一种补益中草药,药用部位是根及根茎,味甘、性平、无毒,治五脏六腑寒热邪气、坚筋骨、长肌肉、倍气力、解毒、生用泻火热、熟用散表寒、去咽痛、除邪热、缓正气、养阴血、补脾胃、润肺等。野生甘草种子发芽率低,再加上人们大量采挖甘草,使甘草野生资源日趋枯竭。因此,开展组织培养技术快繁甘草具有重要的理论意义和实用价值。

1. 外植体选择与消毒

将甘草先用自来水冲洗干净,用带芽点的根茎作为外植体。洗洁精漂洗一遍,自来水冲洗半小时,沥干备用。在超净工作台上,用 70%酒精浸泡 15s,无菌水冲洗 3 遍,0.1%氯化汞溶液浸泡消毒 5min,无菌水冲洗 3~5 遍,头孢他定抗生素溶液浸泡 20min,取出,用消毒滤纸吸干,备用。

2. 初代培养

将消毒后的材料切成 0.5cm 大小的外植体,接种到愈伤组织诱导培养基 MS＋6-BA 2.0mg/L＋2,4-D 0.5mg/L＋蔗糖 3%＋琼脂 0.7%,温度控制为 22℃左右,光照度 2000lx 左右,光照时间 10~12h/d。

3. 继代培养

将诱导出的愈伤组织转接于继代培养基 MS＋6-BA 4.0mg/L＋KT 1.0mg/L＋蔗糖 3%＋琼脂 0.7%,培养温度为 22℃左右,光照度为 2000lx 左右。

4. 壮苗生根培养

将长至 2cm 高的试管苗转入生根壮苗培养基 1/2MS＋NAA 1.0mg/L＋蔗糖 3%＋琼脂 0.7%,待长根后,就可进行移栽炼苗。

5. 驯化移栽

将试管苗送入温室进行驯化炼苗。将附着在苗上的培养基洗净后,移栽于温室内铺有经过消毒的草炭和珍珠岩(比例为 1：1)的基质中,移栽基质用多菌灵粉剂加 0.3%硫酸链霉素喷透。用塑料薄膜覆盖。第一周相对湿度保证在 80%以上,以后逐渐降低湿度,温度在 20~30℃,待苗长到 4 片叶、苗高 10cm 左右时进行定植。

九、桔梗的组织培养

桔梗又称铃铛花、包袱花、六角荷、和尚帽等,属于桔梗科桔梗属。其根为著名的中药材,具有祛痰、散寒、镇咳、消肿、排脓等功效。桔梗在传统方式上主要以种子或扦插繁殖,但其种子细小,价格昂贵,而且从发芽到正常生长需时较长,导致育苗成本较高,而扦插繁殖系数又较低。因此,利用组织培养手段进行快速繁殖、批量生产优质种苗具有很重要的实用价值。

1. 外植体选择与消毒

桔梗一般以种子为外植体。种子成熟采收后,放入三角瓶中用自来水浸泡 2~3h,然后用加有少量洗洁精的自来水浸泡 10~15min,自来水冲洗干净。在超净工作台上,先用 70%酒精浸泡 20~30s,无菌水冲洗 2~3 次,用 0.1%氯化汞溶液浸泡 3~5min,无菌水冲洗 4~5 次,用消毒滤纸吸干表面水分,备用。

2. 初代培养

将种子接种到培养基 MS+2,4-D 0.2mg/L+蔗糖 3%+琼脂 0.7%进行初代培养,温度控制在 25℃,光照没有要求,10~15d 后,种子开始萌发,取其上胚轴,切割分段接种入诱导愈伤组织培养基上,温度 25℃左右,光照度 1000lx,每天光照 8~10h。10d 左右外植体开始膨大,长出浅绿色的愈伤组织,20d 后不定芽产生并长出绿叶,长成无根丛生苗。

3. 继代培养

待试管苗长到 5~6cm 时,将丛苗芽分成若干部分,基部带愈伤组织,转接到继代培养基 MS+6-BA 0.5mg/L+NAA 0.05mg/L+蔗糖 3%+琼脂 0.7%,平均 20~25d 继代一次,根据生产或实验需要确定继代次数。

4. 生根培养

待苗长到 8~10cm 时,分成单株,去除基部愈伤组织和培养基,接种于生根培养基 1/2MS+NAA 0.5mg/L+IAA 0.1mg/L+蔗糖 3%+琼脂 0.7%,10d 后开始长根,生根率可达 100%。

5. 驯化移栽

打开瓶口,在室温、有散射光照的条件下炼苗 3~5d,提高瓶苗对外界环境的适应能力。移栽前 1d 可向瓶内加入适量自来水,软化培养基。取出小苗放入清水中,小心洗净根部附着的培养基,及时移栽到消毒基质中,遮阴培养,注意经常喷水保湿,至长出新根为止,此时,可将长有新根的桔梗苗逐渐移至大田中栽培。

十、黄芩的组织培养

黄芩别名山茶根、土金茶根,为唇形科植物。黄芩以根入药,有清热燥湿、凉血安胎、解毒功效。黄芩的临床应用抗菌比黄连还好,而且不产生抗药性。主治温热病、上呼吸道感染、肺热咳嗽、湿热黄疸、肺炎、痢疾、咯血、目赤、胎动不安、高血压、痈肿疔疮等症。

1. 外植体选择与消毒

取黄芩种子先用70%硫酸预处理3min，用自来水把硫酸冲洗干净备用；采用黄芩的幼叶作为外植体也可以。在超净工作台上，把预处理的材料放入70%酒精中浸泡消毒1min，无菌水冲洗1次，转入0.1%氯化汞溶液中浸泡消毒10min左右，无菌水冲洗4~5次，接种在MS基本培养基MS+蔗糖3%+琼脂0.7%上。

2. 初代培养

在MS基本培养基上培养15d后获得无菌苗，可选无菌苗的茎段、叶片作为外植体。取黄芩试管苗0.5cm左右的节、节间和切成0.5cm见方的叶片分别接种于诱导培养基MS+6-BA 2.0mg/L+IAA 0.2mg/L+蔗糖3%+琼脂0.7%。培养温度为25~28℃，光照时间10~12h/d，光照度1500~2000lx。

3. 继代培养

把获得的黄芩愈伤组织切成0.3cm见方的小块，分别接种到继代培养基MS+6-BA 0.1mg/L+蔗糖3%+琼脂0.7%，进行继代培养。每天光照时间14~16h，光照度1200~1500lx，培养温度25℃左右。

4. 壮苗生根培养

待小苗长到6~8cm高时，将黄芩试管苗切成带1~2个节的小段，接种于生根培养基1/2MS+NAA 0.1mg/L+蔗糖3%+琼脂0.7%，培养条件同上。

5. 驯化移栽

当根长至2~3cm时，将生根试管苗在驯化室中炼苗4~6d，然后取出试管苗，洗净基部的培养基，移栽到灭菌基质中。移栽基质采用草炭土与珍珠岩或蛭石等按等比例混合，移栽后第1~2周是关键阶段，初期相对湿度控制在90%左右、温度20~25℃、散射光，以后逐步降低空气湿度，增加光照度。基质要用50%多菌灵1000倍液喷洒消毒，每周1次，1周后进行少量施肥。30d后，苗高5~8cm，具6~8片叶时，试管苗已经适应了外界环境条件，可进行大田定植。

十一、牛蒡的组织培养

牛蒡属于菊科牛蒡属二到三年生草本植物，又名山牛蒡、大力子、黑萝卜等。其叶、花、根、实皆可入药入食，为药食两用食物，有"蔬菜之王"之称。牛蒡根含牛蒡苷、蛋白质、生物碱以及维生素B_1、维生素B_2及人体必需的17种氨基酸等，有明显的降低血压、血脂作用，并能有效地抑制癌细胞的生长与扩散。

1. 外植体选择与消毒

选用牛蒡的饱满无虫害的种子作为外植体，冲洗干净，沥干备用。将种子用70%酒精浸泡30s，无菌水冲洗1次，后用0.1%氯化汞溶液浸泡10min，无菌水清洗4~5次。灭菌后的种子接种于MS基础培养基MS+蔗糖3%+琼脂0.7%，诱导种子的萌发。

2. 初代培养

把消毒过的种子接种在MS培养基上培养，7~10d种子萌发成苗，从培养基取出牛蒡无菌苗，将其子叶和下胚轴切成5~10mm的小段，接种在初代诱导培养基MS+2,4-D 2.0mg/L+6-BA 0.5mg/L+蔗糖3%+琼脂0.7%，进行愈伤组织诱导，15d后愈伤组织诱导率可以达到87%～100%。温度控制在25℃左右,光照度1000～1200lx,光照时间12～14h/d。

3. 继代培养

将生长状态良好的愈伤组织转至继代培养基MS+NAA 1.0mg/L+6-BA 0.5mg/L+蔗糖3%+琼脂0.7%,每20d继代培养一次,根据生产需要决定继代次数和数量。

4. 生根壮苗培养

从继代培养基上切取生长健壮的幼苗,转至生根培养基1/2MS+IBA 1.0mg/L+NAA 1.0mg/L+蔗糖3%+琼脂0.7%,温度控制在25℃左右,光照度控制在1500～2000lx,光照时间14h/d。

5. 驯化移栽

培养20d左右,根系长到3～4cm时,就可以驯化炼苗。打开瓶盖置于阴凉处2～3d,取出根系发达的试管苗,洗净培养基,栽到已灭菌的珍珠岩和草炭土铺成的苗床,控制好温度和湿度,过渡10d左右,新根长出,转至无菌混合土中继续培养,待植株长到高约15cm时,移栽到大田中。

十二、香椿的组织培养

香椿,又名香椿芽、香椿头、山椿、虎目树、虎跟、大眼桐、椿花等,为楝科香椿属落叶乔木。根皮及果入药,树皮含川楝素、鞣质;叶含胡萝卜烯、维生素B、维生素C等成分。具有清热解毒、健胃理气、润肤明目、杀虫等功效。主治疮疡、脱发、目赤、肺热咳嗽等病症。由于其资源有限,种子量很少,通过扦插育苗、埋根等方法繁殖系数低、速度慢,很难满足生产需要。

1. 外植体选择与消毒

挖取高度1m左右的根芽苗或剪取20～30cm长的休眠枝条移栽温室。将幼叶、休眠顶芽、新生带有1～2个幼叶的茎尖用自来水洗净备用。在无菌操作台上,用70%酒精浸泡外植体1min,无菌水冲洗,然后转入0.1%氯化汞溶液处理5～8min,无菌水洗4次。

2. 初代培养

在体式显微镜下剥取0.2～0.5mm的茎尖生长点接入培养基上。如果用叶片做外植体,将表面消毒的香椿幼叶切成边长4～5mm的方块接种在培养基上,培养基配方为MS+6-BA 0.5mg/L+NAA 0.1mg/L+蔗糖3%+琼脂0.7%。在20℃黑暗或见光条件下进行诱导培养,见光时,每天在1000～2000lx光照度下连续光照12h。连续培养3～4周后,部分生长点可成苗。带有1个小叶的新生枝茎尖成苗率较高,休眠顶芽生长点成苗率在2/3以上。如果用叶作外植体,接种后黑暗培养10d,叶片边缘膨大,形成白色或半透明疏松的愈伤组织。40d后,少数愈伤组织可在诱导培养基上分化成叶芽。

3. 继代培养

将已获得的组培苗切成带有一个腋芽的小段,长0.5～1cm,接种到继代培养基MS+6-BA 1.0mg/L+GA 1.0mg/L+蔗糖3%+琼脂0.7%,1周后腋芽发育,一个月后苗高7～8cm,带有6～8个茎节,繁殖系数可达6～7。培养温度控制在20℃左右,光照度1500lx,光照时间12～14h/d。

4. 生根培养

将快繁获得的幼苗茎部切除转入生根培养基 MS+NAA 0.1mg/L+IBA 0.01mg/L+GA 1.0mg/L+蔗糖 3%+琼脂 0.7%,2 周后便有根长出。

5. 驯化移栽

当根长至 2~3cm 时,将培养瓶盖打开,放在阴凉湿润的地方炼苗 2~3d,然后取出试管苗,洗掉基部的琼脂,移栽到灭菌基质中。移栽基质采用草炭土与珍珠岩或沙子和蛭石等按等比例混合,移栽后及时遮阴或弱散射光,初期相对湿度控制在 90% 左右,温度 20~22℃,基质要用 50% 多菌灵 800 倍液喷洒消毒,每周 1 次,1 周后进行少量施肥。以后逐步降低空气湿度,增加光照度,30d 后,苗高 10~12cm,具 6~8 片叶时,试管苗已经适应了外界环境条件,可以进行定植。

十三、人参的组织培养

人参又名中国人参、吉林人参等,五加科人参属多年生草本植物。人参以根入药,叶、花及种子亦可供药用,主要药用成分为多种人参苷,此外含有人参炔醇等挥发油类、黄酮苷类、生物碱类、甾醇类、多肽类、氨基酸类、低聚糖、多糖、多种维生素及人体所需的微量元素等。人参品味甘苦,性微凉;熟品味甘,性温。人参能调节神经、心血管及内分泌系统,促进机体物质代谢及蛋白质和核酸的生物合成,提高脑、体力活动能力和免疫功能,增强抗应激、抗疲劳、抗肿瘤、抗衰老、抗辐射、利尿及抗炎症等作用。现在对人参的需求量逐年加大,但是由于人参天然资源极少,而人工栽培周期很长,这样使得人参价格昂贵,可采用组织培养的方法来部分解决人参的资源供应问题。

1. 外植体选择与消毒

人参的根、茎、叶、叶柄等组织均可作为外植体。如以根作为外植体,可先用自来水冲洗干净,吸干表面水分后,浸入 70% 酒精中 2~3min,无菌水冲洗 3~4 次。如以嫩茎或叶柄作为外植体,可先用自来水冲洗干净,然后用 70% 酒精消毒 30s,再置于漂白粉溶液中浸泡 10~20min,无菌水冲洗 3~4 次。切成 3~4mm 见方大小的外植体接种到培养基上。

2. 初代培养

外植体接种到诱导培养基 MS+2,4-D 0.5mg/L+蔗糖 3%+琼脂 0.7%,置于 25℃ 下进行暗培养,诱导愈伤组织的产生。20d 左右,就会产生愈伤组织。

3. 继代培养

在愈伤组织诱导成功之后,每隔 30~40d 将愈伤组织切割成小块,并转接到新配制的成分与初代培养相同的培养基上,光照控制在 1000~3000lx,温度为 28℃。经过几次继代,即可获得数量很多的愈伤组织供以后生产之用。也可用液体培养法进行继代培养。

4. 生根培养

把已分化的组培苗转接到生根培养基 MS+NAA 0.1mg/L+IBA 0.1mg/L+GA 1.0mg/L+蔗糖 3%+琼脂 0.7% 上诱导生根。

5. 驯化移栽

在苗根长至 2~4cm 时,打开瓶盖,25~30℃ 炼苗 1 周,取出小苗,洗净培养基,植于盛河沙的盆中,浇自来水,空气相对湿度保持在 60%~75%,1~2d 浇水 1 次,约经过 2 周就可以移植到大田。

十四、地黄的组织培养

地黄为玄参科地黄属多年生草本植物,别名生地黄、鲜生地、山菝根等。味甘苦、性寒。地黄的化学成分以苷类为主,其中又以环烯醚萜苷类为主,主治急性热病、高热神昏、斑疹、津伤烦渴、血热妄行之吐血、崩漏、便血、口舌生疮、咽喉肿痛、劳热咳嗽等。

1. 外植体选择与消毒

选取地黄无病虫害的健壮根茎,自来水冲洗干净,沥干备用。将外植体切成1cm左右根段,用70%酒精漂洗30s,0.1%氯化汞溶液消毒7~8min,无菌水冲洗5~6次。

2. 初代培养

外植体及时接种到诱导培养基 MS+6-BA 1.5mg/L+NAA 0.2mg/L+蔗糖3%+琼脂0.7%,接种时从形态学上端插入培养基。温度24℃左右、光照度1500lx、光照时间12h/d,1周后根上出现黄绿色芽点,15d左右长出不定芽(愈伤组织),30~40d后芽长到2~3cm。

3. 继代培养

取下芽苗,切分小块转接到继代培养基 MS+6-BA 1.5mg/L+NAA 0.1mg/L+蔗糖3%+琼脂0.7%,20~30d后待新芽长至1~2cm,每30d左右继代一次,增殖率控制在3左右。

4. 生根培养

将高3cm左右的正根苗分成单株,接种到生根培养基 MS+6-BA 1.5mg/L+NAA 0.05mg/L+蔗糖3%+琼脂0.7%,待生长到2~3cm的大量根系,便可移栽。

5. 驯化移栽

当试管苗长到高6~8cm、根长2~3cm时,打开瓶盖,置于阴凉地方3d左右,将试管苗取出,轻轻地把琼脂除去,移植到装有无菌基质的育苗盘中,先置于阴凉较潮湿的环境中,保证充足的水分和适宜的光照,两周后可以增加光照继续驯化,10d后便可移入大田栽培。

十五、板蓝根的组织培养

板蓝根为十字花科菘蓝属植物,别名靛蓝、靛青根、大蓝根、大青根等。板蓝根主要成分含靛蓝、β-谷甾醇,以及多种氨基酸。药用部位:以根、叶入药。性味苦寒,具有清热解毒、凉血消肿、利咽之功效,主治外感发热、温病初起、咽喉肿痛、温毒发斑、痄腮、丹毒、臃肿疮毒等。

1. 外植体选择与消毒

将新鲜的板蓝根叶片放在流动的自来水下冲洗30min,沥干备用。在超净工作台上,用70%酒精浸泡10min左右,无菌水冲洗3~4次,0.1%氯化汞溶液浸泡3min左右,无菌水冲洗4~5次,待用。

2. 初代培养

将叶片切成1cm大小的小块,接种到培养基 MS+NAA 1.0mg/L+6-BA 0.1mg/L+蔗糖3%+琼脂0.7%。温度为21~25℃,培养前8d黑暗处理,在第2周的培养中光照度为1500~2000lx,光照时间为12h/d,3~6周长成小芽。

3. 继代培养

将芽丛再切割分成小块,转移到继代培养基 MS+2,4-D 0.5mg/L+蔗糖 3%+琼脂 0.7%。

4. 生根培养

培养 10d 后,芽丛发育成密集的苗丛,将小苗转接到生根培养基 MS+NAA 1.0mg/L+蔗糖 3%+琼脂 0.7%,经过 10d 培养,其切口就能诱导出白色粗壮的根,继续培养可成苗。

5. 炼苗与移栽

当根长至 2~4cm 时,将瓶盖打开,放在阴凉湿润的地方驯化 2~3d,然后取出试管苗,洗掉基部的琼脂,移栽到基质中。移栽后及时遮阴或照弱散射光,相对湿度控制在 90% 左右,温度 20~22℃,基质要用 50% 多菌灵 800 倍液喷洒消毒,1 周后进行少量施肥,每周 1 次。以后逐步降低空气湿度,增加光照度。当试管苗适应外界环境条件后可进行定植。

十六、绞股蓝的组织培养

绞股蓝为葫芦科绞股蓝属植物,别名七叶胆、小苦药、小叶五爪龙、五叶参等。以全草为药,绞股蓝含有 80 多种皂苷,其中有 5 种与人参皂苷相同,此外还含有多种氨基酸、黄酮类等有效成分。性寒、味甘,有益气、安神、降血脂、降血糖、降血压、保肝、护肝、抗应激和抗肿瘤作用。民间称其为"神奇"的"不老长寿药草",国家"星火计划"中将其列为"名贵中药材"之首位。

1. 外植体选择与消毒

以新鲜的幼茎和叶作为外植体,用水冲洗干净备用。先用 70% 酒精浸泡 30s,然后用 0.1% 氯化汞溶液消毒 5~7min,无菌水冲洗 3~4 次。

2. 初代培养

在无菌条件下将茎切割成 5mm 左右,接种到诱导培养基 MS+2,4-D 1.0mg/L+6-BA 0.1mg/L+蔗糖 3%+琼脂 0.7%。温度控制在 25℃ 左右,光照时间 10h/d,经过 3~4d 培养,外植体膨大,逐渐从切口处长出乳白色愈伤组织,到 15~20d 生长最快。

3. 继代培养

3 周后,外植体产生丛生芽,将其切分成小块接种到继代培养基 MS+NAA 0.1mg/L+6-BA 1.0mg/L+蔗糖 3%+琼脂 0.7%,继续培养。

4. 生根培养

待继代增殖培养所得的无根苗长到 2~4cm 时,将其分离转入生根培养基 1/2MS+NAA 0.1mg/L+蔗糖 3%+琼脂 0.7%,温度控制在 25℃ 左右,每日光照 10h,光照度 1000~1400lx,10d 左右便可生根,再继续培养两周可形成完整的再生植株。

5. 驯化移栽

将试管苗瓶盖打开,于室温炼苗 3~4d,将苗小心取出,洗净根部的培养基,然后转移到已消毒的基质栽培,保证光照、水分、温度等环境条件适宜,约 10d 后取出新叶,继续培养 2~3 周,可移栽到大田。

十七、何首乌的组织培养

何首乌为蓼科何首乌属多年生缠绕藤本植物,别名夜合、首乌、赤敛、马干石、红肉消等。

以块根入药,其茎叶也可入药。为常用传统药材与中成药的原材料,苦、甘、涩、性微温,具有解毒、消痈、润肠通便等功能。

1. 外植体选择与消毒

春季3—4月份挑选生长健壮植株茎尖,用自来水冲洗30min后,剪去叶片,沥干备用。剪取0.8cm大小的茎尖和幼嫩茎段,浸入70%酒精中30s,然后转入0.1%氯化汞溶液中消毒8~10min,无菌水冲洗5~6次,用无菌吸水纸吸干表面水。

2. 初代培养

茎段或茎尖接入诱导培养基1/2MS+2,4-D 0.5mg/L+蔗糖3%+琼脂0.7%,每天光照12h,光照度1500~2000lx,培养温度20℃左右,6d后可在切口处均形成愈伤组织,其颜色为浅褐色。

3. 继代培养

把愈伤组织切成小块转入继代培养基MS+6-BA 3.0mg/L+NAA 0.1mg/L+蔗糖3%+琼脂0.7%,继代次数根据具体情况而定。如不继代,继续培养20d左右将逐渐发育成3~5cm高的苗。

4. 生根培养

苗转移到生根培养基1/2MS+IBA 0.2mg/L+NAA 0.2mg/L-蔗糖3%+琼脂0.7%,诱导生根,培养条件同上。

5. 驯化移栽

待再生植株长到高5~7cm、根长1~2cm时,打开瓶盖,室温下炼苗1周,然后取出小苗,洗净培养基,移栽到灭菌河沙中,浇透水,保持温度25~30℃,空气湿度60%~75%,每隔一天浇一次水,15d后可浇灌低浓度的营养液,20d后可以移植到大田。

十八、黄芪的组织培养

黄芪,又名黄耆、棉芪、绵芪、绵黄芪等,为豆科黄芪属草本植物。黄芪可分为内蒙黄芪、膜荚黄芪、绵黄芪、多序岩黄芪(又名"红芪")、日本黄芪(又名"和黄芪")。入药部位主要是根,含黄酮、皂苷类等成分,具有补气固表、利水退肿、排脓生肌等功效,用于气虚乏力、食少便秘、中气下陷、久泻脱肛、便血崩漏、久溃不敛、血虚萎黄、内热消渴等,为国家一级保护植物。

1. 外植体选择与消毒

挑选生长健壮植株茎尖,用自来水冲洗30min后,剪去叶片,沥干备用。也可以用种子作外植体,将种子在0.1%氯化汞溶液中消毒5min,无菌水冲洗5次,进行无菌繁殖获得无菌苗,然后将无菌苗的茎段、叶片再作为外植体。

2. 初代培养

将消毒后的种子接种于不加任何激素的MS培养基中发芽,培养温度为25~28℃,光照时间10~12h/d,光照度1500~2000lx。待植株长成,将无菌苗的茎段、叶片作为外植体分别接种于诱导培养基1/2MS+NAA 1.5mg/L+AC 2g/L+蔗糖1.5%+琼脂0.7%。每天光照时间12h,光照度1500~2000lx,培养温度25℃左右,6d后在切口处均形成愈伤组织。

3. 继代培养

把愈伤组织切成小块转入继代培养基 1/2MS＋NAA 0.1mg/L＋AC 2g/L＋蔗糖 3%＋琼脂 0.7%，继代次数根据具体情况而定，如不继代，继续培养 20d 左右将逐渐发育成 3～5cm 高的苗。培养条件如上。

4. 生根培养

苗转移到生根培养基 1/2MS＋NAA 1.5mg/L＋AC 2g/L＋蔗糖 3%＋琼脂 0.7%，诱导生根，生根率可达 85%。

5. 驯化移栽

待生根苗长到高 5cm 左右、根长 1～2cm 时，打开瓶盖，室温下炼苗 3～5d，然后取出小苗，洗净培养基，移栽到灭菌基质中，浇透水，保持温度和湿度，15d 后可以移植到大田。

十九、柴胡的组织培养

柴胡属于伞形科柴胡属植物，别名地熏、茈胡、山菜、茹草、柴草等。它分为南柴胡、北柴胡等。全株入药，其成分主要含柴胡皂、甾醇、挥发油、脂肪酸和多糖等。性微寒，味苦、辛。具疏肝利胆、疏气解郁、散火之功效。主要用于感冒发热、寒热往来、疟疾、肝郁气滞、胸肋胀痛、脱肛、子宫脱落、月经不调等治疗。

1. 外植体选择与消毒

将柴胡带腋芽的幼茎作为外植体，用自来水冲洗干净，切段备用。剪取 8mm 大小的茎尖或幼嫩茎段，浸入 70% 酒精中 30s，然后转入 0.1% 氯化汞溶液中消毒 8～10min，无菌水冲洗 5～6 次，备用。

2. 初代培养

将外植体切成 6～8mm 单芽茎段，接种于诱导培养基 B_5＋6-BA 1.0mg/L＋KT 0.2mg/L＋蔗糖 1.5%＋琼脂 0.7%，在温度 25℃ 左右，光照度 1500～2500lx，光照时间 12～14h/d 下培养，10d 左右获得愈伤组织，继续培养 30～40d 得到无根苗。

3. 继代培养

将获得的愈伤组织分离成小块或单株，转接到继代培养基 B_5＋6-BA 0.2～1.5mg/L＋KT 0.2mg/L＋NAA 0.2mg/L＋蔗糖 3%＋琼脂 0.7%，每隔 30～40d 继代培养一次。

4. 生根培养

经过继代培养后，将增殖得到的无根苗转接到生根培养基 1/2MS＋NAA 0.1mg/L＋IBA 0.5mg/L＋蔗糖 3%＋琼脂 0.7%，在温度 23～27℃、光照度 1500～2500lx、光照时间 12～14h/d 下培养 30d 左右长出幼根。

5. 驯化移栽

选取生根多且健壮的植株揭开封口膜炼苗，然后洗净培养基，移入盛有消过毒的草炭土和珍珠岩混合基质的营养钵，并置于温室中，用塑料薄膜覆盖，3d 后逐渐揭去薄膜通风，增加光照，及时补足营养钵水分，1～3 周后将营养钵置于田间，2～4 周后移栽至大田中。

二十、芦荟的组织培养

芦荟属于百合科芦荟属植物，别名卢会、讷会、象胆、奴会、劳伟等。味苦，性寒，主要成分含有芦荟大黄素、芦荟大黄素苷等。芦荟具有以下功效：消炎抗菌；增强皮肤弹性，保护皮肤黏膜；预防粉刺、雀斑和皱纹；洁净皮肤，抗皮脂溢，预防化脓性皮肤病；润泽皮肤，防止老化；敛汗，除汗；减少头屑，美化毛发等。

1. 外植体选择与消毒

可取茎尖、嫩茎作为外植体。将整株芦荟植株，剥去外层较老的叶片，并切去较长的叶片，保留基部5cm左右，用洗衣粉溶液浸泡，再用自来水冲洗干净，沥干备用。在无菌条件下，将芦荟用70%酒精消毒30s，再用0.1%氯化汞溶液浸泡消毒10min，无菌水冲洗4～5次。

2. 初代培养

将消毒后的外植体，在超净工作台上剥去外层2～3片叶，切成边长1cm左右的小块，接种到初代培养基MS+6-BA 2.0mg/L+NAA 0.1mg/L+蔗糖3%+琼脂0.7%，温度26℃，光照时间12h/d，光照度为1200～1500lx。10～12d后顶芽伸长，25d左右组织块的基部开始长出腋芽，并且在每个外植体的嫩茎组织基部长出多个小突起，40～50d后小突起和腋芽逐渐长成6～8个绿色单芽，长度为2.0～2.5cm时，可进行下一步的继代培养。

3. 继代培养

把丛生芽切割成带2～3个小芽的小块，接种在继代增殖培养基MS+6-BA 3.0mg/L+NAA 0.1mg/L+蔗糖3%+琼脂0.7%，培养30d，在芽的基部可形成10个左右单芽，此时可再次切割进行增殖培养，继代的次数以达到生产要求为准。

4. 壮苗生根培养

将3～5cm高的试管苗由组培块上切下，转到生根培养基1/2MS+IBA 2.0mg/L+NAA 1.0mg/L+AC 2g/L+蔗糖3%+琼脂0.7%，7d后在苗的基部便形成白色的突起，并逐渐伸长，至12～15d可形成明显的幼根，逐渐长成完整的小植株，小苗长至7～10cm以上时即可移栽。

5. 驯化移栽

幼苗在移栽前2～3d进行驯化炼苗，打开瓶盖，放到阴凉通风的地方，以锻炼对环境的适应能力。取出瓶苗之后，洗掉粘在根部的固体培养基，并用多菌灵1000倍液浸泡10min左右，移栽在沙土、腐殖土比例为1∶1的无菌混合基质中，保持土壤相对湿度为80%左右，控制光照，移栽成活率可达90%以上。

知识小结

※主要经济植物的脱毒与快繁技术

掌握常见的观赏花卉、园林树木、果树、药用植物组培快繁技术流程。

思政园地：谈谈学习本课程取得的最大收获

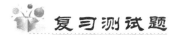 复习测试题

1. 简述兰花组培快繁的意义及方法。
2. 简述贝母等药用植物的组培快繁技术流程。
3. 查阅资料，制订出一种经济植物的组培快繁技术。

参考文献

[1] 巩振辉,申书兴.植物组织培养[M].北京:化学工业出版社,2013.
[2] 刘庆昌,吴国良.植物细胞组织培养[M].北京:中国农业大学出版社,2010.
[3] 葛胜娟.植物组织培养[M].北京:中国农业大学出版社,2008.
[4] 肖尊安,祝扬.植物组织培养导论[M].北京:化学工业出版社,2006.
[5] 刘进平,莫饶.热带植物组织培养[M].北京:科学出版社,2006.
[6] 李浚明.植物组织培养教程[M].北京:中国农业大学出版社,2002.
[7] 熊丽,吴丽芳.观赏花卉的组织培养[M].北京:化学工业出版社,2002.
[8] 崔德才,徐培文.植物组织培养与工厂化育苗[M].北京:化学工业出版社,2003.
[9] 程广有.名优花卉组织培养技术[M].北京:科学技术文献出版社,2001.
[10] 刘青林,马祎,郑玉梅.花卉组织培养[M].北京:中国农业出版社,2002.
[11] 韦三立.花卉组织培养[M].北京:中国林业出版社,2000.
[12] 刘弘.植物组织培养[M].北京:机械工业出版社,2014.
[13] 陈世昌.植物组织培养[M].北京:高等教育出版社,2015.
[14] 石晓东,高润梅.植物组织培养教程[M].北京:中国农业科学技术出版社,2009.
[15] 乔治 E F,阿尔 M A,De 克勒克 G J.植物组培快繁:第1卷背景[M].原著第3版.莽克强,译.北京:化学工业出版社,2014.
[16] 吴殿星,胡繁荣.植物组织培养[M].上海:上海交通大学出版社,2004.
[17] 彭星元.植物组织培养[M].北京:高等教育出版社,2010.
[18] 李永文,刘新波.植物组培快繁[M].北京:北京大学出版社,2007.
[19] 曹春英.植物组培快繁[M].北京:中国农业出版社,2006.
[20] 谭文澄,戴策刚.观赏植物组织培养技术[M].北京:中国林业出版社,1997.
[21] 罗天宽,王晓玲.植物组织培养[M].北京:中国农业大学出版社,2016.
[22] 张爽,梁本国.植物组织培养[M].武汉:华中科技大学出版社,2013.

互联网+教育+出版

立方书

教育信息化趋势下,课堂教学的创新催生教材的创新,互联网+教育的融合创新,教材呈现全新的表现形式——教材即课堂。

 轻松备课
 分享资源
 发送通知
 作业评测
 互动讨论

"一本书"带走"一个课堂"　　教学改革从"扫一扫"开始

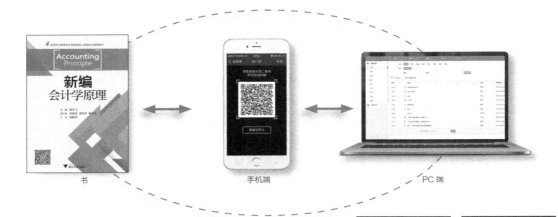

打造中国大学课堂新模式

【创新的教学体验】
开课教师可免费申请"立方书"开课,利用本书配套的资源及自己上传的资源进行教学。

【方便的班级管理】
教师可以轻松创建、管理自己的课堂,后台控制简便,可视化操作,一体化管理。

【完善的教学功能】
课程模块、资源内容随心排列,备课、开课,管理学生、发送通知、分享资源、布置和批改作业、组织讨论答疑、开展教学互动。

扫一扫 下载APP

教师开课流程
→ 在APP内扫描封面二维码,申请资源
→ 开通教师权限,登录网站
→ 创建课堂,生成课堂二维码
→ 学生扫码加入课堂,轻松上课

网站地址:www.lifangshu.com
技术支持:lifangshu2015@126.com;电话:0571-88273329